罗国杰文集

社会主义道德体系研究

罗国杰 著

中国人民大学出版社
·北京·

目 录

第一编　道德规范体系

论社会主义初级阶段的道德的四个层次 …………………… 3
建立科学的社会主义道德建设的规范体系 ………………… 9
建设与社会主义市场经济相适应的道德体系 ……………… 17
关于社会主义道德体系的思考 ………………………………… 24
建设社会主义道德体系的几个问题 …………………………… 32

第二编　道德原则

我们需要什么样的道德原则 …………………………………… 51
在社会主义精神文明建设中加强集体主义的价值导向 …… 55
弘扬集体主义精神 ……………………………………………… 65
坚持集体主义还是提倡个人主义 ……………………………… 72
以为人民服务为核心,以集体主义为原则 …………………… 81
集体主义的历史发展 …………………………………………… 84
个人主义的过去和现在 ………………………………………… 90
关于集体主义原则的几个问题 ………………………………… 99

第三编　道德核心

论社会主义道德的核心和原则…………………………………… 109
怎样理解社会主义道德建设的核心与原则………………………… 120
社会主义道德建设的核心…………………………………………… 127
"为人民服务"同"人人为我，我为人人"的区别与联系………… 150

第四编　人道主义与公正原则

人道主义的两种含义………………………………………………… 157
社会主义人道主义和抽象人道主义的对立………………………… 168
社会主义人道主义…………………………………………………… 179
关于社会主义人道主义原则的几个问题…………………………… 197
关于社会主义公正原则的几个问题………………………………… 206

第五编　社会公德

热爱社会主义应成为全体公民的公德……………………………… 217
社会公德与加强"公心"教育……………………………………… 220

第六编　职业道德总论

论职业道德…………………………………………………………… 227
职业道德在社会主义精神文明建设中的地位和作用……………… 232
论社会主义初级阶段职业道德建设………………………………… 246
加强职业道德教育，促进精神文明建设…………………………… 253
在市场经济条件下加强职业道德教育的重要意义………………… 257
职业道德建设是精神文明建设的重要组成部分…………………… 260

第七编　党员干部道德

发扬大公无私的精神………………………………………………… 265
共产党员应当有怎样的人生观……………………………………… 268
论"毫不利己专门利人"的共产主义精神………………………… 273
论新时期共产党人的价值观………………………………………… 284
新时期共产党员仍应坚持全心全意为人民服务的人生观………… 290

党员干部道德建设……………………………………………… 296
关于反对腐败和改善社会风尚的一点思考……………………… 312

第八编　企业文化与企业伦理

具有中国特色的企业文化………………………………………… 319
中国企业的社会伦理责任………………………………………… 325
在企业文化建设中要坚持为人民服务和集体主义原则………… 332

第九编　教师道德

简论教师道德……………………………………………………… 341
论素质教育与教师道德…………………………………………… 351
论"业师"和"人师"…………………………………………… 355

第十编　家庭美德

谈谈男子道德……………………………………………………… 363
论道德意识对维护和巩固家庭的重要作用……………………… 368
家庭伦理、家庭美德和家风建设………………………………… 380
应当提倡孝敬父母的美德………………………………………… 386
婚外情感遭遇中的道德抉择……………………………………… 389
建设家庭文化，重视素质培养…………………………………… 393

第一编

道德规范体系

论社会主义初级阶段的道德的四个层次[*]

社会主义初级阶段理论的提出，对我国当前的伦理道德建设，也有着重要的意义。这一思想的重要意义，就在于它强调了两个极为重要的方面，而这两个方面，我们在道德建设上，在过去很长的一段时期内，往往没有能够全面地、辩证地加以把握。我们现阶段的社会，既是属于社会主义性质的，又是处在一个初级的阶段上。这两个方面的思想，既把我们同资本主义区别开来，要反对和抵制资产阶级自由化思潮对我们的腐蚀，又使我们从实际出发，同长期以来不顾生产力发展的实际程度而产生的"左"的思想路线区分开来。我们在伦理道德建设上的指导方针是，我们首先必须坚持社会主义，反对资本主义、封建主义思想的腐蚀，同时，又要从我国的现状出发，从我国的现实生活出发而不要脱离实际。如果说，我们前一段时期，在改革开放过程中，我们对中国国情的认识尚处于"摸着石头过河"的时期，那么，在社会主义初级阶段理论已写进党的全国代表大会的政治报告并进行了充分的理论论证之后，就表明我们对中国国情的了解，可以说是已经看到或基本看清了河底的大致面貌、岩石分布和河底的各种情况。我们今后的道德建设，必须以社会主义初级阶段为基础，要面向实际，面向中国国情。这就是说，我们的道德理论建设，必须是从现实而不是从幻想出发，从科学而不是从

---

[*] 本文是1987年夏在武汉的一次学术报告，后载《道德与文明》，1988（2）。

空想出发，从具体生活而不是从抽象出发。

为了更好地从实际出发来进行道德建设，我们就必须准确地把握我们现实社会中实际存在的各种不同的道德层次，我认为，这是我们从现实出发、从中国国情出发进行道德建设的基本前提。现实社会中人们的道德层次，或者说道德觉悟水平，大体上可以分为四个层次。

第一个层次，即我们所说的共产主义道德觉悟的层次。这个层次上的人们，在道德实践中所表现出来的行为特征，主要是大公无私、毫不利己专门利人，时时处处都从集体利益和他人利益着想，并甘愿为集体、为他人牺牲一切。具有这种思想觉悟的人，应该说在社会主义初级阶段的现实社会中是比较少的，仅仅表现在一小部分的先进人物身上。这种共产主义觉悟和思想品质，不但对广大群众来说，在相当大的程度上还只是一种理想的东西，就是对于那些自愿献身于共产主义事业的共产党员来说，能跻身于这一层次的人，也是不多的。尽管很少，但我们绝不能因此就认为，在社会主义初级阶段，这一层次是不存在的。生活中的现实告诉我们，他们是确实存在的，并且不断地以他们的事迹和行动，在我们的社会中发出耀眼的光芒，照射着其他层次的人们。

第二个层次，即我们所说的具有社会主义道德觉悟的层次。这个层次的人们，在道德实践中所表现出来的行为特征，最主要地是在处理个人和他人、个人和社会的关系中，能够先公后私、先人后己，个人利益服从集体利益，在维护集体利益的前提下，追求并实现个人的正当利益。在我们现实社会中，具有这种道德觉悟的人应该说是比较普遍的。这虽然也带有一定的理想性，但比上一个层次具有较为广泛的社会基础。

第三个层次，是一个比较复杂的现象。在社会主义初级阶段，这个层次上的人们在道德实践中表现出来的行为特征，主要是在行为的目的上以追求个人的正当利益为出发点。在我国当前的情况下，他们的工作、劳动和职业，有利于社会主义初级阶段的经济发展，能起到促进生产、活跃市场和扩大就业的作用，归根到底，有利于社会生产力的发展。必须着重指出的是，在这一层次上的人们，他们的行为，虽然往往以个人正当利益为目的，但他们并不损人利己，更不损公肥私，而是依靠自己的诚实而勤劳的活动。他们信奉的原则是奉公守法、勤劳致富。从某种程度上说，这是一个不可忽视其存在的重要层次，是我国现实道德生活或国情的一个重要特征。

第四个层次，即我们所说的极端自私自利的层次。这一层次上的人们，他们的道德实践的行为特征，无论是从动机上还是从效果上，无论是从手段上还是从目的上，都是把个人的私利作为中心。因而，为了达到一己的私利，他们总是要损人利己、损公肥私，甚至唯利是图，为达到个人私利而不择手段。他们信奉的唯一原则，就是人不为己、天诛地灭，只要对自己有利，可以不管他人的死活。在我国现实社会中，尽管他们的人数不算太多，但我们既不能轻视这一层次的人们的行为对社会所产生的危害，也不能忽视他们的腐朽思想会在社会上腐烂发臭，产生极坏的影响。社会主义初级阶段的土壤，还没有达到使这种腐蚀人们灵魂的思想完全清除的洁净程度。

当然，这四个层次的划分，也是一种相对的、大体的划分。这四个层次中的有些层次，在某些情况下是相互联系、相互影响和相互渗透的。尤其要加以说明的是，现实社会中的第三个层次，还常常有分化的现象，即一部分上升为第二个层次，甚至第一个层次，而一部分也可能下降到第四个层次。我们应当认识到，划分这四个层次，对于我们是必要的，但更重要的是，我们的道德理论、道德评价以及社会舆论，应当怎样看待这些层次，从而有助于提高人们的道德水平，推动我国的"四化"建设。依据我国仍处在社会主义初级阶段的国情，并按照我国当前的经济的、政治的、文化的和思想的特点，我认为，对这四个层次，应采取如下的态度：

对第一个层次，在过去，我们一直是把它当作一种崇高、完善的理想来看待，这当然是正确的。但是，在道德建设的要求上，在一段时间内，由于受"左"的思想影响，我们曾希望在不长的时间内，我国的大多数人民都达到这个层次。后来，我们认识到现实生活中人们的道德水平和觉悟的层次性，认识到道德的先进性与群众性的联系，逐步地克服了"左"的认识，才逐步取得了较正确的认识。现在看来，要求全体人民在社会主义初级阶段都能达到共产主义的道德境界，这显然是不切实际的。这种要求，由于离开我们生活的土壤的实际情况太远，因此，我们的道德之树就结不出累累硕果。但是，这是否意味着我们在现实生活中，就不宣传和提倡共产主义道德呢？不。我认为，我们仍然应该在全社会宣传和提倡这种对大多数人来说带有理想性质的共产主义道德，并依靠那些在当前虽然是少数但已经具有共产主义觉悟的人的榜样力量，引导和提高其他层次的人们，沿着社会主义道德的阶梯，逐步地向这个最高层次攀登。我们一方面要注意从实际出发，尊重实践，强调道德同经济生活的关系，克服"左"的影响；另一方面，还得强调理想，强调崇高的价值目标对我们行为的导向作用。我们既然把共产主义道德境界作为一种美好的理想，是我国现实发展的必然，承认我们的初级阶段最终要向高级阶段过渡，那么，在这种理想还不能普遍实行的时候，为什么不应当宣传这种理想呢？应当说，否认全心全意为人民服务和大公无私在今天的现实性，认为今天不应去宣传和提倡共产主义思想是不对的。

对第二个层次，我们历来认为应当在全社会认真提倡，身体力行。社会主义的特征之一，就是必须有社会主义的精神文明。社会主义社会的意识形态、道德观念，既受其经济关系的制约，又反作用于自己的基础，维护社会主义公有制的巩固和发展。先公后私、先人后己、集体利益高于个人利益、在维护集体利益的前提下实现个人利益，这是我们的道德要求。我们的国家之所以能兴旺发达，我们的事业之所以能不断前进，同我们广大人民群众的这种先公后私、先人后己的道德觉悟是紧密联系的。个人的利益、个人的前途、个人的发展，必须同整个国家的利益、前途和发展相联系，这已经成为我们广大人民的一种价值目标，一种牢不可破的信念。

对第三个层次的评价，在当前是最富于实践意义和理论意义的。从实际情况来看，我们现在社会中仍有相当数量的人，还免不了要从个人的利害得失来考虑问题。"利己不损人"，有利就愿意干，无利就不愿意干，这确实是我们当前社会中相当数量的人所抱着的一种信念。这种思想，不能说是高尚的；具有这种思想的人，也不能算是有高层次道德境界的人，但这一个层次的人是客观存在的，是不由我们的主观意志而任意改变的。在这一个层次上的人们，只要他们不损公肥私，不损人利己，依靠个人辛勤诚实的体力劳动或脑力劳动实现自己的目的，那么，他们在社会各行业中的积极活动，就是促进生产力发展的一种重要力量。这种力量，正是社会主义初级阶段所必不可少的。从道德评价和社会舆论来说，我们是否不但不应该从某种道德义愤出发，去责难他们的思想和行为，而应当实事求是地把它评价为一种合乎社会主义初级阶段道德上的善呢？当然，我们在承认和正确地评价这个道德现实的同时，还要力求提高这个层次的道德水平，使之不断地向更高的层次发展。正是由于这第三个层次所具有的特点，我们在肯定这一层次的同时，又不主张人们长期停留在这一个层次上。也正是由于这种原因，我们不同意那种把"主观为自己、客观为别人"当作一种价值目标来追求，更不能同意因此而把"合理利己主义"当作一种人生理想来信奉。在社会主义初级阶段上，有社会主义公有制经济的主导作用，有社会主义的法律约束，有国家政策的引导，有社会主义和共产主义道德的教育，处于这一层次的人们，其中的绝大多数，都必然会从这一层次不断地向前发展。这种发展，将随着我国生产力的发展和物质财富的增加而愈益加快其步伐，这也可以说是一种必然的趋势。

对第四个层次，即极端利己主义层次，是我们社会主义初级阶段所必须坚决反对的。这种一切以个人私利为中心的价值目标和人生哲学，必将导致唯利是图、金钱至上、损人利己和损公肥私的思想和行为。我们现实社会中存在的腐败现象，如贪污盗窃、投机倒把、弄虚作假、坑蒙拐骗甚至抢劫杀人的种种行为，往往都可以从"利己主义"中找到根源。对于这一层次的人们的丑恶行为，除了要完善法制，给他们的违法行为以惩处外，还必须要加强道德上的谴责，形成舆论的力量，防止其对我们社会的侵蚀。因此，社会主义初级阶段的道德建设，必须同这一层次的人们的极端利己的思想和行为进行斗争。

在社会主义初级阶段，我们对这四个层次的态度究竟怎样呢？对第一个层次，应当积极宣传，认真提倡；对第二个层次，应当普遍教育，力求做到；对第三个层次，应当正确评价，引导提高；对第四个层次，应当坚决反对，严格抵制。在社会主义初级阶段的道德建设中，个人、集体和国家利益相结合的集体主义原则，个人利益服从集体利益的原则，仍然是必须坚持的。在社会主义社会中，个人和集体的关系是相互联系和辩证统一的。我们现阶段的社会主义的各种集体，还不是马克思所说的理想的集体，而是还不完善的和有待改进的、现实的集体。因此，就集体的方面来说，一定要坚持社会主义初级阶段的政策，力求最公正地对待集体中的每个成员，充分照顾他们的正当的个人利益，更好地发挥他们的积极性。在社会生活中，个人和集体并不是一种机械的集合，而是一个活生生的有机体。正像黑格尔在他的著名的伦理学著作中所说的，个人同集体的关系就如同细胞同生命的关系一样："生命存在于每个细胞中。在一切细胞中只有一个生命，没有任何东西抵抗它。如果离开了生命，每个细胞都变成死的了。"[①] 正是由于这一原因，我们必须认清楚这二者的辩证关系：只有机体的细胞有了活力，机体才能具有活力，因此，必须要关心个人的利益，发挥个人的积极性；任何细胞，如果离开了肌体，也就失去了生命力，所以我们必须强调维护集体的利益。

---

① 黑格尔：《法哲学原理》，293页，北京，商务印书馆，1979。

建立科学的社会主义道德建设的规范体系*

我愿意把最近几年来我思想上所考虑的一些问题，与大家作一些交流。

一、关于党的十四届六中全会和十五大对我国伦理道德建设所做的贡献

党的十四届六中全会通过了《中共中央关于加强社会主义精神文明建设若干重要问题的决议》。这个文件的制定，意义是十分重大的。1986年中共中央曾经通过了《关于社会主义精神文明建设若干问题的决议》。但像1996年这样的文件，是从来没有过的。对于社会主义道德建设来讲，它确定了一个完整的科学体系。

怎样来理解社会主义道德建设的规范体系结构及其相互关系呢？社会主义道德建设的规范体系结构，概括来说，就是一个核心、一个原则、五个基本要求、三大社会道德领域的十五个道德规范和一个道德建设的总目标。社会主义道德建设，有一个核心，就是为人民服务。一个原则，就是集体主义。五个基本要求，就是爱祖国、爱人民、爱劳

---

* 写于1998年，原载《罗国杰文集》下卷，1058~1070页，保定，河北大学出版社，2000。

动、爱科学、爱社会主义。三大社会道德领域就是社会公德、职业道德和家庭美德，每一个道德领域都确定了五个具体的道德规范，从而构成了由十五个道德规范组成的一个道德规范体系，这就是：（一）社会公德，它的具体规范是文明礼貌、助人为乐、爱护公物、保护环境和遵纪守法；（二）职业道德，它的具体规范是爱岗敬业、诚实守信、办事公道、服务群众和奉献社会；（三）家庭美德，它的具体规范是尊老爱幼、男女平等、夫妻和睦、勤俭持家和邻里团结。最后，社会主义道德建设有一个总的要求，就是要在全社会形成一种团结互助、平等友爱、共同前进的人际关系。

从中国的历史上看，东汉时期，曾经有过一次所谓由中央主持召开的"白虎观会议"，对中国封建社会道德规范体系的形成，产生过很大的影响。

"白虎观会议"是一个讨论"五经同异"的、由皇帝亲自召开的会议，其主要内容，则讨论当时最受重视的伦理道德问题。刘邦统一中国以后，为了巩固和维护自己的统治，非常重视道德在社会生活中的作用。汉初的一些思想家，如陆贾、贾谊等，极力强调仁义道德的重要。以后，董仲舒又总结了汉朝建立以来在道德建设方面的经验，提出了所谓"三纲五常"（君为臣纲、父为子纲、夫为妇纲和仁、义、礼、智、信）。但是，这些道德原则和道德规范，并没有发挥其应有的作用，最主要的原因，就是没有通过一种权威的力量，使之成为全社会所公认的准则，使其具有一种强大的约束力，为社会上所有成员所遵守。"白虎观会议"当时是一个"御前会议"，它在把儒家经学各派统一起来的同时，更着重于把封建社会的道德原则和道德规范也统一了起来，形成一个规范体系，使其具有很高的权威性，得到了很好的传播，这在封建社会的道德发展史上，应当说是有非常重要的意义的。对这一段历史的回顾，只是想说明，道德原则和道德规范，形成于一定社会的人和人之间的关系，不一定都是通过统治阶级的命令公布才产生影响的，但是，一旦通过国家的权力来加以推广，就会具有更强大的力量，能够产生更大的作用。

"为人民服务"我们过去对它研究得不够，长时间里我们仅从人生观方面来研究它，没有把它提高到社会主义道德建设核心的高度。我们确实得花很大力气来分析研究为什么社会主义道德建设要有一个核心，这个核心就是"为人民服务"。可以考察"为人民服务"是怎么提出来的，它以什么为基础，"为人民服务"在社会主义社会中有什么意义和作用，为什么社会主义道德建设的核心不是别的内容，我想这些都是很重要的问题。

关于集体主义原则，现在还有很多分歧意见，特别是有一些人不太同意集体主义原则。也有一些同志，从市场经济的基础和条件出发，认为不要再提集体主义原则。这种论点我是不同意的。过去我们对集体主义有一些误解，不少同志讲，集体主义原则给人的印象好像是集体束缚个体，个人没有多大自由，最好能换一个原则，使广大群众都能够接受。我觉得这种思想虽然是可以理解的，但确实是不能接受的。因为中国在"左"的思潮下面，对集体主义有很多误解，好像集体主义就是束缚个性、限制自由的，就是让个人服从集体。其实，社会主义集体主义绝不像一些人所认为的那样，只重视集体的利益。社会主义的集体主义，当然强调集体利益高于个人利益，但是绝不是限制个性，压抑个性，摧残人性。相反，它是在集体主义原则下，更好地发挥个人的能动性，来实现个人价值，来使个人的才能得到充分发挥的重要保证。我们讲的集体，是一个代表和体现集体全体成员利益的集体。现在我们社会的集体与真正的集体还有一定的距离，我们正在不断地改善我们的集体，正向着这个真正的集体接近。如果一个集体离开了个人的价值的实现，离开了个人才能的发挥，离开了个人积极性的发挥，这个集体会成为一个抽象的空洞。因此，我们捍卫集体主义原则，要强调集体利益高于个人利益，但是也要认识到，只有在充分体现和发挥个人利益的前提下，我们才能更好地坚持集体利益高于个人利益的原则。这在理论上，仍然是个很重要的问题。

我们知道，过去的"五爱"即"爱祖国、爱人民、爱劳动、爱科学、爱社会主义"，长期把它当作社会公德来理解的，这次是作为社会主义道德的基本要求提出来的，这是一个新的提法。"五爱"为什么不作为社会公德，而作为社会主义道德的基本要求提出？"五爱"作为基本要求提出，那么社会公德又是什么？十四届六中全会的决议已经明确，社会公德以后不再是"五爱"，社会公德就是"提倡文明礼貌、助人为乐、爱护公物、保护环境、遵纪守法"，这五句话才是社会公共场所人们应该共同遵守的社会公德。以前说社会公德就是"五爱"，现在应该改过来。过去我们说，社会公德有广义和狭义两种理解，广义的就是"五爱"，狭义的是指社会公共场所的道德。现在不用区分广义和狭义了，因为文件有规定了，社会公德有其特殊的内容，"五爱"是道德基本要求，可以更明确起来了。

为建立社会主义道德建设的科学体系，党的十四届六中全会在召开前后大约一年的时间，在全国集思广益，征求意见。这个文件概括归纳得比较准确，是一个很好的文件，这次会议前我也参加了几次征求意见的会议，提出了一些自己的意见，也学习到很多知识，受到了很大的教育。我个人认为，这个文件中有关道德建设的提法可以作为一个很好的起点。我们在今后的理论建设和宣传教育中，要把十四届六中全会关于道德建设所提出的这一个科学体系，特别是其中所强调的一个核心、一个原则、五个基本要求和三大社会道德领域的十五个道德规范，在全社会更加广泛地进行宣传，做到家喻户晓。过去我们的道德要求概括得不够全面，今天我希望尽可能地按照中央十四届六中全会和十五大的精神，再次就社会主义道德建设的科学规范体系，作一个比较贴切的说明。

二、关于社会主义初级阶段问题

党的十五大提出了社会主义初级阶段的理论。社会主义初级阶段理论的提出，对我们国家政治、经济、文化各个方面，都有很重要的意义。当然对我国的伦理建设，也有非常重要的意义。社会主义初级阶段理论的提出，应该怎么看？为什么要强调、提出社会主义初级阶段？我想，社会主义初级阶段是针对改革开放以来我们国家政治、经济和思想文化方面的问题，有针对性地提出来的。强调解放思想、实事求是，要根据社会主义初级阶段的现实情况来考虑一切问题，除了考虑经济问题还要考虑道德问题。在道德领域，还需要从两个方面考虑。

一个方面是，强调从社会主义初级阶段的实际出发，来考虑道德建设问题。正如十五大文件所讲的，我们国家还属于不发达国家。经济是不发达的，生产力是比较落后的，提高我们国家的经济发展水平，要经过相当长的一段时间，才能为我们的社会主义打下比较坚实的基础，没有这个基础，我们的社会主义就不能发展，更不能巩固。

另一方面，社会主义初级阶段的提出，从严格的意义上说，有着两个方面的意义，我们应当进行全局的把握。

一是，我们革命成功了，已经成为社会主义社会，但是我们的经济发展离社会主义社会的要求，还有很长一段距离。只要在经济上这种落后的、不发达的状况不改变，在道德教育上就会存在问题。我们国家文化教育水平、思想道德水平也还和社会主义存在着相当大的差距。这一点可能大家也都会感觉到。我国除了经济比较落后、生产力不发达之外，在道德建设方面同样存在着国民文化、文明、教育素质的缺乏。在全国特别是广大的落后地区、不发达地区和贫困地区，因为教育条件的限制，文化水平一般较低，社会公德、文明程度都存在不少问题。因此在道德建设上，我们只能根据社会主义初级阶段的实际情况，提出了先进性和广泛性相结合的思想。尽管我们的社会有几千万共产党员，有先进分子，有很多道德高尚的人，但是大多数人，由于文化教育水平的限制，在思想道德上还不可能同先进分子处在同一水平上。这中间就有思想道德和文化教育方面的问题。农村存在的大办婚丧、迷信、赌博等一系列问题，确实和文化教育、思想水平有关系。一方面是在社会主义教育下，有一些先进模范和道德楷模，像李素丽、李国安、孔繁森等；但另一方面，也存在很多道德失范问题。今天我们的社会风气也像大家每天都看到的，有些事情，如见死不救等，很令我们痛心，都希望很快得到改善，也确实需要改善，要抓紧从实际出发，尽快解决，所以我们才提出道德建设的先进性和广泛性原则。道德建设有没有广泛性，关系到能否为广大群众所接受，从基本上看，先进性和广泛性的提法还是比较合理的。先进性与广泛性的问题，在1986年就提出来了，但怎样使二者更好地结合起来，还没有很好地解决。关于道德建设的层次性问题，大家都认可了，因为社会主义道德建设确实应该讲究层次，我们讲先进性和广泛性的结合，一个很重要的原因就是强调道德的层次性。"为人民服务"作为社会主义道德建设的核心，是有层次的，如大公无私、无私奉献是最高的层次；顾全大局、个人利益服从集体利益，是一个层次；诚实劳动、遵纪守法，也是一个层次；等等。先进性是比较高的层次，广泛性是比较低的层次。广泛性包含了层次性，这样就能使社会主义道德教育更好地落在实处。先进性和广泛性是与社会主义市场经济、与社会主义初级阶段相联系的。

社会主义初级阶段提出的另一个意义，就是强调目前我国已进入社会主义社会，我们一定要坚持社会主义的四项基本原则，坚持社会主义道路，坚持社会主义思想。简单回顾一下，社会主义初级阶段理论的提出，最重要的有三次。

第一次提出社会主义初级阶段，是1981年，在《关于建国以来党的若干历史问题的决议》里，第一次强调了我们目前处在社会主义初级阶段。这一文件指出："尽管我们的社会主义制度还是处于初级的阶段，但是毫无疑问，我国已经建立了社会主义制度，进入了社会主义社会，任何否认这个基本事实的观点都是错误的。"我看到一篇文章，批判我们的生产力落后，经济不发达，说按照马克思主义理论的模式是在发达的资本主义社会中才能发生社会主义革命，才能进行社会主义革命，那么我们这个社会主义初级阶段，应该退到资本主义社会去，往资本主义上靠。这个提法我觉得是十分错误的。我们现在需要坚持四项基本原则，在社会主义制度下来发展生产力，使我们的生产力发展能够很快地适应社会主义制度的要求，所以我们还要坚持社会主义制度而不能退到资本主义去，不能靠退到资本主义来发展我们的市场经济。

第二次强调社会主义初级阶段，是1987年党的十三大政治报告。其中说："我国正处在社会主义的初级阶段。这个论断，包括两层含义。第一，我国社会已经是社会主义社会。我们必须坚持而不能离开社会主义。第二，我国的社会主义社会还处在初级阶段。我们必须从这个实际出发，而不能超越这个阶段。在近代中国的具体历史条件下，不承认中国人民可以不经过资本主义充分发展阶段而走上社会主义道路，是革命发展问题上的机械论。"

党的十五大，再一次重申了社会主义初级阶段的理论，在强调要从社会主义初级阶段的实际出发的同时，再一次重申了既要强调初级阶段，又要坚持社会主义道路的重要性。正如十五大的报告所指出的："近二十年改革开放和现代化建设取得成功的根本原因之一，就是克服了那些超越阶段的错误观念和政策，又抵制了抛弃社会主义基本制度的错误主张。这样做，没有离开社会主义，而是在脚踏实地建设社会主义，使社会主义在中国真正活跃和兴旺起来，广大人民从切身感受中更加拥护社会主义。"社会主义的初级阶段，也就是不发达的阶段，由于生产力发展水平远远落后于发达国家,这就决定了必须在社会主义条件下,经历一个相当长的初级阶段,去实现工业化和经济的社会化、市场化、现代化。这是不可逾越的历史阶段。这样的历史阶段,至少需要一百年时间,至于巩固和发展社会主义制度,那还需要更长得多的时间,需要几代人、十几代人,甚至几十代人坚持不懈的努力。总之,既要看到长期性,又要坚定信心;既不能超越社会主义初级阶段的实际,又不要抛弃社会主义制度;既不能从主观愿望出发,又要抵制抛弃社会主义的错误主张。一些人觉得社会主义很遥远,丧失了对社会主义、共产主义的信心。有人认为社会主义市场经济就是资本主义市场经济,这也是错误的。社会主义道德的核心要求都是从社会主义的经济基础和政治制度出发的。

三、关于从物质文明和精神文明的关系来考虑道德建设的问题

物质贫困不是社会主义,精神空虚也不是社会主义。江泽民总书记提出,不能以牺牲精神文明作为代价换取经济的发展。在物质文明和精神文明的关系中,精神文明不可能超越物质文明的限制,精神文明也离不开物质文明。物质文明是基础。我认为精神文明可以落后于物质文明,也可以超前于物质文明,我们总是希望二者能够同步发展,但在现实生活中,精神文明与物质文明发展往往总是不同步的。精神文明不可能脱离物质文明发展,最终要与物质文明发展相一致。我们应该反对两种观点:一种观点认为,我们现在在生产力落后,道德必然落后;另一观点认为,既然我国处于社会主义初级阶段,经济不发达,就不应宣传社会主义道德和共产主义道德。有些人提出要启蒙资本主义思想。我看应该启蒙共产主义思想,按照四项基本原则,还要坚持社会主义,要在全社会认真提倡共产主义道德。

四、关于个人利益、个人本位及个人主义问题

社会主义市场经济和资本主义市场经济有很大不同。社会主义市场

经济承认正当的个人利益，承认不损害他人利益，顾全大局，顾全国家利益，反对自私自利、利己主义。如果不区分个人利益的正当和不正当，我们就容易走向西方的个人主义、享乐主义、拜金主义。十五大提出，在社会主义市场经济条件下，存在正当的个人利益。遵纪守法，依靠诚实劳动所得是正当的个人利益，否则，就是不正当的个人利益。一般的个体劳动者、农民甚至包括某些私营中小企业家，他们能够诚实劳动、遵纪守法，就是符合社会主义道德规范要求的。对私营企业更应当要求遵纪守法、诚实劳动，这是法律要求，也是道德要求。这样有利于提高国家经济发展水平。过去我们不重视个人利益，不讲个人价值，对于个人利益不加区分，好像个人利益无论正当不正当都是错误的。我们要坚决反对自私自利，反对不正当的个人利益，反对危害国家利益、损害社会利益的行为，批评那些不是依靠诚实劳动从自私自利出发的现象。但应当明确地提出，一切正当的个人利益都是符合社会主义道德的。对个人利益要区别于个人主义。个人主义虽然重视个人的尊严，重视个人价值，发挥个人才能，但是，个人主义核心的东西是以个人为中心。我们讲的反对个人主义，也是从社会主义制度出发，在坚持社会主义原则的前提下反对个人主义，既要反对危害社会主义初级阶段、超越社会主义初级阶段的"左"的思想，也要反对利己主义、拜金主义、享乐主义。坚持社会主义制度，在社会主义社会里要重视个人尊严，社会主义集体主义本身就包含着重视个人尊严、个人价值的思想，只是过去没有很好地强调。马克思一向强调在集体中发挥个人的作用，但我们却没有很好地强调集体主义中重视正当个人利益的一面。

建设与社会主义市场经济相适应的道德体系[*]

社会主义的道德体系是一个开放的系统,它要求我们在实践中不断补充进去具有时代特点的内容。建设与社会主义市场经济相适应的道德体系的框架应考虑以下几个方面:

其一,要有最高的理想,即道德的核心和原则,它应当是我们全民族的精神支柱。要加强社会主义市场经济条件下广大干部群众的理想信念和世界观、人生观、价值观的研究。

其二,规范上要有层次性,要在对现实生活的实际情况进行分析和研究的基础上,探讨并提出一个与社会主义市场经济相适应的、具有不同层次内容和要求的思想道德体系。

其三,实践上要有可操作性,要提出一个切实可行的包括评价指标体系在内的实施方案,重在建设。

根据江泽民同志的讲话精神,我认为应该从以下五个方面来研究与社会主义市场经济相适应的社会主义道德体系。

一、研究市场经济的建立与发展给道德提出的新问题

根据历史唯物主义"社会存在决定社会意识"的原理,市场经济体

---

[*] 原载《光明日报》,2001-03-04。

制的建立，必然要引起人们道德观念的变化。因此，我们要对建立社会主义市场经济体制以来我国社会思想道德方面出现的新情况、新问题和新特点作出分析和概括，从中找出带有规律性的东西。

市场经济的建立和发展，使人们的道德观念发生了积极的变化，传统的义利观、公私观、效率观中与经济社会发展不相适应的内容受到挑战，与市场经济相适应的新的道德观念开始逐步确立。追求个人正当利益、重视个人价值、讲求效率、开拓创新、平等竞争、崇尚科学、尊重知识和人才的观念日益深入人心。

同时，我们也必须清醒地看到，在西方敌对势力对我国实施西化、分化的影响下，在西方资产阶级的政治主张、价值观念和生活方式的腐蚀下，随着市场经济的发展，商品交换的法则也容易侵蚀到社会政治生活和人们的精神领域，引发见利忘义、权钱交易，导致国家意识、集体意识和互助精神、奉献精神的减弱，一些人的个人主义、拜金主义和享乐主义思想得以滋生和膨胀。这些思想进一步腐蚀人们的灵魂，败坏人们的道德品质，污染社会风气，其结果必然是影响经济的发展和社会的稳定。

市场经济对人们道德面貌的积极影响和负面影响集中反映在人们对利益关系的看法上。因此，面对这样一种新情况和新变化，我们当前在认识和调整社会的道德关系时，最重要和最迫切的，是要正确区分正当的个人利益和不正当的个人利益，要正确认识和处理各种利益关系，把个人利益与集体利益、局部利益与整体利益、当前利益与长远利益正确地统一和结合起来，努力形成把国家和人民利益放在首位而又充分尊重公民个人合法利益的社会主义义利观。

二、研究社会主义市场经济条件下道德建设的指导思想和价值导向

江泽民同志一再提出："社会主义道德建设要以马列主义、毛泽东思想、邓小平理论为指导。"这是我们在道德建设中应该始终坚持不懈的政治方向和指导思想。社会主义道德建设作为一个系统工程，必须做到"三个结合"：

第一，坚持先进性要求与广泛性要求相结合，既要在全社会认真宣传和坚持社会主义和共产主义的崇高道德，要求一切共产党员和先进分子身体力行；同时，又要区分道德的层次性，要有最低要求。道德规范体系包含着由低到高的若干阶梯。我们既不能只强调最高层次，也不能只强调最低层次，认为在市场经济条件下，只要不违法就可以了，这种思想是不符合道德实然与道德应然的关系的。

第二，坚持"三个有利于标准"与道德评价标准的结合。我们在评价一种道德现象的善恶时，不但要看它"是否有利于发展社会主义社会的生产力，是否有利于增强社会主义国家的综合国力，是否有利于提高人民的生活水平"，而且要看它所产生的道德影响。必须在道德评价中坚持历史合理性与道德合理性的统一。

第三，坚持继承和发扬民族优良传统与积极吸收外来优秀道德文化成果相结合，总的原则是"古为今用"、"洋为中用"和"为我所用"。

在思想道德领域，我们一方面要承认我国社会出现价值取向多元化的现象，另一方面又必须明确地强调价值导向的一元化。用多元化的思想来否定以马列主义、毛泽东思想、邓小平理论为指导，是道德建设中一个值得注意的倾向，它的主要表现，就是所谓在道德建设中，只能提出和分析各种不同价值观的确切意义，而不能向人们提出"应当"的问题。"价值中立"的思想，还以各种不同的方式，在社会上特别是学术界发生影响，这种在西方一度流行，而现在已经衰落的思想，在我国却还有一定的市场。对现实生活中的道德现象，对日常生活中的道德问题，对有关一些道德观念和道德理论的分析，要不要用马列主义、毛泽东思想、邓小平理论来认识，也是我们在道德建设中一个重要的问题。

三、研究社会主义市场经济条件下道德建设的核心和原则

江泽民同志强调指出，社会主义市场经济条件下的道德建设，要"以为人民服务为核心，以集体主义为原则"，这是一个重要的思想。这一思想使我们对社会主义市场经济条件下的道德建设的认识，更加深入了一步。

最近几年来，一些人曾经以种种理由，认为社会主义市场经济条件下的道德建设，不应当以"为人民服务"为核心，更不应当以集体主义为原则，他们先后提出了个人主义原则、合理利己主义原则、人道主义原则、利己不损人原则等等，其实质就是要把社会主义社会的价值导向从集体主义原则"转轨"到其他原则上去。

发展社会主义市场经济与"为人民服务"应该是并行不悖、相互依存的。"为人民服务"既是对共产党员特别是各级领导干部的政治素质和道德素质的基本要求，同时也是全社会范围内良好的道德风尚的表现。在社会主义市场经济发展过程中，"为人民服务"是从社会主义本质出发所必然提出来的道德要求，在整个道德建设中处于核心的位置。我们所说的解放生产力、发展生产力、消灭剥削、消除两极分化和达到共同富裕的目的，其落脚点都是要为人民服务，为人民谋利益，为人民造福祉。

作为一种伦理原则，社会主义集体主义强调个人利益应当服从社会整体利益，认为只有在集体中个人才能获得全面发展。同时，集体主义不但不束缚个人的发展，而且只有在集体中，个人的积极性和创造性才可以得到最充分的发挥。因此，社会主义的集体主义既强调社会利益的至上性，又强调发挥个人活力的重要性；既强调社会利益高于个人利益，又强调最大限度地保障个人的正当利益；既强调个人的所为要受集体利益的约束，又强调尽量发挥个人的能动作用，尊重个人的尊严，发展个人的个性，实现个人的价值。

我们既然承认社会主义市场经济也是道德经济，就必然要承认社会主义市场经济是以集体主义为原则的。要重视在社会主义市场经济建立和发展的过程中，集体主义原则面临着严峻的挑战。其中既有市场经济的负面影响给集体主义提出的新问题，也存在着我们在道德实践中没有真正将集体主义原则落到实处的弊端。

我们这里所说的"原则"，指的是基本原则，即在社会主义道德体系中贯串道德理论始终的一个根本原则。在这个根本原则之下，还有一些具体的原则，如社会主义人道主义原则、公平和效率原则等等。具体原则是受根本原则制约的。在社会主义道德体系建设中，有些同志常常提到公平和效率原则，甚至要用公平和效率原则来取代集体主义原则。应该说，这些同志看到了在市场经济发展过程中公平和效率问题日益凸显出来，但试图用其取代集体主义原则，这在理论上站不住脚，在实践上也是极其有害的。集体主义原则所倡导的个人与集体的辩证关系中蕴含着我们解决公平与效率问题的理论前提。从"效率优先，兼顾公平"到"重视效率，维护公平"，这些提法，体现了我们在建立和发展市场经济过程中不断深入的道德反思。

四、加强对社会主义市场经济条件下若干重要道德理论问题的研究

第一，中国传统思想道德体系及其现实价值。中国传统伦理思想博大精深，其中所涉及的问题，主要可以概括为十个方面：道德原则同物质利益的关系问题，道德的最高理想问题，人性问题，道德修养问题，道德品质的形成问题，道德评价问题，人生的意义或人生的价值问题，道德的必然和自由的关系问题，道德规范问题，德治和法治问题。先哲们对这些问题的回答，有着自己民族的传统方式，体现着古人对自身、对社会中的道德关系和道德现象认识的不断深化。弘扬中国古代优良道德传统的根本目的，在于使社会主义道德具有民族的特色和丰富多彩的内涵。对待传统伦理思想的正确的态度应是以马克思主义为指导，坚持"批判继承，弃糟取精，综合创新，古为今用"，从而形成和发展与社会主义市场经济相适应的伦理思想、价值观念和道德规范。

第二，中国革命思想道德体系及其现实价值。中国革命道德是马克思主义与中国革命和建设的伟大实践相结合的产物，是中华民族的优良道德传统在新的历史时期的继承和发展，是中国古代优良道德传统的新的升华和质的飞跃。它以实现社会主义和共产主义的崇高理想为最终目的，以为人民服务为宗旨和核心，以集体主义为原则，形成了无私奉献、顽强拼搏、艰苦奋斗、勤俭节约等革命精神。在建立社会主义市场经济的过程中，弘扬中国革命传统道德，对改善全社会的道德风尚，抵制一切腐朽思想的侵蚀，提高广大人民群众特别是领导干部的思想道德素质有着极其重要的意义。

第三，西方伦理思想道德体系及其现实价值。西方伦理思想的基本原则源远流长，其中包含着很多对宇宙、对社会、对人生的真理性认

识，成为全人类共同的精神财富。但是，我们必须区分作为人类精神遗产的西方优秀伦理思想和西方资产阶级的腐朽的价值观念，必须清醒地看到，西方资产阶级的价值观，从本质和主流来说，是个人主义的。其中的以个人为中心、把个人看作唯一的目的、把社会和他人看作满足个人目的和手段的思想，是十分有害的，应该坚决加以摈弃。

第四，公民道德规范、党政干部和国家公务员道德规范、经济活动中的道德规范等。这些规范的建立既要有外在的制度保证，也要有内心的道德保证，这就是说，不但要构筑制度的堤防，更要构筑道德的堤防。道德规范的内化问题，是我们在道德建设中特别要注意研究的。

五、研究社会主义市场经济条件下的"德治"和道德教育

从经济学的角度看，市场经济的最根本原则就是追求个人利益和价值的最大化，是一种求利的经济。市场经济本身是无所顾忌的，必须靠市场规则之外的其他规则来规范其运行。因此，市场经济既是法制经济，同时又是道德经济。

江泽民同志指出："要坚持不懈地加强社会主义法制建设，依法治国，同时也要坚持不懈地加强社会主义道德建设，以德治国。对一个国家的治理来说，法治与德治，从来都是相辅相成，相互促进的。二者缺一不可，也不可偏废。……我们应始终注意把法制建设与道德建设紧密结合起来，把依法治国与以德治国紧密结合起来。"法律和道德作为上层建筑的组成部分，都是维护、规范人们思想和行为的重要手段，它们相互联系、相互补充。法治以其权威性和强制手段规范社会成员的行为，德治以其说服力和劝导力提高社会成员的思想认识和道德觉悟。道德规范和法律规范应该相互结合，统一发挥作用。

依靠权威性和强制力的法律，可以使人在法律监督的范围内，不做违法的事，但是不能使人有"羞耻之心"，不能有知善知恶的荣辱观念。因此，只要法律管辖不到，或者法律有空隙可钻，一些人就会为所欲为，无恶不作。孔子说"道之以政，齐之以刑，民免而无耻"，就是说的这个意思。在现实社会中，一些人虽然在法律的管辖和威慑下不敢犯

罪，但由于没有羞耻之心，钻法律的空子或者打法律"擦边球"的现象时有发生。没有道德感化，人民群众的道德素质就难以提高，一些人的投机取巧之心就会不断发展，社会风气就会日益败坏，结果往往导致社会的动荡，历史上的教训，是应当认真加以吸取的。在对社会成员的道德教育中，要强化道德说服力和道德劝导力的作用。

总之，我们应当全面认识法律和道德的作用。道德规范和法律规范应该相互结合，统一发挥作用。在道德教育中，我们应当强调，遵守法律是道德的最基本的要求，同时，我们要把重要的道德规范，尽量纳入我们的法律之中，融入我们的管理制度中，融入群众的各种守则、公约之中。

建设与社会主义市场经济相适应的道德体系的目的，一方面在于提高广大人民群众的道德素质，使人们自觉地扶正祛邪，扬善惩恶，从而有利于形成追求高尚、激励先进的良好社会风气，保证社会主义市场经济的健康发展，促进整个民族素质的提高；另一方面在于保证社会主义市场经济的发展方向，即通过对市场经济的运行带来的社会后果进行价值评判和价值导向，促进市场经济与社会主义的有机结合。从这个意义上说，社会主义道德对社会主义市场经济绝不仅仅是一种适应的关系，还发挥一种价值导向的作用。

关于社会主义道德体系的思考[*]

在建立与社会主义市场经济相适应的法律体系的同时,努力建立和发展与社会主义市场经济相适应的社会主义道德体系,是实施"以德治国"方略的一个重要方面,是发展先进文化的重要内容和中心环节。中共中央最近公布的《公民道德建设实施纲要》指出,必须在加强社会主义法制建设、依法治国的同时,切实加强社会主义道德建设,以德治国,把法制建设与道德建设、依法治国与以德治国紧密结合起来。我们应当通过公民道德建设的不断深化和拓展,逐步形成和发展与社会主义市场经济相适应的社会主义道德体系,这是我国当前发展先进文化和建设精神文明的一项极其重要而又十分紧迫的任务。

改革开放以来,在建立与社会主义市场经济相适应的法律体系方面,我们已经取得了可喜的成果,这是大家所公认的;相对来说,在建立与市场经济相适应的社会主义的道德体系方面,却有许多工作亟须我们去做。

建立社会主义的道德体系,既是时代的迫切要求,又是一项艰巨而长期的任务。我们要把这一任务,放在精神文明建设和道德建设的突出地位,发挥广大人民群众的集体智慧,集思广益,群策群力,从上到

---

[*] 本文的主体部分曾以《建立与发展社会主义市场经济相适应的道德体系》为题,发表于《人民日报》,2002-01-29。

下，从下到上，在广泛讨论的基础上，再经过梳理概括和提炼，逐步形成有中国特色社会主义的道德体系。

一、社会主义道德体系的指导思想和方针原则

在建立社会主义道德体系中，指导思想和方针原则，是贯串社会主义道德体系建设始终的一根主线。社会主义道德体系作为一个系统工程，在它的各个方面、不同层次以及各个环节，都要力求体现它的指导思想和方针原则。

社会主义道德体系的指导思想是：以马克思列宁主义、毛泽东思想、邓小平理论为指导，全面贯彻"三个代表"重要思想，坚持党的基本路线、基本纲领，重在建设，以人为本，要在全民族牢固树立建设有中国特色社会主义的共同理想和正确的世界观、人生观、价值观，在全社会努力提高公民道德素质，促进人的全面发展，培养一代又一代有理想、有道德、有文化、有纪律的社会主义公民。

社会主义道德作为意识形态的一个重要方面，作为文化建设的一个重要内容，它既是我国社会经济、政治的反映，又积极作用于我国社会的经济和政治，并以其自身的特有功能，影响、激励和促进社会经济、政治的发展。因此，社会主义道德体系的建立，必须坚持马克思主义的指导，坚持社会主义的道路，坚持集体利益和国家利益，坚持有利于社会主义社会中人际关系的协调。

"以德治国"作为我国治国方略的一个重要组成部分，是建立社会主义道德体系的依据。要从"治国安邦"的高度来认识建立道德体系的重要性，把"道德"和"法律"的相辅相成、"道德"能补充"法律"的不足，以及道德对社会发展的稳定作用作为建立社会主义道德体系的立脚点。"法治"和"德治"、"刑罚"和"德教"，对于国家的长治久安来说，如"车之两轮"和"鸟之两翼"，都是同等重要和缺一不可的。

在方针原则上，要正确处理个人利益和国家利益的关系，要继承优良传统与弘扬时代精神相结合，要注重效率与维护社会公平相结合，要注意广泛性和先进性相统一等等，使我们的社会主义道德体系的建设，能够适应我国的不同群体、不同阶层、不同职业和不同觉悟程度的要

求，使人们在家庭、学校和社会的教育及自觉的努力下，都能够沿着道德的要求不断提升和进步。

二、社会主义道德体系要与社会主义市场经济相适应

社会主义道德体系的建立，必须要与社会主义市场经济相适应，这是社会主义政治、经济和文化发展的必然要求，是社会主义道德发展的内在客观规律，是社会主义道德体系能否达到提高人的素质、推动经济发展、体现时代精神的一个重要因素。

在强调这一问题的同时，我们一定要明确，我们所要适应的是"社会主义市场经济"，而不是一般的"市场经济"。

市场经济作为一种经济运行的模式，正如邓小平同志所说的："计划经济不等于社会主义，资本主义也有计划；市场经济不等于资本主义，社会主义也有市场。计划和市场都是经济手段。"因此，"市场经济"是一个笼统的概念，它可以指社会主义的市场经济，也可以指资本主义的市场经济，而在历史上，人们往往把"市场经济"理解为就是资本主义的市场经济，在今天，也仍然有人把"市场经济"理解和视为资本主义的市场经济。

从市场经济本身来看，它在社会生活中是一把双刃剑，既有利于经济的进步、效率意识的加强、资源配置的合理、人的主体性的增强等等，同时，随着市场经济的发展，商品交换的法则也容易侵蚀到社会政治生活和人们的精神领域，引发见利忘义、权钱交易，导致国家意识、集体意识和互助精神、奉献精神的减弱。因此，笼统地说，我们的道德体系要与"市场经济相适应"，就会走上一条错误的道路，就会自觉或不自觉地容忍或支持那些与社会主义道德相违背的现象，从而有害于我们的社会主义道德建设。

同时，也必须清醒地看到，西方敌对势力对我国实施西化、分化的政治图谋不会改变。在对外开放过程中，西方资产阶级的政治主张、价值观念和生活方式也必然乘虚而入，我国社会经济成分、组织形式、物质利益和就业方式的多样化，也必然会给人们的思想观念、价值取向、文化生活带来多样性。这些都是我们道德建设的新课题。

社会主义市场经济，是受社会主义的政治、经济和文化制约的一种市场经济，它既有市场经济的一般的特性，遵守市场经济的一般的规律，同时，它又是在公有制为主体、多种所有制经济共同发展的基本经济制度下，是在以工人阶级领导的、以工农联盟为基础的人民民主专政和人民代表大会制度下，是在以马克思列宁主义、毛泽东思想和邓小平理论指导下的市场经济。因此，我们所建立和发展的社会主义道德体系，就必须要同我们的社会主义市场经济相适应，从而有利于社会主义的政治、经济和文化的健康发展。

为了使我们的社会主义道德体系的建设能够更好地适应社会主义市场经济的发展，我们必须正确处理：个人合法权利和承担社会责任的关系，注重效率与维护社会公平的关系，实现个人价值与国家荣誉的关系，道德的群众性同先进性的关系，价值导向的一元化同价值取向多样性的关系，继承优良传统与弘扬时代精神的关系，吸收人类优良道德成果与坚持革命道德精神的关系，竞争与协作的关系，个人自由与遵纪守法的关系，道德权利与道德义务的关系，道德教育与社会管理的关系等等。这也就是说，我们要根据市场经济条件下的新情况、新问题、新矛盾，来创造性地解决这些新问题，要使我们的社会主义道德体系的建立能够有利于化解这些矛盾，协调人和人之间的利益关系，推动我国社会主义建设沿着正确的道路顺利前进。

社会主义道德体系的建设，是一项提高全民族素质的基础性工程，它的实施，必将对弘扬中华民族精神和时代精神，形成良好的社会道德风尚，促进物质文明与精神文明协调发展，全面推进建设有中国特色社会主义伟大事业，产生极其重要的作用。

三、深化和拓展道德建设的核心、原则和基本要求

《中共中央关于加强社会主义精神文明建设若干重要问题的决议》中明确指出："社会主义道德建设要以为人民服务为核心，以集体主义为原则，以爱祖国、爱人民、爱劳动、爱科学、爱社会主义为基本要求，开展社会公德、职业道德、家庭美德教育，在全社会形成团结互助、平等友爱、共同前进的人际关系。"在建设与完善社会主义道德体

系的过程中，我们将进一步深化对社会主义道德建设的核心、原则和基本要求的理解和认识，丰富、补充和完善社会主义道德的主要内容。

把"为人民服务"作为核心，把"集体主义"作为原则，贯串社会主义道德体系的始终，是社会主义道德区别和优越于其他社会形态道德的显著标志。在市场经济条件下，我们要使这一核心和原则，发挥强大的辐射作用，既能在适用范围上涵盖社会所有的不同群体、不同场合和各种不同的职业，又能在要求上分出高低不同的层次，循序渐进，从着眼多数和激励先进出发，通过学校、家庭和社会教育，引导所有公民自觉地遵守基本道德规范，并不断向道德的更高要求攀登。

"为人民服务"作为公民道德建设的核心，它不仅是对共产党员和领导干部的要求，对一切先进分子的要求，也是对广大群众的要求。每个公民不论社会分工如何、能力大小、职位高低，都能够在本职岗位上通过不同形式做到为人民服务。这也就是说，一心为公、无私奉献是为人民服务，顾全大局、先公后私也是为人民服务，同样，就是一个个体劳动者为谋取个人正当利益的劳动，只要能够遵纪守法，有利于社会，同样也体现着为人民服务的要求。

"集体主义"是社会主义社会的政治、经济、文化建设的必然要求，是调节国家利益、集体利益和个人利益关系的重要原则，但在实施中，也有着不同层次的内涵和要求。共产党员、革命军人、先进分子，必须坚持个人利益服从集体利益、顾全大局、以集体利益为重，是集体主义思想的行为；正确理解和认识集体利益的重要性，基本上能够按照这一原则来处理个人与集体的关系，也是集体主义思想的体现。对于广大人民群众来说，只要能够不损害他人利益和社会利益，服从国家利益、集体利益，遵守社会主义国家法律，把个人的理想与奋斗融入广大人民的共同理想和奋斗之中，这也就符合了集体主义的要求。总之，我们要把集体主义精神渗入社会生产和生活的各个层面，引导人们正确认识和处理国家、集体和个人的利益关系。

爱祖国、爱人民、爱劳动、爱科学和爱社会主义是社会主义道德的基本要求，是每个公民都应当承担的法律义务和道德责任，它们也都有着不同的要求和层次，应当在实施中予以体现。必须把这些基本要求的不同层次，贯串社会道德生活的三大领域，即社会公德、职业道德和家庭美德之中，并使这三大领域中的具体道德规范能够适用于所有的群体。

四、建立不同层次、不同职业、不同领域的道德规范体系

从一定意义上说，社会主义道德体系，是由一系列道德规范所构成的，当然，这些道德规范体系的建立，总是由一定的指导思想和理论构架所支撑的。

从不同的层次来看，有共产党员的道德规范、共青团员的道德规范、革命军人的道德规范、公民的道德规范等。共产党员、共青团员和革命军人等先进分子，在社会主义道德建设中，有着特殊的责任，应当以自己的模范行动和楷模作用来影响和带动群众。一个社会的道德风尚的转变和道德素质的提高，总是由先进分子倡导，从而影响到一般老百姓；总是由上到下，由领导到群众。因此，建立完善的先进分子的道德规范，并促其身体力行，是改善社会道德面貌的一个重要环节。同时，我们要在全体公民中，大力宣传和实施《公民道德建设实施纲要》，力求有效地提高全体公民的道德水平。

从职业道德来看，除了有全国统一的职业道德（爱岗敬业、诚实守信、办事公道、服务群众、奉献社会）外，还应当针对各种具体的职业，制定各种不同的道德规范，如工人的道德规范、农民的道德规范、教师的道德规范、科技工作者的道德规范、医务工作者的道德规范等等。随着社会分工的发展，职业的分类也愈来愈多，因此相应的职业道德也必然愈来愈多。加强职业道德的建设，培养所有职业工作者的敬业精神，是我们建设与社会主义市场经济相适应的社会主义道德体系的一个重要方面。

从不同领域来看，在我国社会中，有经济、政治、文化、教育以及工业、农业、财贸等等，因此，在经济生活和经济行为中，应当有必要的行为准则；在政治生活和政治活动中，应当有反腐倡廉的道德要求；在文化教育活动中，更应当有教书育人、以德治校的道德规范；等等。

其他，如在城市、农村、社会公共场所、家庭、企事业单位等等，都应当根据情况，制定相应的道德规范。在所有城市和农村，都应当

有适合自己特点的市民守则、社区规章和乡规民约。在所有公共场所，除了有全国统一的社会公德（文明礼貌、助人为乐、爱护公物、保护环境、遵纪守法）外，还可以根据不同的情况，制定具体的规章制度。

家庭是社会的细胞，也是道德教育的一个重要阵地，特别是对于未成年人来说，家庭的道德教育，对其一生的成长，都有不可忽视的意义。除了有全国统一的家庭美德（尊老爱幼、男女平等、夫妻和睦、勤俭持家、邻里团结）外，每个地区和基层组织，也可以根据自己的情况，提出家庭美德的要求，以达到教育子女和提高家庭成员素质的目的。

总之，大力加强各种道德规范的建立，并使其付诸实施，是我们建立社会主义道德体系的一个不可忽视的重要方面。

五、动员社会各方面力量，支持道德体系的建立与完善

深入开展群众性的道德实践活动，认真总结群众道德实践中的新鲜经验，并从中概括、提炼和归纳出反映时代精神和现实需要的道德要求，不断补充和完善我们的道德体系。

社会主义道德体系的建立，需要动员全社会的力量来进行。我们都知道，社会主义法律体系的建立和完善，在我国，是有专门的立法、检察等机构来进行的。但在我国，却并没有一个专门从事社会主义道德建设的专门机构，这一工作，在现在主要是依靠党的宣传部门、各级精神文明建设指导委员会、共青团、工会和各级教育、文化等有关方面来进行的。因此，我们可以看到，建立社会主义道德体系在现实生活中的艰巨性。如果这种情况不能真正地得到改善，要想建立我国的社会主义道德体系，很显然，是不可能的。

因此，充分认识建立社会主义道德体系的紧迫性、重要性、艰巨性和长期性，把建立社会主义道德体系提高到以德治国的"治国方略"和实现先进文化要求的高度，从上到下，从中央到基层，都要把建立社会主义道德体系的工作，看作一件重要工作，摆在突出的地位，使社会主义道德体系的建设落到实处。在社会主义道德体系建设和公民道德建设

的过程中，我们要大力加强对全国人民的道德教育，深入开展群众性的道德实践活动，积极营造道德建设的社会氛围，进一步加强道德建设的法律支持、政策导向和制度保障，使我们的社会主义道德体系建设，能够建立在更加坚实的基础之上。

建设社会主义道德体系的几个问题*

构建社会主义和谐社会，是我们党从中国特色社会主义事业总体布局和全面建设小康社会全局出发提出的重大战略任务，反映了建设富强、民主、文明、和谐的社会主义现代化国家的内在要求，体现了全党全国各族人民的共同愿望。和谐社会的基本特征是民主法制、公平正义、诚信友爱、充满活力、安定有序、人与自然和谐相处。实现社会和谐，不仅需要雄厚的物质基础、可靠的政治保障、完善的制度体制，而且需要高度的精神文明、先进的思想道德。正如胡锦涛同志指出："一个社会是否和谐，一个国家能否实现长治久安，很大程度上取决于全体社会成员的思想道德素质。没有共同的理想信念，没有良好的道德规范，是无法实现社会和谐的。"① 诚然，和谐社会是有着优良道德风尚的社会，道德是社会和谐的保障。因此，在加快社会主义市场经济发展的同时，我们要努力建立和发展与之相适应的社会主义道德体系，为构建社会主义和谐社会提供良好的道德环境和坚强的道德支撑。

---

* 原载《思想理论教育导刊》，2010（6），系国家社会科学基金重点项目"建设与社会主义市场经济相适应的思想道德体系"（项目批准号：00@ZH012）的阶段性成果。

① 胡锦涛：《在省部级主要领导干部提高构建社会主义和谐社会能力专题研讨班上的讲话》，北京，人民出版社，2005。

一、建设与社会主义市场经济相适应的社会主义道德体系的重要性和必要性

经济基础决定上层建筑，上层建筑对经济基础具有反作用。在社会主义初级阶段，以公有制为主体、多种所有制经济共同发展是我国社会的基本经济制度。我国的社会主义道德体系建设，应当建立在这一基本经济制度基础上，反映这一基本经济制度的要求，为坚持和完善这一基本经济制度服务。在这一基本经济制度基础上实行的社会主义市场经济体制，以市场为配置资源的基础性手段的经济运行机制，对社会主义道德体系建设提出了新的要求。

1. 社会主义道德体系承担着为社会主义市场经济体制的建立和完善提供价值导向的重要任务

一是保证社会主义市场经济的发展方向。社会主义市场经济是社会主义条件下的市场经济，是市场经济与社会主义的有机结合。一方面，作为市场经济，它同资本主义条件下的市场经济在运行规则上有相通或相似之处。现代市场经济的共同属性和一般规律，是我国社会主义市场经济必须遵循的；另一方面，社会主义市场经济是同社会主义基本制度结合在一起的，是同社会主义精神文明结合在一起的，它要体现社会主义基本制度的要求，充分发挥社会主义制度的优越性。就此而言，作为社会主义精神文明的核心内容，社会主义道德体系无疑是市场经济沿着社会主义方向发展的保证。

二是保障社会主义市场经济的健康发展。实践证明，发展社会主义市场经济有利于解放和发展社会主义社会的生产力，增强社会主义国家的综合国力，提高人民的生活水平；有利于增强人们的自立意识、竞争意识、效率意识、民主法制意识和开拓创新意识等，调动人们的积极性和创造性，推动社会的道德进步。但也要看到市场自身的弱点和消极方面，如趋利性、自发性等反映到道德生活中，反映到人与人的关系上，易于诱发拜金主义、享乐主义、极端个人主义等各种有悖于社会主义道德的行为和现象。建立和发展与社会主义市场经济相适应的社会主义道德体系，可以提高广大人民群众的道德素质，使人们自觉地扶正祛邪、

扬善抑恶，从而有利于形成追求高尚、激励先进的良好社会风气，保证社会主义市场经济的健康发展。

2. 社会主义道德体系需要不断发展才能适应社会主义市场经济的现实要求

社会主义道德体系，必须与社会主义市场经济相适应。建立和发展与社会主义市场经济相适应的道德体系，应当正确处理社会主义市场经济条件下各种复杂的矛盾关系：社会尊重个人合法权利和公民承担社会责任的关系，注重效率与维护社会公平的关系，个人价值与社会价值的关系，道德的先进性与广泛性的关系，价值导向一元化与价值取向多样性的关系，继承优良传统与弘扬时代精神的关系，吸收人类优良道德成果与承接中华民族传统美德的关系，竞争与协作的关系，个人自由与遵纪守法的关系，道德权利与道德义务的关系，道德教育与社会管理的关系，经济效益与社会效益的关系，义与利的关系等。这就是说，要根据社会主义市场经济条件下的新情况、新问题、新矛盾，创造性地解决这些问题，使社会主义道德体系的建立和发展有利于化解这些矛盾，协调各方面的利益关系。

建设与社会主义市场经济相适应的社会主义道德体系是一项提高全民族素质的长期而艰巨的基础性工程。它的实施，必将对弘扬中华民族精神和时代精神、形成良好的社会道德风尚、促进社会和谐、全面推进建设中国特色社会主义伟大事业产生极其重要的作用。

二、建设与社会主义市场经济相适应的社会主义道德体系的指导思想和方针原则

在建立和发展社会主义道德体系中，指导思想和方针原则是贯串始终的一根主线。社会主义道德体系建设的各个方面、层次和环节，都应当体现其指导思想和方针原则。

建立和发展社会主义道德体系的指导思想是：以马克思列宁主义、毛泽东思想、邓小平理论和"三个代表"重要思想为指导，以科学发展观为统领，坚持党的基本理论、基本路线、基本纲领、基本经验，以人为本，重在建设，要在全民族牢固树立建设中国特色社会主义的共同理

想和正确的世界观、人生观、价值观，在全社会努力提高公民道德素质，促进人的全面发展，培养一代又一代有理想、有道德、有文化、有纪律的社会主义公民。

1996年党的十四届六中全会审议通过的《中共中央关于加强社会主义精神文明建设若干重要问题的决议》明确提出了社会主义道德体系的基本内容，即："社会主义道德建设要以为人民服务为核心，以集体主义为原则，以爱祖国、爱人民、爱劳动、爱科学、爱社会主义为基本要求，开展社会公德、职业道德、家庭美德教育，在全社会形成团结互助、平等友爱、共同前进的人际关系。"2001年中共中央印发的《公民道德建设实施纲要》对此作了补充、丰富和发展；对社会主义市场经济条件下出现的新问题，作了有针对性的回答；对社会利益关系变化引发的新矛盾，进行了辩证思考；对公民道德规范，作了高度概括。这两部纲领性文献是我们当前建立和发展与社会主义市场经济相适应的社会主义道德体系的重要依据。

党的十六届六中全会审议通过的《中共中央关于构建社会主义和谐社会若干重大问题的决定》提出了建设社会主义核心价值体系的战略任务。社会主义核心价值体系包括四个方面：一是马克思主义指导思想，这是我们党立党立国的根本方针，是社会主义意识形态的灵魂；二是中国特色社会主义共同理想，这是实现中华民族伟大复兴的必由之路，是全国人民团结奋斗的强大动力；三是以爱国主义为核心的民族精神和以改革创新为核心的时代精神，这是中华民族生生不息、薪火相传的精神支撑，是当代中国人民不断创造崭新业绩的力量源泉；四是以"八荣八耻"为主要内容的社会主义荣辱观，这是中华民族传统美德、优秀革命道德与时代精神的完美结合，是市场经济条件下判断行为得失、确定价值取向、作出道德选择的基本原则。社会主义核心价值体系是社会主义制度的内在精神和生命之魂，是建设和谐文化的根本。社会主义核心价值体系中的社会主义荣辱观为我们划清了社会主义道德建设的是非界限，为社会主义道德建设确立了标杆。建设社会主义道德体系，我们要自觉地将社会主义核心价值体系的内容融入其中。

建立和发展社会主义道德体系的方针原则是：正确处理个人利益和集体利益的关系，坚持继承优良传统道德与弘扬时代精神相结合，坚持注重效率与维护公平相协调，坚持先进性与广泛性相统一，坚持公民承担社会责任与社会尊重个人合法权益相一致，使社会主义道德体系建设能够适应于我国的不同群体、不同阶层、不同职业和不同觉悟程度的人的要求。

三、社会主义道德体系建设的核心和原则

以为人民服务为核心，以集体主义为原则，是社会主义道德区别和优越于其他社会形态道德的显著标志。在社会主义市场经济条件下，我们要发挥核心和原则的强大辐射作用，并对其内容进行深化和拓展。

1. 以为人民服务为核心

一个道德体系的核心是其灵魂，决定该道德体系的根本性质和发展方向，是该道德体系区别于其他道德体系的主要标志。在改革开放和社会主义现代化建设的新时期，在发展和完善社会主义市场经济的条件下，在构建社会主义和谐社会的过程中，社会主义道德建设以为人民服务为核心，具有深刻的理论依据和坚实的实践基础。

首先，为人民服务反映了社会主义社会的经济基础和人际关系的客观要求。我国实行的是以公有制为主体、多种所有制经济共同发展的基本经济制度。在这种基本经济制度下，每个劳动者和建设者都在为社会、为他人同时也为自己而劳动和工作；在生产和生活过程中，全社会逐步形成了团结互助、平等友爱、共同进步的人际关系；权利和义务统一于人民自己身上，每个人都是服务对象，又都为他人服务，全体人民通过社会分工和相互服务来实现共同利益。

其次，为人民服务凸显了社会主义市场经济健康发展的要求。在市场经济条件下，市场主体必须通过为社会和他人服务来实现自己的利益。换句话说，市场经济不仅不排斥为社会和他人服务，而且需要通过服务甚至是优质服务，才能实现市场主体自己的利益。我们实行的市场经济是社会主义性质的市场经济，这不仅要求人们在一切经济活动中正确处理竞争与协作、效率与公平等关系，形成健康的经济秩序，而且更重要的是要在社会主义精神文明的引导下，每个市场主体树立为人民服务的思想，积极、主动地为人民、为社会服务。

当前，在全社会大力弘扬为人民服务的精神、倡导和积极实践为人

民服务的道德的同时，我们还应给为人民服务的要求注入新的时代内涵。

要强调为人民服务是社会主义道德建设的先进性要求和广泛性要求的统一。为人民服务不仅是对共产党员和领导干部的要求，对一切先进分子的要求，也是对广大群众的要求。每个公民不论社会分工如何、能力大小、职位高低，都能够在本职岗位上通过不同形式做到为人民服务。这也就是说，一心为公、无私奉献是为人民服务，顾全大局、先公后私也是为人民服务。同样，即便是个体劳动者为谋取正当利益的劳动，只要遵纪守法、有利于社会，也体现着为人民服务的要求。

2. 以集体主义为原则

坚持集体主义原则是社会主义社会的本质要求，也是发展和完善社会主义市场经济的客观要求。集体主义原则的根本思想，是正确处理集体利益和个人利益的关系。集体主义原则的基本内容，主要有以下三个方面。

其一，强调集体利益和个人利益的辩证统一。在社会主义社会中，国家利益、社会利益体现着个人根本的、长远的利益，是集体所有成员共同利益的统一。同时，每个人的正当利益，又都是集体利益不可分割的组成部分。集体兴衰与个人得失息息相关。集体利益的发展，本身就包含着集体中每个个人利益的增加；而集体中每个个人利益的增加，同样有利于集体利益的扩大。

其二，强调集体利益高于个人利益。在实际生活中，个人利益和集体利益难免会发生矛盾。集体主义强调，在个人利益和集体利益发生矛盾尤其是发生激烈冲突的时候，必须坚持集体利益高于个人利益的原则，即个人应当以大局为重，使个人利益服从集体利益，在必要时，为集体利益作出牺牲。要强调的是，只有在不牺牲个人利益就不能保全集体利益的情况下，集体主义才要求个人为集体利益作出牺牲。集体主义之所以要求个人利益服从集体利益，归根到底，既是为了维护集体的共同利益，也是为了维护个人的根本利益。

其三，强调重视和保障个人的正当利益。集体主义促进、保障和有利于个人正当利益的实现，能够使个人的才能、价值得到充分发挥。这不但与集体主义不矛盾，而且正是集体主义思想的主要内容之一。只有在集体中，个人才能获得全面发展；只有在集体中，才可能有个人自由。那种把集体主义看作对"个人的压制"和"个性的束缚"的思想，是与集体主义的本义相违背的。事实上，正是集体主义为培养人的健全人格、鲜明个性和创新精神提供了发展条件和道义保障。

当前，实施集体主义的价值导向，必须根据市场经济的特点和社会发展的要求对其注入新的现实的内容，使其保持无限的生机和活力。

首先，集体主义的关系对象应该有所扩展。个人利益应该扩展到个体利益、局部利益、眼前利益；相应地，集体利益也应该扩展到整体利益、全局利益、长远利益。当前社会，集体主义应该提倡个体利益服从整体利益、局部利益服从全局利益、眼前利益服从长远利益，坚决反对小团体主义、本位主义和极端个人主义。在利益多样化的今天，如果各利益主体只是从本身的利益偏好和价值取向或只是从某些小团体的角度或只是从局部、眼前利益出发来考虑问题，来对待和处理各种经济的、社会的关系和矛盾，就不可能实现人际和谐、天人和谐。以天人和谐为例，构建和谐社会需要着眼全局和长远，走科学发展之路。对此，胡锦涛同志特别强调，中国在新型工业化实践中，"要彻底改变以牺牲环境、破坏资源为代价的粗放型增长方式，不能以牺牲环境为代价去换取一时的经济增长，不能以眼前发展损害长远利益，不能用局部发展损害全局利益"[①]。

其次，要强调先进性与广泛性的统一。道德是崇高的，也是现实的。人们只有首先践履广泛性道德要求，才有可能进一步践履先进性道德要求；人们只有以先进性道德要求为理想和追求的目标，也才能更好地践履广泛性道德要求。集体主义原则一方面要求共产党员和先进分子率先垂范，发扬无私奉献、一心为公的精神；另一方面也要求人民群众做到先公后私、先人后己，或至少做到公私兼顾、不损公肥私，并且不断地追求更高的道德境界。

四、公平与效率的关系

作为人类社会孜孜以求的两大目标——公平和效率，既对立又统

---

① 胡锦涛：《在中央人口资源环境工作座谈会上的讲话》，北京，人民出版社，2004。

建设社会主义道德体系的几个问题

一。在社会发展的不同阶段，在经济、社会、道德等不同领域，采取相应的制度措施，正确处理二者之间的矛盾，有利于广大人民群众最大利益的实现，有利于经济的发展和社会的和谐，有利于国家政权的巩固。

我国改革开放前，是一个强调"平均"的国家，"大锅饭"的分配体制，使效率大受影响；改革开放以来，尤其是实行市场取向的改革后，逐步讲求效率，经济迅速发展。作为经验总结，"兼顾效率与公平"被写进了党的十四大报告。之后，为进一步解放和发展生产力，党的十四届三中全会有了"效率优先、兼顾公平"的提法，随着形势的发展，这一提法近几年来也在不断地被补充、发展和完善。

十多年来，在收入分配方面，我们强调"效率优先、兼顾公平"的原则，充分发挥了广大人民群众的主动性和创造性，有力消除了"平均主义"思想残余的影响，极大提高了生产效率。与此同时，一些不公平的问题也随之而来，并日益凸显，如偏离甚至破坏公平竞争环境、公平竞争秩序、公平法律法规政策而带来巨大的收入分配差距，少数垄断行业的超额利润和收入，虚假广告对消费者的欺骗，霸王条款，制假贩假，官商勾结，商业贿赂的日趋严重等。这些问题若得不到及时、有效的解决，将会阻碍经济发展、破坏社会和谐。

事实上，社会主义市场经济条件下，公平与效率的关系呈历史的、具体的、相对的变化。经济发展到一定程度，效率问题逐步得到解决，就应该更加注重公平问题。正因如此，党的十六大报告开始有了"初次分配注重效率"和"再分配注重公平"的区分；党的十六届五中全会有了"合理调节收入分配……注重社会公平，特别要关注就业机会和分配过程的公平"的新提法；党的十六届六中全会则有了"完善收入分配制度，规范收入分配秩序。坚持按劳分配为主体、多种分配方式并存的分配制度，加强收入分配宏观调节，在经济发展的基础上，更加注重社会公平，着力提高低收入者收入水平，逐步扩大中等收入者比重，有效调节过高收入，坚决取缔非法收入，促进共同富裕"的明确措施。

从经济、社会领域的分配制度上来探讨公平与效率的问题，与从道德领域的道德建设方面来探讨公平与效率的关系，是既有联系又有区别的。

"注重效率与维护社会公平相协调"是我们在道德领域处理公平和效率关系的基本原则。这一原则是为"解放生产力，发展生产力，消灭剥削，消除两极分化，最终达到共同富裕"的根本目的服务的。我们是社会主义国家，在建设社会主义现代化的过程中，既要大力发展生产力，注重效率，又要从最大多数人的根本利益出发，为了达到共同富裕的目的，要坚决而有效地维护社会公平。从整个社会的发展来看，我们既不能因强调"社会公平"而妨害经济效率，更不能因重视"经济效率"而损害社会公平。效率低下不是社会主义，两极分化更不是社会主义。从"经济效率"上说，允许一部分人通过诚实劳动、合法经营先富起来；从"社会公平"来看，又需要先富带动后富，先富帮助后富，使全体人民共享改革发展的成果，使全体人民朝着共同富裕的方向稳步前进。

自建立社会主义市场经济体制以来，效率和效益意识逐步深入人心，"平均主义"思想得到了克服。为了在全社会形成全面的"注重效率、维护公平"的价值观念，建设社会主义道德体系，应该更多地强调公平理念，更加注重公平，从道德制度建设的层面保障社会公平。

公平作为一种观念化的表现，主要指社会成员的权益或利益符合公认的、既定的标准。一般来说，它包括权利公平、机会公平、规则公平和分配公平四个方面。其中，机会公平也称起点公平，规则公平也称过程、程序公平，分配公平也称结果公平。权利公平是公平的内在要求，它体现的是社会应赋予全体成员在享有参与各项社会活动方面平等的资格。机会公平是公平的前提和基础，要求社会提供的生存、发展、享受机会对于每一个社会成员都始终均等。规则公平是实现公平的必要保障，要求公民参与经济、政治和社会等各项活动的过程应该公开透明，不允许某些人通过对过程的控制而谋取不当利益。分配公平，一方面指每个劳动者都能获得与其劳动和贡献相当的利益；另一方面指在分配的结果上要兼顾全体公民的利益，防止过于悬殊的贫富分化，以利于共同富裕的逐步实现。

公平是社会主义的本质要求。建设社会主义和谐社会，必须把公平作为价值准则置于首位。无论是社会制度的安排还是法律条文的制定，以及改革措施的选择，都必须以公平为价值准则，道德建设也不能例外。社会主义市场经济条件下道德体系的建设，必须从社会主义发展的大局和全局着眼，必须树立社会主义公平观的基础地位。要将公平作为社会主义市场经济的一个重要伦理原则，经济活动中要做到公平交易、等价交换、自愿交换。要让公平理念深入人心，通过广泛的宣传、教育，积极营造更加注重公平的社会氛围等。

五、社会主义道德的层次性

层次性是道德生活复杂性的重要表现，特定社会的道德发展、道德研究和道德教育应该区分不同层次的道德要求。社会主义市场经济条件下的道德体系建设，需要准确地把握其层次性。正如《公民道德建设实施纲要》所强调的："坚持把先进性要求与广泛性要求结合起来。要从实际出发，区分层次，着眼多数，鼓励先进，循序渐进。……引导人们在遵守基本道德规范的基础上，不断追求更高层次的道德目标。"

1. 社会主义道德层次的划分

根据当前我国的道德现状和人们的觉悟水平，社会主义道德可分为三个层次。

第一层次，无私奉献、一心为公，即全心全意为人民服务。一个道德高尚的人，在自己和他人、社会的一切关系中，能够始终以人民利益和国家利益为最高利益，能够自觉地为他人、为社会多作贡献，不图回报。这是社会主义道德要求的最高层次，是一切共产党员、先进分子所力求达到的，雷锋、孔繁森、任长霞、牛玉儒等就是其中的代表。

第二层次，先公后私、先人后己。它要求每个人都能自觉地把集体利益、国家利益放在个人利益之上。在社会公德、职业道德和家庭美德各个领域中履行自己应尽的义务，积极影响广大社会成员，从而有利于形成良好的社会风尚。

第三层次，顾全大局、热爱国家、遵纪守法、诚实劳动。这是对社会主义公民最基本的道德要求。每一个社会主义公民，只要能够诚实劳动、顾全大局，不损人利己、不损公肥私，力求使自己的一切活动有利于人民和国家，同样是社会主义道德所应当肯定和鼓励的。

要正确对待以上三个层次：对第一个层次，应当积极宣传、认真提倡；对第二个层次，应当普遍教育、力求做到；对第三个层次，应当正确评价、引导提高。

从当前我国社会的道德状况和人们实际的道德境界来看，除了社会主义道德的这三个层次之外，还有一种违反社会主义道德，自私自利、损人利己的不道德的层次。这一层次是我们要坚决反对和抵制的。

需要指出的是，之所以将人们的道德觉悟水平分成不同的层次，主要目的是从实际出发，防止超越人们的道德觉悟水平，使我们的道德教育能够收到更好的效果。绝不是让道德觉悟水平处于不同层次的人长期停留于这一层次，而是要大力加强社会主义道德教育，在实践中努力提高他们的道德素质，使每一个处于较低层次的人能够积极、自觉地向更高的道德目标迈进。

2. 顺应道德分层的规律，把握道德建设的重点

一要加强领导干部道德建设。

官德建设是民德建设之本。"官德隆，民德昌；官德毁，民德降"，即"官"为民之表率，"官风"决定着民风，有什么样的"官德"影响，就会有什么样的民风结果。可见，领导干部在社会主义道德建设中负有特殊的责任，应当以自己的模范行动和楷模作用来影响和带动群众。提高领导干部的道德觉悟，并使其身体力行，是改善社会道德风貌的一个至关重要的环节。

加强领导干部道德建设，提高领导干部道德觉悟水平，一靠教育，二靠制度。"身先足以率人，律己足以服人"，"上梁不正下梁歪，中梁不正倒下来"，要教育广大干部特别是党的高级领导干部树立强烈的自律意识，把廉洁自律看成一种修养、一种境界、一种责任，时刻自重、自省、自警、自励，以德服人，以廉树威；要坚持按德才兼备的标准选拔、使用、奖惩、考核人才，严防道德腐败分子混进领导干部队伍；要不断树立一批又一批具有一定代表性的优秀领导干部的道德形象，在全社会形成追求高尚的良好社会风气。

二要加强未成年人和大学生道德建设。

从幼儿、少年到青年，人的道德心理随着知识的丰富、交往范围的扩大、接触其他群体的增多而日渐丰富成熟。这一时期的道德教育直接影响到一个人一生的道德觉悟，也直接决定着一个国家未来的道德状况。因此，加强未成年人和大学生的道德建设就显得格外重要。

针对未成年人和大学生的道德建设，无论是教育内容，还是教育形式，都要注意循序渐进。要贴近他们的思想和生活实际，适应其身心成长的特点和接受能力。从道德教育的内容来说，培养道德礼仪、增强爱国情感、树立远大志向、树立正确理想、培育良好道德习惯等对未成年

人较为合适；加强理想信念教育、树立正确"三观"、加强爱国主义教育、培育民族精神、加强公民道德规范教育和社会主义荣辱观教育等对大学生较为合适。从道德教育的形式来说，对于未成年人要以讲故事等方式教之以事，对于大学生要以辩、析等方式教之以理。

六、社会主义道德体系要与社会主义法律规范相协调

社会主义市场经济既是道德经济，又是法治经济。因此，我们所建设的与社会主义市场经济相适应的社会主义道德体系，也要与社会主义法律规范相协调。

道德和法律都是社会主义上层建筑的重要组成部分，都是规范人们行为的重要手段，但二者又有各自不同的特点和作用。道德以其说服力和劝导力提高社会成员的思想认识和道德觉悟，强调自律；法律则以其权威性和强制力规范社会成员的行为，强调他律。道德和法律的功能具有互补性，在现实生活中只有各施所长、共同作用，才能保证社会的良性健康发展。此外，道德与法律在内容上相互吸收，一些法律规范常常是道德中最基本的要求，而一些道德要求又常常被吸收进法律。道德与法律之间的这种辩证关系是建设与社会主义法律规范相协调的道德体系的基本点和出发点。

建立与社会主义法律规范相协调的社会主义道德体系，需要在宏观、中观、微观三个不同层面作出具体安排。

宏观上，要保持道德与法律在精神、原则上的一致性和实施策略上的因应性。二者都应当以为人民服务为其基本精神，都要促进个人利益和集体利益的协调发展。在建构和运行上，二者要相互呼应、相互配合、相互协调。

中观上，要把握道德与法律相协调的结构对应性和层次衔接性。道德与法律都有"公"、"私"之分。应当以公共伦理、国家伦理、职业伦理等对应公法行为；同时，以家庭美德、个体道德等对应私法领域内的法制建设。社会主义法律规范的设计应以最大多数人都能达到的一般道德觉悟层次作为标准和界限。如果立法标准过高，就会造成法律苛严，违法者众多；如果立法标准过低，就会降低社会道德水准。

微观上，在建设实践中要贯彻落实道德与法律相协调的理念。社会主义道德规范，要包括遵纪守法的最低道德要求，即各行业从业人员奉公守法、依法办事，广大公民积极参与公共生活、维护公法良俗，家庭成员遵纪守法、互敬互爱等。

建设社会主义道德体系，我们必须把握社会主义法律的精神、体系和运行机制，把握道德和法律的相互影响和作用，从而使二者能够更好地相辅相成、相互促进。一般说来，法律的实施要经立法、执法、司法及法律评价和完善四个阶段。我们要根据这四个阶段的不同特点，具体而动态地把握。

首先，在立法阶段，社会主义道德体系建设要为法律的正当性提供支持。道德建设应当主动引领法制建设，为立法行为指明正确方向、提供道义支持，将公正等道德价值观融入法律规范。可以考虑在各级人民代表大会常设机构设立专门的道德委员会，负责协调道德与法律的关系，保证法律的道德性，提高立法的正当性和权威性。

其次，在执法和司法阶段，社会主义道德体系建设应当为法律实施创造条件、营造氛围。一般说来，社会和个体道德水平越高，违法行为和现象就越少，执法就越顺利。就此而言，与法律规范相协调的道德体系建设的直接目标是提高执法者和司法者的守法自觉性。为此，需要提高执法者的道德水平和职业修养，增强司法者的荣辱观念。具体来说，要明确执法人员的道德要求，不断提高执法人员的道德水准，将道德素质作为考核的重要内容，纳入《中华人民共和国公务员法》及执法人员日常工作考核中；要不断加强法官、检察官职业道德教育，可以考虑在法院和检察院系统设立道德监督办公室，确保司法公正。

最后，在法律评价和完善阶段，社会主义道德体系建设应当为评价法律成败提供重要标准。社会主义法律规范对各种利益关系的调整是否公正、有效，是否能够切实保障人民权利、监督公共权力，哪些内容规定需要改进等，这些问题的解决，都需要社会主义道德的引导和评价。为此，建设与社会主义法律规范相协调的社会主义道德体系时，应当建立立法后评价制度，使立法的法律评价与道德评价共同进行；还应当建立立法建议征集制度，使那些能够发扬传统美德、提高公民道德素养的制度，如孝养父母制度、公民良好行为奖励补偿制度、慈善制度等尽快进入立法研究和实施程序。

七、社会主义道德体系要与中华民族传统美德相承接

社会主义道德体系建设必须根植于本土，承接中华民族传统美德。只有这样，我们所建立的道德体系才具有民族性和渗透力，我们的传统道德文化才能免于在经济全球化中遭遇沉沦劫难。

我们所要承接的中华民族传统美德，不仅包括中国优良传统道德，而且包括中国新民主主义革命以及社会主义革命和建设中所形成的中国革命道德。

中国优良传统道德，概括起来主要有五个方面的内容。一是强调为民族、为国家、为社会的"公忠"道德，提倡"国而忘家、公而忘私"的整体主义精神。二是推崇宽容仁爱，倡导明礼诚信，强调和谐理念。如"厚德载物"、"仁者爱人"、"己所不欲，勿施于人"、"忠信，礼之本也"、"礼之用，和为贵"等。三是重视伦常关系，强调人伦责任。如"父义、母慈、兄友、弟悌、子孝"等。四是追求"止于至善"的理想人格和无私无畏的高尚境界。如"杀身成仁"、"舍生取义"、"先天下之忧而忧，后天下之乐而乐"、"富贵不能淫，贫贱不能移，威武不能屈"等。五是强调修身养性，提倡克己慎独，注重道德理论与道德实践、道德认识与道德行为的统一。如"人皆可以为尧舜"、"涂之人可以为禹"、"见贤思齐，见不贤而内自省"、"慎独"、"知耻"等。这些传统美德对于我们今天倡导爱国主义、集体主义、社会主义思想，构建社会主义和谐社会，建立市场经济的道德秩序，加强理想教育，树立社会主义荣辱观等都有巨大的鼓舞和借鉴作用，在社会主义道德体系建设中理应予以承接。

中国革命道德具有丰富的内涵，其基本方面主要有：坚持社会主义、共产主义理想信念，为人民服务，集体主义，爱国主义，热爱科学，热爱劳动，革命英雄主义，革命人道主义，建立新型职业道德、社会公德和家庭美德。在中国革命道德中，为人民服务是核心，集体主义是基本原则，无私奉献、顽强拼搏、艰苦奋斗、勤俭节约等是重要精神。中国革命道德是马克思主义世界观、人生观、价值观、幸福观在革命者身上的具体体现，在今天仍然发挥着重要作用，同样需要我们在当代道德体系建设中加以承接。

中国优良传统道德同中国革命道德既有区别，又有联系。如中国优

良传统道德中为民族、为社会、为国家而献身的整体主义思想和爱国主义精神，同中国革命道德中关心人民、爱护人民、献身人民、献身祖国的思想和爱国主义精神，就有着深厚的思想渊源关系；而中国革命道德中对社会主义和共产主义的坚定信念和对理想人格的执着追求，则是中国优良传统道德中"杀身成仁"、"舍生取义"等思想在新民主主义革命、社会主义革命和建设时期的升华，是这些思想的现实体现。只有将中国优良传统道德和中国革命道德相结合，才能更好地形成中国特色社会主义道德体系。

从传统道德资源中挖掘传统美德，建设社会主义道德体系，必须坚持正确的态度。对待中国古代传统道德，既不能全盘否定，也不能一律肯定。历史虚无主义和历史复古主义都是不正确的态度。正确的态度是以历史唯物主义为指导，坚持批判继承、弃糟取精、综合创新和古为今用的方针。我们要在马克思主义指导下，采取历史的、辩证的方法对传统道德进行扬弃；要注意继承过程中的咀嚼和消化吸收；要对儒、墨、道、法、兵等各家各派道德思想进行比较、加工、综合，注入新的时代内涵。当然，在此过程中，还应该将我们民族优良传统道德与其他民族优秀道德相比照，从中吸取有益的东西。

八、建设社会主义道德体系要积极吸收人类的优秀道德文化成果

我国当代社会主义道德建设，是在经济全球化过程中进行的，需要积极吸收人类的优秀道德文化成果。

1. 要站在人类社会发展的历史趋势和民族存亡的高度，充分认识处理好民族道德文化与世界道德文化关系的重要性

首先，我们要认识到本民族道德文化与世界上其他民族道德文化对话的必然性。随着世界交流的扩大，我们民族的道德文化必然要与其他民族的道德文化相互激荡，呈现选择性吸收和借鉴的态势。对此，我们不要刻意躲闪或封闭，而要主动把握、自觉吸纳、积极回应，并对经济全球化产生的强势道德文化的冲击以及对本民族道德文化认同的消解，给予高度的警惕。其次，我们要站在民族道德文化和民族生存、发展的高度，

认识到维护民族道德个性的重要性。文化是一个民族生活方式和价值观念的载体，统摄着人们的心灵和行动，是民族生存的根基。在经济全球化时代，首先需要的是我们对自己优秀道德文化的尊重，而不是抛弃。

2. 立足于人类道德文化发展的规律，树立正确的维护与吸纳的态度

面对本民族道德文化与世界其他民族道德文化的交流与碰撞，我们既要反对"民族道德文化虚无论"，又要反对"民族道德文化中心论"。我们应持文化自觉与文化调适、文化宽容与文化共享的原则，在注意维护民族道德文化独立性的同时，理解、尊重世界其他民族道德文化，自觉汲取世界各民族优秀道德文化遗产和成果，使我们民族道德文化能够通过汲取异质优秀道德文化而更具生命力。具体说来，应该强化本民族道德文化的主体意识。因为文化是一个民族的精神灵魂，而一个民族的道德文化又是该民族精神灵魂的核心，是一个民族的标示和符号，是一个民族的价值信仰和凝聚的精神力量。可以说，民族的文化尤其是道德文化，是维系一个国家和民族的价值链。

3. 重视民族道德文化的传播和弘扬，积极应对伴随经济全球化而来的文化交流与冲突日益频繁的趋势

要重视挖掘民族优秀道德文化，弘扬民族传统美德。一是注重民族道德文化的理论研究，整理、保存好道德文化古籍，对民族道德文化中的特有概念、范畴、规范、原理等做好原义与现义的诠释与阐发，把握好我国民族道德文化的特性，开展不同道德文化体系的系统比较研究，进一步明确我国民族道德文化的世界地位。二是形成民族道德文化的自觉。发扬民族优良道德文化，需要全体社会成员的参与，要重视那些孕育着民族优秀道德文化的各类礼俗、节日等载体的培育。三是注重长者的民族道德文化示范。道德文化的传递，需要家长和领导者等对民族道德文化的尊重与践行，使社会成员通过"模仿"等形式自觉践履和弘扬民族道德文化。四是要创造反映中华民族优良道德文化的文学、影视作品。要通过优秀的文化作品，一方面教育广大群众，使传统美德得以传承；另一方面通过文化的交流影响世界其他民族的人民，使我们民族的优良道德文化得以在世界范围内传播，并不断扩大影响。

4. 确立吸纳外来优秀道德文化成果的原则，注意内容的创造性转化

对外来优秀道德文化成果的吸纳，不能采取简单地移植或机械地照

搬方式，而应遵循以下原则。第一，要吸收反映人类文明发展趋势的道德价值，如提倡环境保护、资源节约、生态平衡的环境正义伦理观；强调企业对员工、投资者、自然环境的责任意识的经济伦理观等。第二，要坚持社会主义道德文化的方向和原则，使所吸收的异质道德文化与我国核心道德价值观相协调。对异质道德文化中一些基本的道德价值原则或范畴，要进行历史的考辨和价值属性的分析，切忌不加改造地一味照搬。第三，坚持尊重国情的原则。对外来优秀道德文化成果的吸收，要注意结合我国国情和民族的社会心理进行转化。

5. 从文化战略和文化政策、制度等方面建立健全文化防御、筛选系统，有效控制外来不良道德文化的消极影响

道德文化的批判吸收，不只是观念层面的事情，更是一个国家文化战略和文化政策层面的工作。我国必须制定针对外来影视作品等文化产品的筛选制度，而不能任由其肆意传播，更不能单纯以经济效益为轴心而决定取舍。政府要履行好制定政策、建立制度和实施监督的职责，要在国家文化政策和制度层面构建一个对外来文化的筛选系统，坚决抵御西方腐朽道德文化的侵入；要建立健全文化监督机制，对于非法传播的西方文化作品，给予有效监控，避免西方腐朽道德文化对青少年的毒害。

建设与社会主义市场经济相适应的社会主义道德体系，是一项重要、艰巨、复杂、长期而又紧迫的系统工程，需要我们坚持不懈，群策群力，勇于探索，综合创新。我们要把社会主义道德体系的建设提高到以德治国的"治国方略"和建设先进文化要求的高度，从上到下，从中央到基层，高度重视，认真落实。在社会主义道德体系建设过程中，要大力加强对全国人民的道德教育，深入开展群众性道德实践活动，积极营造道德建设的社会氛围，进一步加强道德建设的法律支持、政策导向，使社会主义道德体系建设在更加坚实的基础上进行。制度是道德建设的保障，我们建议在各级党的纪检部门、在各级人民代表大会的常务委员会中，设立专门的道德委员会，像抓法律和纪检建设那样抓道德建设，使道德建设在主要依靠道德教育、道德修养和社会舆论引导的同时，尽可能地纳入制度化轨道。构建和谐社会、建设和谐文化为社会主义道德体系的建设提供了新的契机，同时也提出了新的、更高的要求。我们必须抓住机遇，直面挑战，不辱使命，使社会主义道德体系建设不断取得新成就。

第二编

道德原则

我们需要什么样的道德原则[*]

十年改革开放，从全局来看，最大的失误就是严重忽视了思想政治工作和精神文明建设，淡化甚至在一定程度上丢弃了四项基本原则，从而在整个意识形态领域里造成了极大的混乱，是非不清，善恶不明，人们无所适从，社会主义事业蒙受巨大损失。我们的改革开放事业，已经走到要不要社会主义价值导向的严峻关头。

与资产阶级自由化思潮普遍泛滥直接相连的，是在全国范围内，逐渐形成一股"西方中心论"的思潮。一些人在所谓改革开放就是要全方位向西方学习的口号下，宣扬不但要引进西方先进的科学技术，而且要全盘照搬西方的政治制度、伦理道德、价值观念及思想意识等等，其目的就是借改革之名，否定社会主义，实现他们向往已久的资产阶级共和国的目的。

从伦理道德方面来看，有些人在"西方中心论"的指导下，全面否定我国在社会主义条件下逐步建立和完善起来的伦理道德规范，宣扬以个人为中心的个人主义的资产阶级道德，试图在人际关系中，绝对地突出"个人本位"，包括绝对突出"个人自由"、"个人价值"、"个人自我意识"、"个人利益"、"个人欲望"等等，并竭力倡导要重新评价"个人主义"，要为个人主义"正名"和"恢复名誉"。他们撇开西方个人主义

---

[*] 原载《光明日报》，1989-07-05。

思潮发生、发展的历史背景，甚至有意撇开早已为西方思想家所明确指出的个人主义的消极方面，片面夸大个人主义与利己主义的差异，并试图以此为在我国树立个人主义价值观的所谓合理的根据。他们故意抹杀资本主义制度与社会主义制度的根本区别，故意抹杀公有制与私有制的根本区别，形而上学地看待个人与整体的关系，把个人与社会、个人与集体割裂开来、对立起来，用"自我中心"和"个人至上"的虚伪观念，涣散、瓦解人们的社会主义集体主义的信念，为他们在中国推行资本主义制度大造道德舆论。

值得进一步指出的是，一些人在宣扬个人中心、个人至上的个人主义、利己主义思潮中，更直言不讳地宣扬个人的名利观念，宣扬"人都是自私的"，"自私是人的本性"，"人不为己，天诛地灭"。有的人甚至认为，只有诱发人们的这种自私自利之心，才可能推动我国的改革开放事业。如果说，西方人眼中的个人主义还有注重个人价值、推崇个人尊严、强调个人活力的积极意义的话，那么，被一些私迷心窍的人移植到中国来的所谓的个人主义，早已是被扭曲了的变态的个人主义，这一个人主义已经赤裸裸地只剩下"名"、"利"二字，完全是古人所痛斥的"争名于朝，争利于市"的腐朽思想在改革旗号下的粉墨登场。在这些人看来，只要能够成名、获利，只要能够成为所谓的社会"精英"，什么投机钻营、卑鄙无耻的手段，都可以毫不掩饰地加以使用。

我们还要看到，在以个人名利为中心的宣传中，对拜金主义的吹捧又占了最核心的地位。一切向钱看，唯利是图，唯钱是逐，成了一些人所崇奉的新的人生价值观。这正如一句顺口溜所说的："干部拿钱引，群众为钱干，一切向钱看，离钱玩不转。"在这些人看来，人和人之间的一切关系都成了金钱关系，为了赚钱，什么寡廉鲜耻、出卖尊严、出卖灵魂、出卖肉体的事，都可以毫无顾忌地去干。这种思想，对我们社会和人民的腐蚀是空前的，其严重后果也是空前的。更有甚者，有的人为了宣扬"一切向钱看"的思想，竟然认为在我们的社会中，人和人之间不但应当斤斤计较，还应当两两计较，甚至说"一切不向钱看的思想也是不道德的"。仅此一点，也就可以看出，这些人离马克思主义已经有多么遥远了。应该明确指出的是，这几年我国政治、经济生活中腐败现象之所以泛滥成灾，而且屡禁不止、屡禁不绝，除了我们政治和经济体制本身的一些问题之外，一个重要的思想基础，就是这股日益蔓延开来的拜金主义恶潮。因此，如果不彻底清除这几年来逐渐形成的这种一切向钱看的思想气候，要想从根本上克服我国社会中的腐败现象，达到政治清明的目的，也是绝难奏效的。

在宣扬个人中心、个人至上的个人主义的同时，一些人提出种种理由，公开或变相地攻击和否定社会主义的集体主义道德原则。他们或者以集体利益也可能有不正当的情况为理由，或者以有时也可能会出现个人利益在价值量上大于集体利益的情况为理由，或者以封建主义的集体主义、禁欲主义为理由，或者以某一时期受到极左思潮干扰的"集体主义"为理由，总之，以种种极为片面的不成其为理由的"理由"，来恣意歪曲完整的社会主义的集体主义道德理论，引起人们对社会主义集体主义的逆反心理，企图从根本上否认社会主义的集体主义，用资本主义的个人主义取而代之。

确实，在十一届三中全会以前，尽管我们对集体主义原则的解释从总体上来说是正确的，但是，也应当看到，在一定时期内，有些同志对集体主义道德原则的理解，曾经有这样那样不确切、不全面的地方。在"左"的思想指导下，在传统的整体主义思想的影响下，一些同志也曾有过过分强调整体利益而忽视个人正当利益的情况。但是，这并不能成为否定集体主义原则的理由。道理很简单，比如，人们对唯物主义的理解曾经有过偏差，但并不能因此否定唯物主义；人们对社会主义、对马克思主义的理解也曾有过偏差，也不能因此否定社会主义、否定马克思主义。就是对改革开放的理解，我们不是也曾有过偏差吗？但是不是也应该否定改革开放呢？当然不是。

因此，重要的是用马克思主义的立场、观点和方法，对个人与集体的关系作正确、全面、深入的科学分析。社会主义的集体主义道德原则，正是在社会主义条件下，理解和处理个人与集体关系的最恰当的价值准则。首先，我们应当理直气壮地指出，集体主义是我们社会主义社会中唯一值得人们普遍遵循的道德原则，它强调社会整体的利益高于个人的利益，强调在保证集体利益的前提下来保障个人的利益。这种保障作用，是通过个人主义原则所根本不可能达到的。正是因为这样。无论是从整体利益出发，还是从正当的个人利益出发，我们都应该尽力维护集体利益，倡导一种为集体的献身精神，坚定不移地恪守社会主义的集体主义道德原则。其次，同样应当理直气壮地强调，集体利益不但不是实现个人利益的桎梏，而且应当是实现个人利益的必需的条件。一方面是为集体利益贡献力量乃至牺牲一切，一方面也在集体利益的保障下尽量多地实现个人的正当利益，包括个人的尊严、个人的价值和个人的个性的发展，充分调动起个人的道德热情和积极性，这对我们的改革开放事业，是尤为重要的。在这些意义上说，在必要时个人为他人、为集体做出牺牲，是个人价值实现的一种崇高方式，而在保障社会整体利益的前提下尽量多地实现个人利益，也是个人价值实现的必要形式。这两方面正是集体主义原则对个人与集体关系所作的辩证统一的理解。这种辩证观，驳斥了那种把集体主义看作敌视和防范个人需要及欲望的错误观点，驳斥了集体主义伦理学就是反对个人的神话。最后，还要理直气壮地表明，绝不是如某些人说的，集体主义作为一个指导行为的原则，不论集体的利益是否正当，它都只能充当这种利益的辩护士。恰恰相反，集体主义尤其强调对"集体"本身的改造与完善，尤其强调要通过提高人民的思想道德素质，通过政治、经济体制的改革，通过民主集中制的进一步实施，通过对腐败现象和官僚主义的克服，不断消除集体可能出现的种种失误，使之朝向马克思当年设想的"理想集体"迅速靠拢。就这个意义上说，集体主义所承担的道德责任又远非个人主义所能比拟。因为个人主义强调的至多只是个体的道德完善，而集体主义还同时强调社会整体（包括政府）的道德完善。这正是集体主义最具有真正的革命精神的秘密所在。

在社会主义精神文明建设中加强集体主义的价值导向[*]

改革开放十年来,在伦理道德的价值导向上所引起的最深刻、最重大的争论,就是个人本位和社会本位,也就是个人主义和集体主义之间的争论。这两种不同的价值导向的分歧、渗透、贯串我国哲学、伦理、文学、艺术等各个领域,并演化为一场有关中华民族的精神支柱的原则斗争。在长达十年的时间内,"个人本位"和"个人主义"的思潮不断发展,主张"个人本位"和"个人主义"的人们,打着"解放思想"和"改革开放"的旗帜,打着要增强商品意识和观念更新的幌子,肆意攻击、嘲弄、污辱"社会本位"和"集体主义",给它们加上了"僵化"、"保守"、"封闭"、"专制"等种种莫须有的罪名,以至于发生了令人难以置信的怪现象,即在社会主义的新中国的价值导向上,宣扬"个人本位"和"个人主义"的一些人可以为所欲为。其结果是,"个人本位"和"个人主义"成了许多青年甚至成了社会上相当一部分人所信奉的价值观念,从而把"个人"和"自我"看成是高于社会和高于整体的唯一真实的存在,把个人价值、个人自由视为可以超越民族利益和国家尊严的至高无上的目的。如果我们冷静地对去年春夏之交发生的政治风波进行更深层次的反思,我们就会认识到,最近十年来泛滥起来的"个人本位"和"个人主义"的人生价值导向,确实起了重要的作用,是这次政

---

[*] 原载《国防大学学报》,1990(4)。

治风波的最深刻的社会思想原因之一。因此，有必要对个人主义和集体主义这一根本对立的价值导向作一深刻的分析，以便认清个人主义的利己本质，从而更好地发扬集体主义的价值导向，促进我国的"四化"建设的发展。

一、关于个人主义的实质

个人主义作为一种思想体系和价值观念，主要是指在西方流行的一种以个人为中心、一切从个人出发、以满足个人私欲为目的的思想体系。个人主义作为一种价值目标，是为维护私有制度服务的。个人主义思想，从一开始产生，就是为资本主义制度摇旗呐喊的。20世纪的奥地利经济学家哈耶克，一个诺贝尔奖获得者，他写了一本书叫作《个人主义与经济秩序》，在这本书中，他提出了"真正的个人主义"这一概念，用以区别其他人对个人主义的解释，他不但公开宣称个人主义是要为维护资本主义的私有财产服务的，而且进一步强调，在20世纪的现代社会中，个人主义必须是反对社会主义及其公有财产制度的。

在西方，个人主义往往有广义和狭义之分。广义的个人主义是泛指西方自文艺复兴以来，随着资本主义生产关系的发展，随着反封建压迫和神权统治的斗争而形成的以个人为中心的思想。在19世纪40年代以前的资本主义发展的近四百年的历史中，尽管个人的幸福、个人的个性、个人的尊严、个人的自由、个人的民主等等，都已经在政治、法律、伦理、文学等各个领域里广泛出现并为许多政治、法律、伦理思想家所注意，但个人主义这个词却始终没有出现。法国思想家托克维尔在考察了美国的政治、法律、伦理之后，于1846年，在他所著的《论美国的民主》中第一次提出了个人主义这一概念，并作了系统的解释。以后，西方不少的思想家，在理解个人主义的问题上，基本上都是依据托克维尔的解释而有所补充发挥，并都表示了对托克维尔的尊敬。

根据托克维尔的概括，人们可以从不同的方面去理解个人主义，或者说个人主义有着多方面的含义。作为一种价值目标，个人主义特别强调个人本身就是目的，它具有最高的价值，而社会只是达到个人目的的手段；作为一种政治民主思想，个人主义反对国家、社会对个人行为的

在社会主义精神文明建设中加强集体主义的价值导向

干预,往往导致无政府主义;作为一种财产制度,个人主义主张维护个人的财产私有制。在西方,个人主义同利己主义是不同的。从二者的起源上来看,利己主义这个词早在古希腊就已经有了,而个人主义这个词只是到19世纪40年代中叶才出现,它比利己主义晚了两千多年。从内容上来看,利己主义主要是指把追求自己的快乐和幸福当作善的伦理思想,而个人主义则更多强调个人的价值、尊严、民主、自由和利益。但是,这正像托克维尔所指出的:"利己主义是对自己的一种偏激的和过分的爱,它使人们只关心自己和爱自己甚于一切。""个人主义(Individualism)是一种新的观念创造出来的一个新词。我们的祖先只知道利己主义(Egoism)。"关于个人主义,托克维尔说:"个人主义是一种只顾自己而又心安理得的情感,它使每个公民同其同胞大众隔离,同亲属和朋友疏远。"这就是说,从表面来看,个人主义只是强调要发展自己的个性,实现自己的价值,而并不公开提倡损人利己和自私自利。但是,这种只顾个人利益和一切从自己利益出发的思想,也必然要导致利己主义,所以托克维尔又认为,从伦理道德上来看,"利己主义可使一切美德的幼芽枯死,而个人主义首先会使公德的源泉干涸。但是,久而久之,个人主义也会打击和破坏其他一切美德,最后沦为利己主义"[①],可见那种以个人主义与利己主义不同为理由,主张宣扬个人主义的人,不论在理论和实践上,都是站不住脚的。

在托克维尔提出个人主义这个新概念之后,西方对个人主义的理解,呈现出纷纭复杂的情况。一些自称为个人主义者的人,更多是从个人的尊严、个人的价值、个人的民主和个人的自由等方面去理解个人主义,强调个人主义的价值观念在今天的资本主义社会中仍然有积极的意义。而一些对个人主义持批评态度的人,则较多地看到个人主义对个人的欲望、财产、幸福和利益的追求,看到这种追求对社会的危害,希望能抑制和克服个人主义对资本主义社会的腐蚀作用。前几年美国的罗伯特·贝拉等人写了一本书,译为《心灵的习惯》,意即指人们已经形成的价值取向。这本书的副标题是"个人主义及其在美国人生活中的表现"。在这本书中,作者担忧,美国的个人主义,已经和正在变异为美国社会的"癌症",这种"癌症"的发展,将威胁美国本身的存在。这

---

① 以上托克维尔的有关论述见《论美国的民主》下卷,625页,北京,商务印书馆,1988。

本书通过对美国一些信奉个人主义价值观的人的思想、言论的分析，得出了个人主义对美国社会所产生的愈来愈严重的消极作用。这本书的作者非常推崇托克维尔对美国的个人主义的分析，认为美国当前社会的个人主义将威胁着美国自身的存在，他们同托克维尔一样，希望能通过一种办法来克服个人主义的消极方面，即治愈和阻止个人主义这种"癌变"。但是，正像人们所理解的，美国的政治制度、经济制度和美国当前占统治地位的意识形态，都是同个人主义联系在一起的。如果不彻底改变美国的资本主义制度，要想彻底消除个人主义，这是不可能的。

由此可见，个人主义尽管在历史上，在西方一些国家中，曾发生过积极的作用。但是，应当明确的是，个人主义思想从其产生的时候起，它对资本主义社会的作用就是双重的。随着资本主义社会的发展，个人主义在资本主义社会中就对社会越来越造成更多的危害。但是，不论西方思想家怎么样用尽各种办法来粉饰、修改个人主义，由于以个人为核心的思想没有变化，所以在资本主义社会中，个人主义的危害性及其消极作用也是愈来愈大，甚至已发展成为"癌症"了。

二、关于社会主义的集体主义

首先应当明确，社会主义的集体主义，是同历史上的一切所谓的集体主义有着质的区别的。

社会主义的集体主义，是随着现代科学社会主义运动的发生、发展而形成的一种思想体系，它以集体利益高于个人利益为最高原则，并强调在个人利益同集体利益矛盾时，要牺牲个人利益，以保全社会主义的集体利益。

社会主义的集体主义，作为一种哲学思想，它体现着历史唯物主义的基本精神，强调整个人类历史是由人民群众所创造的，强调在改造社会和改造自然的斗争中，发挥群众集体力量的极端重要意义。社会主义的集体主义，作为一种世界观，反对那种英雄人物或社会"精英"创造历史的唯心主义观点，强调广大工农群众和革命知识分子在社会主义革命和建设中的重要作用。社会主义的集体主义，作为一种人性学说，它强调人的本质不在于他的自然属性，而在于他的社会属性。正是在这个意义上，马克思说："人的本质并不是单个人所固有的抽象物。在其现实性上，它是一切社会关系的总和。"在个人与社会的关系上，社会主义的集体主义反对以往形形色色的唯心主义和各种各样的机械唯物主义的错误理论。它们或者把个人只看成彼此孤立的、互不联系的原子，或者把社会、集体理解为各自独立的众多原子的机械的结合。社会主义的集体主义强调，任何人都不能离开社会而生存。因此，必须强调在以社会为本位的基础上，正确地、辩证地处理个人和社会的关系。

社会主义的集体主义，作为一种有关财产制度的思想，它维护社会主义公有制的经济制度，并以巩固和发展这一公有制为主要目的。集体主义在经济上特别强调公共财产的神圣不可侵犯，强调保卫公共财产的重要性。集体主义反对那种为了满足个人私欲而侵占他人剩余劳动的剥削行为，反对自私自利、损人利己的思想和行为。从经济基础和意识形态的相互关系来说，社会主义的以公有制为基础的经济发展，必然要求与此相适应的集体主义思想；同时，社会主义的集体主义，也只有在公有制的经济基础上才能得以实现。社会主义的集体主义作为一种思想体系，一旦为人们所掌握，就能够维护、促进社会主义公有制经济的发展，成为发展社会主义公有制经济的一种强大精神力量，就能抵制妄图把社会主义引向资本主义的种种错误理论。

社会主义的集体主义，作为一种政治学说，它体现的主要是社会主义的民主集中的政治制度。社会主义所实行的这一民主集中制，一方面是广大人民群众真正当家做主，它通过广大群众的集思广益和议政参政来讨论国家、集体以及同自己切身利益有关的事情；另一方面，它又强调在这种广泛民主的基础上，通过人民代表大会的制度，把广大人民的意志集中起来。社会主义的民主，是一种真正的、大多数人的民主，是由人民代表来行使权利的民主，这同资产阶级的所谓多党制度是根本不同的。资产阶级的多党制度及其所谓的议会制度，由于建筑在资本主义的财产私有制度的基础上，往往而且必然成为各种不同的财团的喉舌，代表着各种不同财团的利益，这种看起来似乎是由多数成员决定的、相互监督的民主，实际上只是不同集团的资产阶级利益的体现。因此，只有社会主义的人民代表大会制度才是真正的人民的民主。

三、全面理解和自觉坚持社会主义的集体主义价值导向

社会主义的集体主义，作为一种价值导向或伦理道德原则，主要是指社会主义和共产主义的人生价值目标，即一切从集体利益出发、一切为了集体利益而奋斗的一种价值导向。概括起来，这种价值导向，主要有三个方面的内容。

1. 社会主义的集体主义的价值导向，强调集体利益高于个人利益，强调集体利益在本质上是同个人利益一致的

社会主义的集体是一种代表全部集体成员利益的集体，是一种同资本主义社会内那种只代表少数剥削者的虚假的集体根本不同的。因此，集体的利益本身，也就代表着所有成员的利益，从这个意义上说，集体是至上的，维护集体利益、发展集体利益是集体主义的核心。当然，集体利益和个人利益之间，是必然会发生这样那样的矛盾的，如个人的眼前的、暂时的利益同集体利益之间，就经常出现矛盾，更不用说那些不正当的个人利益同集体利益之间，就必然会有更多的矛盾。在这种情况下，社会主义的集体主义强调，个人利益应当服从集体利益，或者换句话说，个人应当牺牲自己的眼前的、暂时的利益，以维护集体的利益。在某种特殊的情况下，如集体的财产受到重大损失或集体安全受到严重威胁时，集体主义强调在必要的时候个人应当勇敢无畏地献出自己的生命，以捍卫集体的利益。正是从这点出发，社会主义的集体主义强调大公无私、毫不利己、见义勇为、勇于献身的崇高的思想和行为。当然，社会主义的集体主义，并不主张在任何情况下，都不加区别地要人们放弃自己的利益，更不主张不分具体情况，不适当地要求人们献出自己的生命。而且，社会主义的集体主义认为，在某种特定的情况下，为了社会主义集体的长远利益，也可以而且应当牺牲集体的暂时利益来照顾到集体某些成员的个人利益。个人利益必须服从集体利益，集体利益代表着每一个集体成员的利益。但是，集体利益，并不是也绝不可能是所有集体成员的个人利益的简单相加，而是每个集体成员利益的有机的结合，是在更高、更深的层次上体现着所有集体成员的个人利益。

在社会主义精神文明建设中加强集体主义的价值导向

在资产阶级自由化泛滥时期,一些人故意歪曲事实,说集体利益就是每个人的个人利益的简单相加,因此认为,只有个人利益才是唯一实在的利益。在他们看来,如果不把集体利益看作个人利益的简单相加,而是把集体利益看成是个人利益的有机的、更深层次的结合,这就会使集体利益成为看不见、摸不着的一种空洞的抽象,就是抹杀了个人利益等等。恩格斯早就指出过,对资产阶级的功利主义者来说,集体利益就是个人利益的简单相加,因为除此以外,他们再也不能理解还有什么高于所有集体成员利益之上的集体利益。社会主义的集体主义认为,集体利益是从所有个人利益中升华出来的更高的利益,是更真实的、更全面的、代表着每一个集体成员的利益。社会主义国家的整体利益、社会利益和集体利益,绝不是一种什么抽象的东西,而是实实在在地体现着每一个社会成员的利益。从新中国成立以来的实际情况,特别是从十年改革开放的历程来看,每一个国家成员都可以感觉到,国家的整体利益同每个人的个人利益有着休戚与共的关系。那种认为"较之社会,个人是更为根本的存在和价值"的观点是十分有害的,其最终目的,就是要把个人利益放在社会利益之上,把个人同社会、同国家对立起来,从而把个人引向只管自己欲望的满足而不管别人死活的资本主义社会。因此,我们认为,只有在全国人民中确立集体主义的价值导向,才能增强人们的爱国主义精神,增强民族的凝聚力和向心力,增强建设"四化"、振兴中华的强大力量。

2. 社会主义的集体主义,对个人与集体、个人与社会的关系的理解,是辩证的

一方面,我们强调集体利益高于个人利益,强调在个人利益与集体利益发生矛盾时,应当牺牲个人利益以维护集体利益;另一方面,我们也强调集体必须体现集体每一个成员的利益,保障每个成员的正当个人利益得以满足,使他们的个人才能得以发挥,使他们的个人价值能够得以实现。这后一个方面,不仅不同社会主义的集体主义相矛盾,而且是社会主义的集体主义的应有之义,离开了这后一方面的集体主义,就是片面的、不完全的集体主义。没有每一个具体的"个人"的活力,没有每一个"个人"的价值的实现,没有每一个"个人"的正当利益的保障,没有每一个"个人"的开拓奋发的精神,社会主义的集体,就不可能朝气蓬勃地向前发展。我们确实应当承认,在过去的一段时期,我们

有的同志虽然必要而正确地强调了集体利益高于个人利益这一方面,但对于个人的能动性、个人的价值、个人的尊严、个人才能的发挥,有时强调得并不够。个人的价值、个人的尊严、个人的利益等问题,都可以而且应当在一个恰当的范围内解释清楚。只要不违反集体利益,只要承认集体利益高于个人利益,集体就应当最大限度地发挥每一个个人的创造性、积极性,力求使个人的价值得到更好的实现,使个人的个性得到发展。集体主义绝不是也不应当成为限制个性发展、束缚个人才能的桎梏,更不应当是实现个人价值的障碍。相反,只有集体主义才是实现个人利益,包括个人的尊严、个人的个性和个人的价值的必要条件。有的思想家把个人与集体、个人与社会的关系比作有机体的生命与细胞的关系。社会作为一个整体,犹如一个生物有机体;社会中的无数个人,犹如有机体的细胞。一个有机体如果想使自身有活力,必须使自己的每一个细胞有活力,只有每一个细胞有了活力,整个有机体的生命才能是朝气蓬勃的;相反,如果每一个细胞都是死气沉沉的、病态的、没有朝气的,那么这个有机体的生命不但必然是没有活力的,而且要想维护自身的存在,也是不可能的。但是,每一个有机体只有一个生命,如果生命不能够存在,所有的细胞也就不可能存在了。一切细胞的活力的发挥,唯一的目的是为了使整个生命富有活力,而不应是脱离整个生命而发展自己。每一个细胞更不能以"自我"为中心,把自己当成目的。生命同每个细胞比较,是一个有机体的更根本的存在;如果细胞无限制地发展自己,那么它必然会导致有机体的癌变,威胁到生命的继续。正是这个原因,西方的思想家才极度忧伤地感叹个人主义这种"癌变"对资本主义社会已经造成的威胁。

当然,在把集体与个体的关系看作有机体的生命同细胞的关系时,我们还要注意同西方的所谓社会有机体的理论划清界限。

社会有机体的理论,最早是由法国的社会学家孔德(Comte,1798—1857)提出来的。他认为,整个社会从政治上看是一个有机体,这个有机体的各个部分之间,构成一个和谐的整体。孔德之后,英国的社会学家斯宾塞(Herbert Spencer,1820—1903)进一步发展了这一社会有机体论的思想,并把这一思想同英国的达尔文的进化论学说相联系,创立了所谓社会达尔文主义。斯宾塞认为,社会作为一个政治上的有机体,它类似而又不同于一般生物的有机体,它是由社会各部门、各机构组成

在社会主义精神文明建设中加强集体主义的价值导向

的"高级有机体"。他在自己所著的《社会学原理》中,从各个方面论证了他的这一理论。他认为"动物的器官和社会的器官的内在结构,都是根据相同的原则构成",其目的是要论证社会的各个结构都是适应环境的结果。这种政治、伦理的有机论,在国家观上主张社会的逐渐的变化,反对革命的突变,强调阶级合作,放弃阶级斗争,强调议会道路等。特别是英国工党领袖麦克唐纳的社会有机体论,更成为机会主义的一种重要理论,对国际共产主义运动曾经产生过严重的危害,直到今天,这种社会有机体论,仍然是民主社会主义的一种理论基石,这是我们应明确认识的。

3. 社会主义的集体主义,从根本上说,是代表了全体成员利益的集体,因此,要不断地为纯洁和完善我们的集体而努力

在前一段时期,一些人以我们的某些具体的集体存在着这样那样的弊端为借口,妄图否认集体主义的原则。他们认为,既然当前社会中某些具体的集体往往是不完善的、有缺陷的集体,某些具体的集体的领导机构中还存在着某些腐败现象,还存在着以权谋私的人,而且某些集体的决定往往是不能或不完全代表集体所有成员的利益,因此,他们反对集体主义原则。这种理论是非常错误的。从整个国家来讲,我们这个集体是代表了所有成员利益的集体,是一个真实的社会主义的集体,这是一个根本的大前提。即使在局部地区,或者某些具体的集体存在着某些弊端,不能或不完全代表其成员的利益,我们的任务也只能是努力改变和完善这些有缺陷的集体,而绝不可能也不应当因此而否认社会主义的集体主义原则。

社会主义的集体主义,作为一种价值导向目标和伦理道德原则,强调要为完善个人、完善他人和完善社会而努力。社会主义的集体主义所强调的高于个人利益的"集体利益",不论从理论上和实践上说,都必须要求它是真正代表着全体成员的利益的。也就是说,这种"集体利益"只能是正当的,而不能是不正当的;只能是真实的,而不能是虚伪的。马克思和恩格斯在《德意志意识形态》一书中,曾分析过资本主义社会和社会主义社会的集体的本质不同。他们认为,资本主义社会的集体,由于从根本上来说是代表着少数人利益的集体,因此,是一种"虚假的集体"、"虚妄的集体"、"不真实的集体"等等。他们认为,在无产阶级革命成功之后建立起来的集体,是代表了集体成员利益的真实的集

体。正是在这个意义上，他们特别强调了个人的自由，并认为只有在这样的集体中，个人的自由才能够真正获得。应当承认，我们的社会主义国家，无论从其性质、内容及其实践来看，都是代表着全国人民利益的真正的集体。当然，从某一些具体的集体来说，确实还有着不能够完全体现集体成员利益的情况，这正是需要不断加以完善的。我们现实中的一些具体的集体，还没有达到马克思、恩格斯所说的理想的集体、真实的集体那种程度，因此，就要不断纯洁和完善我们的集体。正是从这样的意义上看，在我们强调集体主义的原则时，不但要强调个人利益服从集体利益，在集体利益高于个人利益的原则下满足个人的正当利益，发挥个人的才能，实现个人的价值；同时，我们还要强调，每一个集体成员，都要为克服集体所存在的弊端，纯洁和完善集体而贡献自己的力量。

弘扬集体主义精神[*]

集体主义是社会主义社会在思想道德领域中最基本的价值导向。在建设有中国特色社会主义的伟大实践中，集体主义是动员和团结全国各族人民投身社会主义现代化建设的强大思想武器。在实行改革开放和发展商品经济的新形势下，加强对全国人民的集体主义思想教育，既是精神文明建设所面临的重要课题，也是培养社会主义事业的建设者和接班人的现实需要。我国正在进行的现代化事业，是一项空前伟大而艰巨的事业。为了使这一事业能够健康顺利地朝着社会主义方向发展，必须要以集体主义的价值观作为精神支柱，从而形成强大的凝聚力，激励广大人民群众发挥前所未有的创造精神，以完成这一伟大的事业。

一

发展商品经济，既有积极的效应，也有消极的效应。只有全面地认识发展商品经济在我国所产生的积极效应和消极效应，我们才能够充分发挥其积极的效应，防止并缩小其消极的效应，从而使我国的社会主义现代化事业沿着健康的道路向前迈进。

---

[*] 原载《阵地》，1993（4）。

从社会主义精神文明建设特别是思想道德建设来看，实行改革开放和发展商品经济，给人们的积极影响是多方面的。观念的转变和人的素质的提高，对我国经济的发展，起着明显的促进作用。个人正当利益观念，成为我们经济发展的一种重要杠杆。效益观念、竞争观念和开拓创新思想，给我们的经济生活注入了新的活力。平等观念、公正要求和权利义务观念，日益受到人们的重视，改变和提高着人们的素质。同时，我们也要注意到，商品经济对人们的思想所产生的消极效应同样是不可忽视的。等价交换、市场竞争、金钱效益和物质鼓励等经济行为，往往容易诱发自私自利、损人利己、损公肥私等思想的蔓延，从而使个人主义、拜金主义和享乐主义成为一些人实际追求的价值取向。在唯利是图思想的腐蚀下，一些人把追求金钱当作唯一的目的，把个人的享乐作为人生最值得追求的东西。"前途，前途，有钱就图；理想，理想，有利才想"，就是这种拜金主义思想的写照。更加严重的是，商品交换的原则，可能和正在不断地侵入我们的政治生活，出现权力和金钱的交易，使腐败现象更加难以消除。随着金钱至上、唯利是图、损人利己、损公肥私思想的发展，社会的道德风尚亦将滑坡，种种丑恶现象也会相继发生。对于商品经济发展中所出现的种种消极效应，我们必须从各个方面加以限制和抵御，其中加强集体主义的教育，强调集体利益高于个人利益的原则，发扬关心集体、关心国家的集体主义精神，提倡共产主义的理想、信念和科学的人生观、价值观等，有着特别重要的意义。

二

弘扬集体主义精神，有利于发挥广大群众的积极创造精神，能够更好地激励广大人民群众发挥前所未有的创造能力，从而更有利于推进我国的改革开放和建设有中国特色社会主义事业，使之更加顺利地向前发展。

集体主义在强调集体利益高于个人利益的同时，又把最大限度地发挥个人的主体能动精神，实现个人的尊严和价值，作为实现集体利益的一个重要前提。集体主义在强调个人利益与集体利益的辩证统一的思想中，包含着对个人利益的高度重视。集体主义强调，为了使国家、集体的事业兴旺发达,就必须首先使集体的每一个成员充满活力,生气勃勃,并且自觉自愿地为集体的利益而努力。集体必须使自己成为真正代表所有集体成员利益的集体,并尽最大努力来保障个人的正当利益。正是由于我们的集体注意了满足个人正当利益这一杠杆,所以才调动起了千千万万人献身现代化建设事业的极大积极性。集体主义的价值导向认为,只要个人的要求、个人的利益能同社会的、国家的利益相一致,就应该创造条件,通过个人积极性的发挥,来实现集体的利益。商品经济的发展和社会主义市场经济体制的逐步建立和发展,更给了个人的主动创造精神以广阔的活动场所。那种认为强调集体主义,强调集体利益高于个人利益,就会束缚个人的个性、限制个人的"自由"和影响个人积极性发挥的观点,是完全错误的。恰恰相反,在一个真实的集体中,将会对每一个个人自由、全面、和谐的发展,创造出前所未有的新的广阔天地。马克思、恩格斯曾经深刻地指出,剥削阶级的所谓集体,由于不能代表集体成员的利益,是一种虚伪的或虚幻的集体,除了对少数剥削者外,广大人民不但不可能有什么"个人的自由",而且必然会成为对他们的"新的桎梏"。无产阶级革命成功后所建立的集体,是代表广大人民群众利益的真实的集体,最有利于发挥广大人民群众的主动精神和自由创造。马克思、恩格斯说:"在真实的集体的条件下,各个个人在自己的联合中并通过这种联合获得自由。"[1] 任何个人力量的充分发挥,若没有集体,是不可能实现的。只有在集体中个人才能获得全面发展其才能的手段。改革开放十四年来,在集体主义思想的指导下,我们的国家、社会和各个集体,正是在不断的实践过程中,力求掌握使个人积极性得以发挥的契机和条件,使集体主义思想成为发挥个人能动作用、实现个人价值和保障个人正当利益的重要根据。现在,社会主义市场经济的提出,个人正当利益和公平竞争的观念,必将发挥更加重要的作用,使我们从一个崭新的视角来看待这一问题。从伦理道德上说,就是既要坚持社会主义的集体主义的价值导向,强调个人利益要服从集体利益,又要通过更加频繁主动的市场经营活动,加深理解以正当的个人利益为杠杆,达到在更为深刻和更为广泛的基础上,最大限度地发挥广大人民群众在建设有中国特色社会主义事业中的积极能动作用。

---

[1] 《马克思恩格斯全集》,中文1版,第3卷,84页,北京,人民出版社,1956。

三

我国是一个社会主义国家，我们的改革开放和现代化的伟大事业，最终目的就是要建立起一个广大人民群众共同富裕的社会主义社会。在我们的整个现代化的过程中，什么样的价值导向能够使我们避免两极分化，避免少数"大款"越来越富，而广大劳动人民却相对贫困呢？应该说，只有集体主义的价值导向，才能激发我们关心他人、关心社会、为人民服务的献身精神，才能引导我们热爱社会主义，并使我们的改革开放和商品经济沿着社会主义道路健康地向前发展。

近半个世纪以来，从发展中国家的现代化过程看，价值导向对这些国家的现代化的成功有着重要的关系。长期以来，西方资产阶级思想家总是把发展中国家的现代化同"西方化"混为一谈。在他们看来，中国要想"现代化"，就必须"西方化"，即不但要接受西方的先进技术和管理经验，而且要以西方的个人主义的价值观作为价值导向。其实质就是，要以他们的价值观为突破口，腐蚀我们的人民，最终达到其"和平演变"的目的。几十年来的现实说明，在现代化过程中，凡是全盘接受了个人主义价值观的国家，不是沦为西方国家的附庸，就是使自己的国家陷入政治混乱、社会动荡和经济停滞的泥潭之中。我们的目的是要建设一个富强、民主、文明的社会主义国家，为了消除两极分化，达到共同富裕，只有以国家利益和民族利益为重的集体主义价值导向，才能够正确处理个人与集体的种种矛盾，才能兼顾个人利益和国家利益。最近，江泽民同志在全国宣传部长座谈会上的讲话中再一次强调集体主义价值观对我们国家现代化的重要性。他说："我们重视个人的利益，同时必须通过宣传教育，让群众尤其是青年懂得个人利益必须服从集体利益、国家利益的道理。自古以来，就有'淡泊明志'的警言。不能把个人利益、个人价值看得太重了，看得高于一切。共产党员和各级干部尤其要注意这一点，要经得起金钱、权力、美女的考验。如果一个民族、一个国家，人们只讲个人利益、个人奋斗，而不讲国家利益、社会贡献，那么这样的民族和国家就不能自立于世界民族之林。"弘扬集体主义精神，有利于引导广大人民消除两极分化，有利于全国人民走共同富裕的道路，有利于增强人民对腐朽的资产阶级思想的免疫力，这对于保证我国现代化的社会主义方向有着重要意义。

四

弘扬集体主义精神，还要同继承和发扬中华民族的优良伦理道德传统结合起来，从而形成中国特色的新的伦理精神。强调整体利益，强调为社会、为民族、为国家的"夙夜在公"、"以公灭私"和"国而忘家，公而忘私"的思想，是中国传统伦理思想中的精华，其中渗透着一种为国家、为社会和为民族的公利而应当牺牲个人私利的强烈责任感。在这一思想的影响下，在我国历史上出现了"先天下之忧而忧，后天下之乐而乐"的崇高思想和追求"廓然大公"的高尚境界。顾炎武提出"天下兴亡，匹夫有责"的思想，林则徐所写的"苟利国家生死以，岂因祸福避趋之"的诗句，更显示了强烈的为国家、为民族、为整体利益的献身精神。在个人物质利益与社会整体利益的关系上，中国传统道德强调"先义后利"、"义以为上"，认为在人和人的关系中，在获取个人利益上，一定要考虑是否符合公正、诚实等基本原则，这就是所谓"见得思义"、"见利思义"，反对"见利忘义"，主张"义然后取"。剔除在"义利"问题上的封建糟粕，其基本思想是强调，在义利相矛盾、相冲突的情况下，应当"以义节利"。中国传统道德所说的"义"，主要是指社会的整体利益，"利"则主要是指个人的私利。义利关系，就其实质来说，也就是个人的私利同国家、整体的利益的关系。当然，我们也应明确地认识到，传统道德在强调个人利益同整体利益的关系时，总是把封建国家作为整体利益的代表，总是把维护上层特权者的利益作为主要的内容。正因为如此，传统伦理道德中的个人利益应当服从整体利益的原则，又必然成为个人人格尊严和个性发展的束缚。社会主义的集体主义原则，既是社会主义以公有制为主体的经济关系的反映，又是社会主义政治思想的要求，同时，它又必然是对中华民族传统伦理道德的批判与扬弃，是对中华民族传统伦理道德的整体主义的改造与发展。它既是对传统伦理道德精华的继承，又是对这一传统的改造与重建。因此，弘扬集体主义精神，就要在坚持社会主义人际关系的基础上，发展传统伦理道德中的先义后利、以义制利、先公后私的具有合理性的内容，使我们的集体主义教育更有民族特色，更加让人喜闻乐见，从而收到更好的效果。

五

弘扬集体主义精神，能够在更加深入的层面上发扬爱国主义思想，形成强大的民族向心力。从一定意义上看，国家就是由许多不同的集体所构成的大集体。正如马克思所说的，在剥削阶级掌握着统治权力的地方，国家只能是一种冒充的集体，而由无产阶级所组成的、体现劳动人民真实利益的国家，就是我们的真正集体。因此，在社会主义国家中，弘扬集体主义，就能使爱国主义上升到一个新的高度，就能够赋予爱国主义更加强大的生命力。从人类历史的发展来看，在不同的时期和不同的国家，爱国主义有不同的层次，甚至对同一个国家来说，爱国主义也有不同的要求。集体主义有助于爱国主义思想的形成，而爱国主义还应当上升为集体主义。如果一个人没有起码的爱自己祖国的情感和责任，不能做到爱护自己的祖国，当然也就不可能有集体主义的精神。同时，我们还应当看到，爱社会主义祖国，才是爱国主义的最高形式，而集体主义思想，正是爱社会主义祖国的最根本的精神支柱。因此，在社会主义制度下，我们应当从各个方面加强教育，使集体主义与爱国主义统一起来。我们是无产阶级领导的、人民当家做主的社会主义国家，我们祖国的利益同每个人的利益从根本上来说是完全一致的，热爱集体、关心集体，就是热爱我们的社会主义祖国。祖国的利益和尊严，高于个人的利益和尊严。为了正确处理个人同国家的各种关系、各种矛盾，就必须以集体主义的各项原则和要求为依据。只有坚持集体主义，才能更好地坚持爱国主义。江泽民同志在今年一月召开的全国宣传部长座谈会上指出："在我国，爱国主义、集体主义、社会主义教育是三位一体、相互促进的。"在全国范围内，认真地加强正确的理想、信念、人生观、价值观的教育，加强集体主义价值导向的教育，就必然会进一步培育广大人民热爱祖国和热爱社会主义的真挚情感，形成对祖国前途和民族命运的倾心关注及对社会主义的坚定信心，就能够形成为祖国的独立富强、为社会主义事业的兴旺发达的坚强毅力和献身精神。坚持爱国主义是坚持集体主义的基础，而坚持集体主义，就能够使爱国主义同社会主义联系起来，使爱国主义发挥更大的力量。

坚持集体主义还是提倡个人主义[*]

在社会主义市场经济条件下，在伦理道德问题上，究竟还应不应该坚持集体主义的道德原则？最近几年来，报刊上不断发表文章，提出了一些不同的意见，如有人明确地提出，要以个人主义原则来代替集体主义原则。这种看法认为，"人们无法仅仅在抽象的集体主义、国家主义的道德观念中寻找个体道德的安身立命之处"，并且强调，在建立社会主义市场经济的条件下，既然经济体制已经由计划经济转向了市场经济，在伦理道德原则上，我们也就应当由提倡集体主义转向提倡个人主义伦理，说"提倡个人主义伦理是与我国社会转型相适应的"。这一看法认为，在过去一段时间内，人们对"个人主义伦理原则""存有误解"，因为个人主义并不像人们所说的那样"损人利己"，它"强调的是每个人通过挖掘自己的潜力积极参与市场竞争，根据自己的理性判断选择有利于自己发展的事业，谋取自身的利益，通过创造性的努力证明自己存在的价值"。在我国当前社会中，我们究竟应当坚持集体主义，还是应当提倡个人主义，这是我国意识形态领域中有关价值导向的一个重要问题，是我们必须弄清楚的一个原则问题。在这里，我们首先需要指出，主张提倡个人主义的人，既没有确切地了解什么是个人主义，也对集体主义存在着严重的误解，因此，我们首先从最基本的问题谈起。

---

[*] 原载《求是》，1996（14）。

坚持集体主义还是提倡个人主义

一、什么是个人主义

为了正本清源，更好地认识个人主义，我们不得不作一些必要的引证，看一看西方的一些所谓在个人主义研究方面有权威的思想家是怎样论述个人主义的。法国的思想家托克维尔是个人主义一词的创造者，在西方是公认的这方面的专家。《简明不列颠百科全书》是西方公认的"学术性强、权威性高"的百科全书。我们来看看二者是怎样解释"个人主义"的：

> 个人主义（Individualism），一种政治和社会哲学，高度重视个人自由，广泛强调自我支配、自我控制、不受外来约束的个人或自我。创造这个词的法国政治评论家亚历克西·德·托克维尔把它形容为一种温和的利己主义，它使人们仅仅关心自己家庭和朋友的小圈子。作为一种哲学，个人主义包含一种价值体系，一种人性理论，一种对于某些政治、经济、社会和宗教行为的总的态度、倾向和信念。个人主义的价值体系可以表述为以下三种主张：一切价值均以人为中心，即一切价值都是由人体验的（但不一定是由人创造的）；个人本身就是目的，具有最高价值，社会只是达到个人目的的手段；在某种意义上，一切个人在道义上是平等的。下述主张最好地表达了这种平等：任何人都不应当仅仅被当作另一个人获得幸福的工具。个人主义的人性理论认为，对于一个正常的成年人来说，最符合他的利益的，就是让他有最大限度的自由和责任去选择他的目标和达到这个目标的手段，并且付诸行动。……个人主义者往往把国家看作一种不可避免的弊病，赞赏"无为而治"的口号。个人主义也指一种财产制度，即每个人（或家庭）都享有最大限度的机会去取得财产，并按照自己的意愿去管理或转让财产。[①]

我们之所以引了这么长一段话，是希望广大读者能从这段话中正确地理解什么是西方的个人主义。

由此我们可以清楚地看到，在西方，"个人主义"这一概念作为一

[①] 《简明不列颠百科全书》，第3卷，406页，北京，中国大百科全书出版社，1985。

种价值观念和道德原则,是有着不容混淆的确切含义的。每个人都有自己的个人利益,但是这并不等于个人主义;一个人可能有自私自利的动机和行为,但并不等于说一定具有个人主义的价值观念。根据托克维尔和一些西方思想家的理论概括,个人主义作为一种价值体系,主要包括以下三个方面的内容。

第一,个人主义作为一种价值目标的理论,在个人同社会的关系上,特别强调个人本身就是目的,社会、集体、国家和他人,只不过是达到个人目的的手段。个人具有很高的价值,把其他一切人当作手段,这是一种从主观出发的个人中心论,个人主义总是把自己放在同社会、他人对立的两极中去考虑问题的。

"个人主义"是不是像有些人所认为的那样,同利己主义根本不同呢?托克维尔在创立个人主义一词时,曾经特别注意到个人主义同利己主义的区别和联系。他说:"个人主义(Individualism)是一种新的观念所创造出来的一个新词。我们的祖先只知道利己主义(Egoism)。"这就是说,在托克维尔看来,利己主义是很古老的,而个人主义是一种"新观念"。确实,利己主义是早在古希腊就已经产生的一种伦理学说,它认为个人利益高于社会利益,并把个人的快乐特别是感性的快乐看作一种最高的善。在西方,利己主义思想到了资本主义社会得到进一步发展。托克维尔指出:"利己主义是对自己的一种过分偏激的和过分的爱,它使人们只关心自己和爱自己甚于一切。"由于个人主义是"一种只顾自己而又心安理得的情感",所以"久而久之,个人主义也会打击和破坏其他一切美德,最后沦为利己主义"。

第二,个人主义作为一种政治思想,它强调个人的民主、自由和平等,并极力反对集体、社会和国家对个人的干预和限制。在反对封建制度和神权统治中,它帮助资产阶级一步一步地夺取了政权,使资本主义最终取得了胜利,推动着资本主义市场经济的发展。尽管这种个人民主、个人自由和个人平等在资产阶级建立政权后,因其有无政府主义倾向而给资本主义的统治秩序带来了一些不稳定的因素,但由于它在根本上是为着维护资本主义神圣不可侵犯的私有财产制度和资产阶级的民主政治制度的,因而仍然是资本主义社会的最重要的价值观念。西方资本主义的政治家、思想家,一方面,在国内,尽量利用意识形态的力量,用法律、宗教、道德手段维护国家的统一;另一方面,在发展中国家,又极力推行这种资产阶级的个人的民主、自由和平等，妄图以此来西化和分化发展中国家。

第三，在西方，个人主义既是一种政治观念和价值导向，又被人们认同为一种财产制度。正如《简明不列颠百科全书》所指出的，"个人主义也指一种财产制度，即每个人（或家庭）都享有最大限度的机会去取得财产，并按照自己的意愿去管理或转让财产"。这也就是说，个人主义所要维护的是允许剥削、承认两极分化的私有财产制度。奥地利著名经济学家、诺贝尔奖获得者哈耶克自称是一个真正的个人主义者。他是西方自由主义经济理论的著名代表人物之一，是资产阶级利益的忠实代言人，在其所著的《个人主义与经济秩序》一书中，他特别阐发了对"个人主义"的"真正的"、"本质特征"的理解。他认为，"个人主义"的本质特征有两个方面：一方面，它"是一种旨在理解那些决定人类社会生活的力量的社会理论"；另一方面，它"是一套源于这种社会生活的行为规范"。然后，他明确地指出，个人主义这一社会理论，就是"私人产权制度"的理论，也就是资本主义制度的理论。哈耶克从各个方面论证个人主义是与社会主义相敌对的理论，是同社会主义势不两立的。正是由于上述原因，我们不但不应当提倡个人主义，相反，应当旗帜鲜明地反对个人主义。

二、什么是集体主义

社会主义的集体主义思想，是同社会主义制度紧密联系的，它包含着丰富和广泛的内涵，它的根本思想，就是正确处理集体利益和个人利益的关系。马克思、恩格斯、列宁等经典作家，在不同历史时期，从不同方面强调了无产阶级集体利益高于个人利益这一集体主义原则对于革命和建设的重要意义。毛泽东同志在中国革命和建设的实践中，强调了个人服从集体、局部服从全局、地方服从中央、眼前利益服从长远利益的重要，进一步论证了集体利益和个人利益的辩证关系。邓小平同志从建设有中国特色社会主义的实践出发，强调："在社会主义社会中，国家、集体和个人的利益在根本上是一致的，如果有矛盾，个人的利益要服从国家和集体的利益。"[①] 他还指出："在社会主义制度之下，个人利

[①] 《邓小平文选》，2版，第2卷，337页，北京，人民出版社，1994。

益要服从集体利益,局部利益要服从整体利益,暂时利益要服从长远利益,或者叫做小局服从大局,小道理服从大道理。我们提倡和实行这些原则,决不是说可以不注意个人利益,不注意局部利益,不注意暂时利益,而是因为在社会主义制度之下,归根结底,个人利益和集体利益是统一的,局部利益和整体利益是统一的,暂时利益和长远利益是统一的。我们必须按照统筹兼顾的原则来调节各种利益的相互关系。如果相反,违反集体利益而追求个人利益,违反整体利益而追求局部利益,违反长远利益而追求暂时利益,那末,结果势必两头都受损失。"[1] 由此可见,社会主义集体主义原则,作为整个社会的价值导向和道德基本原则,是同社会主义制度和广大人民的整体利益相一致的,是同社会主义的本质相联系的。在一段时期内,由于对集体主义没有进行全面的、辩证的阐释,曾造成一些人对集体主义的误解。根据我们的认识,社会主义集体主义包含着相互联系、相辅相成的三个方面的内容:

一是,社会主义集体主义强调集体利益高于个人利益,提倡在集体利益与个人利益发生矛盾时,个人要顾全大局,以集体利益为重,在必要的情况下,个人应当为集体利益而放弃个人利益,甚至为集体利益而献身。

强调集体利益高于个人利益,并不是说在任何情况下,都要无条件地牺牲个人利益,更不是意味着对个性的束缚和对个人利益的抹杀。由于集体利益同个人利益本质上是一致的,因而集体利益的实现,本身就包含着个人的长远的、正当的利益的实现。至于说因受到资产阶级个人主义思想侵蚀而产生的自私自利的思想,由于它同广大人民群众的利益相背离,所以应当受到集体主义思想的制约,消除其对社会和集体可能产生的消极作用。一些人反对集体主义原则的重要理由之一,是认为集体主义的"弊端"就在于"集体利益高于个人利益"和"个人利益服从集体利益"这一思想。他们要"重建"、"重构"一种"集体"和"个人"完全平等的、谁也不服从谁的价值导向和道德原则,甚至公开提出要以个人主义或个人本位作为我国当前社会的道德基本原则。这是我们绝对不能同意的。"集体利益高于个人利益",这是我国当前社会主义社会的价值导向和道德基本原则,离开了这一原则,必然会使我们离开社

---

[1] 《邓小平文选》,2版,第2卷,175~176页。

会主义道路，迷失前进的方向。

二是，社会主义集体主义在强调集体利益高于个人利益的前提下，同时强调集体必须尽力保障个人正当利益得到满足，促进个人价值的实现，并力求使个人的个性和才能得到最好的发展。重视个人的正当利益，维护个人的尊严和价值，并使每个人的个性能够充分发展，是集体主义的一个重要方面，本来就属于集体主义题中应有之义。马克思、恩格斯曾经指出："只有在集体中，个人才能获得全面发展其才能的手段，也就是说，只有在集体中才可能有个人自由。"这段话深刻地指出了"个人"和"集体"的辩证关系，一方面强调，只有在集体中而不是离开集体，个人才能获得全面发展的手段和自由；另一方面又强调，社会主义集体主义的特性，就是要为个人的全面发展和实现自由提供和创造充足的条件。那种认为强调集体主义就必然会约束个人、限制个人的观点，是毫无根据的，那种把集体主义看作"敌视个人"的观点，更是错误的和有害的。

三是，集体主义强调个人利益与集体利益的辩证统一。集体主义作为社会主义的基本原则，它本身既体现着集体的长远利益，也包含着对个人正当利益的高度重视，二者在根本上是统一的。社会主义的集体，代表着集体中每一个成员的利益，而集体的每一个成员的个人利益，又都把维护集体的利益作为首要的前提，没有集体利益的发展和集体价值的实现，也就不可能有个人利益和个人价值；同样，只有集体中每个成员的个人活力和能动性得到充分发挥，每个成员的价值得到充分实现，集体才能成为坚强有力、富有朝气和充满活力的集体。个人利益、集体利益和国家利益的辩证统一，赋予了社会主义集体主义以强大的生命力，集体主义绝不是什么抽象的、非理性的原则，更不是要去束缚个性甚至"摧毁生命"的教条，而是更好地发挥个人的个性，实现个人的价值，更好地协调人际关系，有利于形成强大的凝聚力和向心力的一种指导思想。

必须指出，那种以多种经济成分并存（既有公有制经济，又有个体经济、私营经济、中外合资等）为理由，认为原有的在计划经济条件下所奉行的集体主义的道德基本原则已经不符合今天时代的要求，因而要"重构"、"重建"所谓市场经济的道德原则，要求已有的社会主义道德实行"转型"、"转轨"的说法，我认为是错误的。我国由计划经济转向社会主义市场经济，这只是经济体制的转变，而不是社会制度的改变，相反，它正是为了使我们的社会主义制度不断地得到完善。我们的道德基本原则，是同社会主义制度紧密联系的，因而在道德的基本原则问题上，我们只能使我们的基本道德原则在实践中不断完善，而绝不能向个人主义转型或转轨。当然，随着时代的不断变化和社会主义市场经济的发展，在道德领域里，同样提出了许多新问题。我们的社会主义道德必须不断地补充、丰富和完善，以适应变化了的现实，但并不存在用"个人本位"和个人主义去"重构"、"重建"的问题。那么，在新的条件下，我们对集体主义的道德基本原则，究竟应当怎样根据新的情况加以补充和发展呢？

在社会主义市场经济条件下，根据我国经济生活和思想道德情况的现实，有必要对集体主义作出进一步的分层次的要求，这是一个需要认真研究的具有理论意义和现实意义的重要问题。

社会主义集体主义，在具体的道德要求上，可以考虑分为三个层次。一是无私奉献，即全心全意为人民服务的层次。在个人正当利益得到满足的同时，自觉地为他人、为社会多做贡献，不计报酬，无私奉献。这一层次，是集体主义的最高层次，是一切共产党员、先进分子所力求达到的。尽管真正攀登到这一层次的人数可能不太多，但作为一种努力方向，将永远鼓舞着为社会主义和共产主义奋斗的人们，使他们在道德上不断前进。二是先公后私的层次。这是对广大工人、农民、知识分子的要求。它强调集体利益高于个人利益，要求自觉地考虑集体、社会和国家利益的需要，努力为建设社会主义而尽自己应尽的义务。三是顾全大局，热爱祖国，遵纪守法，诚实劳动，遵守社会主义的公共生活规则、职业道德和家庭伦理道德，这是一个社会主义社会的公民所应有的基本道德要求。从历史上看，任何一个社会的道德基本原则，在实践中都必然有不同层次的要求，既有最高的要求，也有最低的要求。一个社会的道德原则，在操作上之所以有层次的划分，主要是从实际出发，使道德的原则成为可操作的行为规则，同时，又是为了有效地提高人们的道德素质，沿着道德的阶梯循序渐进地向上攀登。

随着社会主义市场经济的发展，我国的经济生活和道德生活正在发生深刻变化。在以公有制为主体、多种经济成分并存的情况下，必然要出现不同的价值观、人生观和道德观。价值取向的多元化，更需要坚持社会主义的价值导向的一元化。弘扬社会主义的集体主义,有利于抵制资产阶级腐朽思想和生活方式的侵蚀,有利于克服资产阶级个人主义的消极影响,更好地提高人们的觉悟,从而有利于培养社会主义的"四有"新人。

三、弘扬集体主义、反对个人主义的重要意义

当前,我国广大人民群众正在沿着建设有中国特色社会主义道路奋勇前进。我们的路线、方针已经确定,我们的方向、目标更加明确。尽管在前进的道路上还有许多困难有待于克服,但我们对胜利充满信心,这是任何人也改变不了的。

但是,我们应当看到,在意识形态和社会的价值导向上,还存在着一些值得注意的问题。从国际上看,西方敌对势力不愿意看到一个强大的社会主义中国在亚洲、在世界不断发展,它们朝思暮想的就是要把社会主义中国消灭掉,因此它们不断地加大力度,一方面采用分化的手段,妄图把我们的国土分裂出去;另一方面在意识形态上,用西方资产阶级的民主、自由和人权,用资产阶级的个人主义思想,来腐蚀我们的人民,腐蚀我们的党员和干部,以至于腐蚀我们整个的共产党。对于这种情况,我们必须有一个清醒的认识。西方的一些政治家已不止一次地公开宣称,他们之所以要同中国做生意,之所以要将西方的先进技术输入中国,无非是两个原因:一个是有利可图;另一个就是要用他们的价值观念来改变我们的价值观念,从而达到改变我们的社会主义制度的目的。在国内,随着多种经济成分的发展,代表不同利益主体的价值观念也在不同程度地发展和相互撞击。对于这种情况,我们有些同志是不大清醒或者很不清醒的。最近几年来,有些同志不是从社会主义制度和意识形态的要求出发,而是从所谓"市场经济"和自己的主观愿望出发,在国内外这一思潮的影响下,不断地提出要"为个人主义正名",要宣扬"个人本位",片面地强调"自我"的重要,宣扬在市场经济条件下,要把个人的名利作为发展经济的动力,乃至公开地否定集体主义,提出要用个人主义原则来代替集体主义原则等等。从我国最近几年现实生活发展中出现的许多值得注意的问题来看,这一思潮已经给我国的思想道

德领域带来了严重的混乱。个人主义思想的发展，只能使人们离开社会的利益去追求个人利益、个人享乐和向往资本主义私有制的社会制度。我们的最终目的是要建立一个没有剥削的、共同富裕的社会主义社会，我们是一个拥有十二亿人口的大国，如果个人主义思想成为我们的伦理道德原则，那又会引导我们走上什么道路上去呢？个人主义思想，对资本主义的形成、发展和巩固确实起过很重要的作用，这是我们已经看到的。同样，个人主义思想对社会主义已经产生和正在产生的腐蚀和瓦解作用，更是我们所不应忽视的。

　　集体主义既是我们的基本道德原则，也是我国社会应当特别弘扬的重要的价值导向。集体主义是提高我国广大人民的思想道德素质的重要武器，我们的四个现代化事业要想不断地取得胜利，一个重要的条件，就是要使我们的人民特别是青年，都能成为有理想、有道德、有文化、有纪律的"四有"新人，都具有以国家利益、民族利益为重的思想素质，从而更好地协调和解决在社会主义市场经济条件下所产生的许多新问题和新矛盾。集体主义思想是我们国家团结统一、人民和谐一致、社会长治久安、中华民族具有向心力和凝聚力的一种强大力量，在这种力量面前，任何敌对势力的分化和西化阴谋，都必将失败。由于社会主义集体主义强调共产主义理想和社会主义道路，强调在集体中的个人能动性的充分发挥，强调为集体利益而献身的崇高品质，因而它必将强有力地保证我国的四个现代化建设沿着社会主义的道路阔步前进。

以为人民服务为核心，
以集体主义为原则[*]

《中共中央关于加强社会主义精神文明建设若干重要问题的决议（讨论稿）》写得很好。其中有关社会主义道德建设的部分，提出了"社会主义道德建设要以为人民服务为核心，以爱祖国、爱人民、爱劳动、爱科学、爱社会主义为基本要求，开展社会公德、职业道德、家庭美德教育，在全社会形成团结互助、平等友爱、共同前进的人际关系"的提法，也很有新意，特别是把为人民服务作为社会主义道德建设的核心，这必将对我国今后的道德建设产生重大的作用。我只想提一个补充的意见，就是希望能够在"以为人民服务为核心"的后面，加上"以集体主义为原则"这样一个意思，以便使这一文件能够更完整、更全面地体现我们在社会主义道德建设方面的思想和要求。我的理由，大体上可以概括为以下四个方面：

一、从道德本身来看，一个社会的道德，要包括人们在处理个人和社会的各个方面的关系，它既要有核心，也要有原则。西方在文艺复兴以后，资产阶级所建立的道德，就是以人道主义为核心、以个人主义为原则的。我们在贯彻为人民服务这一核心的过程中，必然会遇到这样或那样的问题，特别是有关个人利益和集体利益的种种矛盾，有些情况还非常复杂，在这种情况下，我们究竟根据什么原则来处理这些复杂的矛

---

[*] 系在1996年9月15日中央召开的有关会议上谈集体主义问题的发言稿。

盾呢？从社会主义道德的为人民服务的核心出发，从社会主义道德的本质要求来看，它的原则就是社会主义的集体主义的原则。正是从这一原因出发，我觉得，如果能够在"以为人民服务为核心"之后，再加上"以集体主义为原则"这样一个意思，就可以使这一文件更加全面和完整地体现社会主义道德建设的要求，也表明我们的社会主义的道德体系是非常完整的，即：一个核心（为人民服务）、一个原则（集体主义）、五个道德规范的基本要求（爱祖国、爱人民、爱劳动、爱科学、爱社会主义）和开展道德教育的三个领域（社会公德、职业道德、家庭美德）。

二、从弘扬社会主义的主旋律来看，在道德建设上，强调集体主义的原则，也有非常重要的意义。江泽民同志最近几年来不断地强调，要在全社会弘扬爱国主义、集体主义和社会主义三个主旋律，这一思想对我国的思想建设和道德建设，有着十分重要的意义。现在的这一讨论稿中，对弘扬"爱国主义"的重要意义，有一部分专门加以论述，这是非常好的。对于弘扬社会主义，也在许多地方给予了相当充分的阐发。而对于怎样更好地弘扬社会主义的集体主义的原则，我觉得少了一点。集体主义既是社会主义社会的一个普遍适用的价值导向，又是社会主义道德的基本的原则，如果能够在这里加上"以集体主义为原则"，就可以更好地体现江泽民同志多次强调的"弘扬三个主旋律"的精神和要求。

三、从我国实现社会主义四个现代化建设的实际需要出发，强调集体主义，尤其有着十分重要的意义。社会主义的集体主义原则，是我们的社会主义道路和方向所要求的。集体主义原则提倡在社会主义建设中，既要发挥个人的积极作用，又强调个人要以集体利益和国家利益为重，强调在个人利益与集体利益发生矛盾时，个人利益要服从集体利益和国家利益。毛泽东同志在中国革命和建设的实践中多次强调了个人服从集体、局部服从全局、地方服从中央、眼前利益服从长远利益的重要，并进一步论证了集体利益和个人利益的辩证关系。邓小平同志从建设有中国特色社会主义的实践出发，强调："在社会主义社会中，国家、集体和个人的利益在根本上是一致的，如果有矛盾，个人的利益要服从国家和集体的利益。"他还指出："在社会主义制度之下，个人利益要服从集体利益，局部利益要服从整体利益，暂时利益要服从长远利益，或者叫做小局服从大局，小道理服从大道理。我们提倡和实行这些原则，决不是说可以不注意个人利益，不注意局部利益，不注意暂时利益，而是因为社会主义制度之下，归根结底，个人利益和集体利益是统一的，局部利益和整体利益是统一的，暂时利益和长远利益是统一的。我们必须按照统筹兼顾的原则来调节各种利益的相互关系。如果相反，违反集体利益而追求个人利益，违反整体利益而追求局部利益，违反长远利益而追求暂时利益，那末，结果势必两头都要受损失。"由此可见，社会主义集体主义原则，作为整个社会的价值导向和道德基本原则，是同社会主义制度和广大人民的整体利益相一致的，是同社会主义的本质相联系的。社会主义集体主义原则，绝不会妨碍个人的积极性的发挥。我们是一个有着十二亿人口的大国，加强集体主义的教育不但对保证我国的社会主义的道路是必要的，而且对于更好地形成民族的凝聚力和向心力，更有效地加强我们的综合国力，都有很重要的意义。

四、新中国成立以来，在道德建设上，我们一直把集体主义的原则看作我们的社会主义的道德原则。在道德理论上，我们一贯坚持集体主义，并以这一理论来反对形形色色的个人主义，反对资产阶级的腐朽思想和生活方式对我们的侵蚀。西方在实行"西化"中，一个重要的方面，就是要用其个人主义的价值观来取代我们的集体主义的价值观。最近几年来，在我国社会上，也出现了一些要用个人主义来代替集体主义的观点，值得我们注意。为了在理论上保持一贯，为了防止在理论上产生某种混乱，我觉得在关于加强精神文明建设的文件中，明确地写上"以集体主义为原则"，不但有重要的现实意义，也有很重要的理论意义。

总的来说，这个文件，确实是一个很好的文件。在思想道德建设这一部分，如果能够加上"以集体主义为原则"这句话，我认为，就更加圆满了。

集体主义的历史发展[*]

集体主义是社会主义道德的基本原则，是社会主义的三个主旋律中的一个重要方面，在建设社会主义现代化的伟大事业中，集体主义的价值导向有着特别重要的作用。为了更好地认识集体主义，我们有必要对集体主义的历史发展作一些深入的考察。

什么是社会主义的集体主义？为什么在社会主义社会，只能提倡集体主义的价值导向？

一般来说，集体主义在西方又被称为整体主义，它所强调的是一种个人应当从属于社会，个人利益应当服从国家、民族和阶级利益的一种理论。从这个意义上说，不同的阶级，有不同的集体主义。18世纪法国著名的思想家卢梭，在他所著的《社会契约论》中，强调了只有服从团体的意志，个人才能获得自己的存在和自由。黑格尔从他的国家是社会最高道德的体现出发，认为个人应当绝对服从民族国家的法律和意志，这种资产阶级思想家所谓的整体主义或集体主义，主要是为维护资本主义制度服务的，是为少数剥削者的利益服务的。由于这种集体不能代表全体成员的利益，所以马克思、恩格斯把这种集体称之为"虚幻的集体"、"不真实的集体"和"虚妄的集体"。在马克思、恩格斯看来，"在过去的种种冒充的共同体中，如在国家等等中，个人自由只是对那

---

[*] 原载《以德治国与公民道德建设》，207～213页，郑州，河南人民出版社，2003。

些在统治阶级范围内发展的个人来说是存在的,他们之所以有个人自由,只是因为他们是这一阶级的个人。从前各个人联合而成的虚假的共同体,总是相对于各个人而独立的;由于这种共同体是一个阶级反对另一个阶级的联合,因此对于被统治的阶级来说,它不仅是完全虚幻的共同体,而且是新的桎梏"①。社会主义的集体主义,可以说是与马克思主义同时产生的。马克思、恩格斯在批判了资产阶级的虚构的集体的同时,指出在无产阶级革命胜利后形成的集体是一种完全新型的、能代表集体成员利益的真实的集体。马克思、恩格斯认为,只有在这种集体中,个人才能获得全面发展其才能的手段,也就是说,只有在集体中才可能有个人的自由。

社会主义的"集体主义"这一概念,最早是由保尔·拉法格在题为《集体主义——共产主义》的文章中提出的。在拉法格那里,集体主义是作为一种政治信仰和政治原则,或者说是作为一种价值导向而提出的。作为无产阶级的政治原则,社会主义的集体主义,是以实现社会主义并最终实现共产主义为目标的。当社会主义的社会制度成为现实,在社会主义社会中,社会主义集体主义是为了维护、巩固和发展以公有制为基础的社会主义制度服务的。作为一种伦理道德的价值导向,社会主义集体主义强调个人利益应当服从社会整体利益和"只有在集体中,个人才能获得全面发展其才能的手段"的原则。同时在个人利益服从集体利益的前提下,集体主义不但不束缚个人的发展,相反,在这样一个联合体内,"每个人的自由发展是一切人的自由发展的条件"。社会主义的集体主义,对个人和社会的关系的理解是,它既强调社会利益的至上性,又强调发挥个人活力的重要性;既强调社会利益高于个人利益,又强调个人的正当利益应当尽可能予以保障。社会主义的集体主义认为,在个人利益同集体利益发生矛盾时,个人应当牺牲自己的利益,以维护和保障集体利益,因为这一集体利益本身,也就包含着个人的利益在内。集体主义同时也认为,从集体的长远利益出发,有时候往往需要牺牲集体的部分利益,以保护某些个人利益,因为对这些"个人"利益的保护,归根到底还是有利于集体利益的。

因此,对集体主义所强调的"个人利益应当服从集体的利益",不

---

① 《马克思恩格斯选集》,2版,第1卷,119页,北京,人民出版社,1995。

应当片面地、绝对化地去理解。社会主义的集体,不但不是"反个人"、"恐个人"和"敌视个人"的,而且只有社会主义的集体,才能给正当的个人利益以最充分的满足,才是维护个人利益的最可靠的保证。集体主义一方面强调集体利益至上,强调个人的所作所为要受集体利益的约束;另一方面,又强调要尽量发挥个人的能动作用,尊重个人的尊严,发展个人的个性,实现个人的价值。社会生活是复杂的,由于各种因素的作用和影响,即使在社会主义社会,在某些情况下,也有可能出现一些并不能代表其所有成员利益的集体,在这样的集体中有时甚至会出现某些违背其集体中个人的正当利益的事情。这种情况,并不能说明社会主义的集体主义原则有什么错误,而是说应当努力改善这种有着这样那样缺点的"集体"。在我国当前的社会主义初级阶段的社会中,作为社会主义国家这样一个"集体",就其本质来说,是代表着全体成员的根本利益和长远利益的。当然,就某些局部的"集体"来说,也可能产生或多或少的失误,是需要不断予以完善的,但绝不能因此而对集体主义产生任何的动摇和怀疑。至于说在某种特殊的情况下,有些人打着集体主义的幌子,或者盗用集体主义的名字,做了一些损害集体成员利益以满足个人私欲的情况,这只能是对集体主义的明目张胆的背离,是对集体主义的亵渎。如果以此为由来贬斥或否定集体主义的原则,当然更是极端错误的。

社会主义的集体主义,作为一种价值导向,是同社会主义的公有制经济和社会主义及共产主义的政治目标完全一致的。只有在社会主义集体主义原则的价值导向下,全国人民才能产生关心集体、关心国家的向心力和凝聚力,人和人之间才能形成关心他人、相互帮助、和睦团结的新型人际关系。只有在社会主义集体主义原则的价值导向下,广大群众才会具有深厚的爱国感情,才能正确地对待祖国的文化和伦理道德,才能真正发扬中华民族的优良传统。只有在社会主义集体主义原则的价值导向下,才能够有力地抵制全盘西化的思想,抵制以个人为中心的个人主义价值观念,才能使我们的改革开放事业沿着正确的轨道向前发展。

社会主义的集体主义思想,是同社会主义制度紧密联系的。它包含着丰富和广泛的内涵。它的根本思想,就是正确处理集体利益和个人利益的关系。马克思、恩格斯、列宁等经典作家,在不同历史时期,从不同方面强调了无产阶级的集体利益高于个人利益这一集体主义原则,对

集体主义的历史发展

于革命和建设的重要意义。毛泽东同志在中国革命和建设的实践中强调了个人服从集体、局部服从全局、地方服从中央、眼前利益服从长远利益,进一步论证了集体利益和个人利益的辩证关系的必要性。邓小平同志从建设有中国特色社会主义的实践出发,强调:"在社会主义社会中,国家、集体和个人的利益在根本上是一致的,如果有矛盾,个人的利益要服从国家和集体的利益。"① 由此可见,社会主义集体主义原则,作为整个社会的价值导向和道德基本原则,是同社会主义制度和广大人民的整体利益相一致的,是同社会主义的本质相联系的。在一段时期内,由于对集体主义没有进行全面的辩证的阐释,曾造成一些人对集体主义的误解。根据我们的认识,社会主义集体主义包含着相互联系、相辅相成的三个方面的内容:

其一,社会主义集体主义强调集体利益高于个人利益,提倡在集体利益与个人利益发生矛盾时,个人要顾全大局,以集体利益为重,在必要的情况下,个人应当为集体利益而放弃个人利益,甚至为集体利益而献身。

强调集体利益高于个人利益,并不是说在任何情况下,都要无条件地牺牲个人利益,更不是对个性的束缚和对个人利益的抹杀。由于集体利益同个人利益本质上是一致的,因而集体利益的实现,本身就包含着个人的长远的、正当的利益。至于说由于受到资产阶级个人主义思想侵蚀而产生的自私自利的思想,由于它同广大人民群众的利益相背离,所以应当受到集体主义思想的制约,消除其对社会和集体可能产生的消极作用。一些人反对集体主义原则的重要理由之一,是认为集体主义的"弊端"就在于"集体利益高于个人利益"和"个人利益服从集体利益"这一思想,他们要"重建"、"重构"一种"集体"和"个人"完全平等的、谁也不服从谁的价值导向和道德原则,甚至公开提出要以"个人主义"或个人本位作为我国当前社会的道德基本原则。这是我们不能同意的。"集体利益高于个人利益",这是我国当前社会主义社会的价值导向和道德基本原则,离开了这一原则,必然会使我们离开社会主义道德,迷失前进的方向。

其二,社会主义集体主义在强调集体利益高于个人利益的前提下,

---

① 《邓小平文选》,2版,第2卷,337页。

同时强调集体必须尽力保障个人正当利益得到满足，促进个人价值的实现，并力求使个人的个性和才能得到最好的发挥。重视个人的正当利益，维护个人的尊严和价值，并使每个人的个性能够充分发展，是集体主义的一个重要方面，本来就属于集体主义应有之义。马克思、恩格斯曾经指出："只有在集体中，个人才能获得全面发展其才能的手段，也就是说，只有在集体中才可能有个人自由。"① 这段话深刻地指出了"个人"和"集体"的辩证关系，一方面强调，只有在集体之中而不是离开集体，个人才能获得全面发展的手段和获得个人自由；另一方面又强调，社会主义的集体特性，就是要为个人全面发展和实现个人的自由创造充足的条件。那种认为强调集体主义就会约束个人、限制个人的观点，是毫无根据的，那种把集体主义看作"敌视个人"的观点，更是有害的和错误的。

其三，集体主义强调个人利益与集体利益的辩证统一。集体主义作为社会主义的基本原则，它本身就包含着对个人正当利益的高度重视。社会主义的集体，是代表着集体每一个成员的利益的集体，而集体每一个成员的个人利益，又都是把维护集体的利益作为首要的前提。没有集体利益的发展和集体的价值的实现，也就不可能有个人的利益和个人的价值；同样，只有集体每个成员的个人的活力和能动性的发挥、每个成员的价值的实现，集体才能成为坚强有力、富有朝气和充满活力的集体。个人利益、集体利益和国家利益的辩证统一，赋予了社会主义集体主义的生命力。集体主义绝不是什么抽象的、非理性的原则，它更不是要去束缚个性，凌驾于个性之上，甚至去"摧毁生命"，而是更好地发挥个人的个性、实现个人的价值，更好地协调人际关系，有利于形成强大的凝聚力和向心力的一种指导思想。

随着改革开放和社会主义市场经济的提出，有的学者以市场经济的多种经济并存为理由（既有公有制经济，又有个体经济、私有经济、中外合资等），认为原有的在计划经济条件下所奉行的集体主义的道德基本原则，已经不符合今天时代的要求，因而要"重构"、"重建"所谓市场经济的道德原则，要求已有的社会主义道德实行"转型"、"转轨"。这种理解，我认为是值得商榷的。时代不断地发展变化，商品发展和市

---

① 《马克思恩格斯全集》，中文1版，第3卷，84页。

场经济的发展,在道德领域里,确实提出了许多新问题,我们的社会主义道德必须要不断地补充、丰富、发展和完善,以适应变化了的形势。那么,在新的条件下,我们对集体主义的道德基本原则,究竟应当怎样根据新的情况,加以补充和发展呢?

在社会主义市场经济条件下,根据我国经济生活和思想道德情况的现实,有必要对集体主义作出进一步的分层次的要求,这是一个需要认真研究的具有理论意义和现实意义的重要问题。

社会主义集体主义,在具体的道德要求上,可以考虑分为三个层次。一是无私奉献,即全心全意为人民服务的层次。即在个人正当利益得到满足的同时,自觉地为他人、为社会多作贡献,不计报酬,无私奉献。这一层次,是集体主义的最高层次,是一切共产党员、先进分子所力求达到的。尽管真正攀登到这一层次的人数不可能很多,但作为一种努力方向,将永远鼓舞着为社会主义和共产主义奋斗的人们,使他们在道德上不断前进。二是先公后私的层次。这是对广大工人、农民、知识分子的要求。它强调集体利益高于个人利益,要求自觉地考虑集体、社会和国家利益的需要,努力为实现社会主义而尽自己应尽的义务。三是顾全大局,热爱祖国,遵纪守法,诚实劳动,遵守社会主义的公共生活规则、职业道德和家庭伦理道德,这是对一个社会主义社会的公民所应有的基本道德要求。从历史上看,任何一个社会的道德基本原则,在实践中都必然有着不同层次的要求,既有最高的要求,也有最低的要求。一个社会的道德原则,在操作上之所以有层次的划分,主要是从实际出发,使道德的原则变成了可操作的行为规则,同时,又是为了有效地提高人们的道德素质,沿着道德的阶梯,循序渐进地向上攀登。

随着社会主义市场经济在我国的实行和发展,我国的经济生活和道德生活正在发生着深刻的变化。在以公有制为主体的、多种经济成分和多种利益主体并存的情况下,必然要出现不同的价值观、人生观和道德观。价值取向的多元化,更需要坚持社会主义的价值导向一元化。弘扬社会主义的集体主义,有利于抵制资产阶级腐朽思想和生活方式的侵蚀,有利于克服资产阶级个人主义的消极影响,更好地提高人们的觉悟,从而有利于培养社会主义的"四有"新人,保证有中国特色社会主义道路健康地向前发展。

个人主义的过去和现在[*]

改革开放以来,个人主义是我国思想道德领域中一个人们特别关心的问题。为了更好地认识和了解个人主义的发生和发展,我们在本文中,主要考察一下个人主义是什么时候发生的,它在历史上经过了哪几个发展阶段,都有什么样的作用,从而有助于我们更好地弄清楚个人主义的本质。

西方的个人主义思潮,就其早期的源头来看,可以说是从古希腊开始的。从西方文明的发源来说,古希腊就是现在西方文明的发源地。早在公元前6世纪,古希腊就形成了自己的特有的民主生活,在当时的雅典和斯巴达,实行城邦的民主制度,既注重城邦的利益,又强调个人的权利。当然,那个时候的民主,只能是奴隶主阶级和奴隶主个人的民主,奴隶是不可能有任何民主的。但是,作为一种传统,却在西方社会中延续了下来,对以后的政治、思想、文化、教育等发生了重要的影响。以后,古希腊的民主制度为封建专制和神权统治所代替,这就是所谓的西方中世纪的黑暗时代。从14世纪开始,随着社会生产力的发展和资本主义的萌芽,西方人更加认识到个人权利和民主的重要,希望能够回到过去的民主生活的时代。随着资本主义生产关系的萌芽,他们高举起古希腊的旗帜,以实现其发展资本主义生产关系的目的。我们可以

---

[*] 原载《以德治国与公民道德建设》,214~223页。

说，从14世纪到现在这长达六百余年的时期，是资产阶级的有关个人的权利和价值观不断发展的时期，也可以说是资产阶级的个人主义的价值观发展成熟的时期。总的来说，我们确实可以把西方的价值观称作"重个人"的价值观，这也是符合实际的。强调西方价值观的"重个人"的特点，既可以凸显西方价值观的优点，也能反映出西方价值观的局限。正是在这一意义上，我们也可以把近代西方价值观的发展过程，看成或理解成是有关个人的价值、权利、幸福、尊严、自由的认识和探索的过程。因此，我们可以把有关个人主义的思想和理论，作为西方价值观的代表，并以此来对西方的价值观进行较深入的分析。

在西方，尤其是在最近二百年来，关于个人主义的著作，可以说是卷帙浩繁，众说纷纭。西方不同时期、不同国家的各种派别的思想家，对个人主义的形成、发展和演变，都按照自己的认识作了十分详尽的论述，如杜威的《旧个人主义与新个人主义》、布克哈特的《个人主义是什么？》、吉斯伯格的《个体与社会》、哈耶克的《个人主义与经济秩序》、里斯曼的《个人主义再探》、萨特的《存在主义与个人主义》和史蒂文·卢克斯的《个人主义：分析与批判》等，更不用说西方许许多多思想家的著作和百科全书中对个人主义所作的各种各样的论述和解释。

一、什么是个人主义

为了正本清源，更好地理解个人主义，我们不得不作一些必要的引证，看一看西方的一些所谓在个人主义研究方面有权威的思想家，是怎样论述个人主义的。法国的思想家托克维尔是个人主义一词的"创造"者，在西方是公认的这方面的专家。《简明不列颠百科全书》是西方公认的"学术性强、权威性高"的百科全书。我们来看看二者是怎样理解"个人主义"的：

> 个人主义（Individualism），一种政治和社会哲学，高度重视个人自由，广泛强调自我支配、自我控制、不受外来约束的个人或自我。创造这个词的法国政治评论家亚历克西·德·托克维尔把它形容为一种温和的利己主义，它使人们仅仅关心自己家庭和朋友的小圈子。作为一种哲学，个人主义包含一种价值体系，一种人性理

论，一种对于某些政治、经济、社会和宗教行为的总的态度、倾向和信念。个人主义的价值体系可以表述为以下三种主张：一切价值均以人为中心，即一切价值都是由人体验的（但不一定是由人创造的）；个人本身就是目的，具有最高价值，社会只是达到个人目的的手段；在某种意义上，一切个人在道义上是平等的。下述主张最好地表达了这种平等：任何人都不应当仅仅被当作另一个人获得幸福的工具。个人主义的人性理论认为，对于一个正常的成年人来说，最符合他的利益的，就是让他有最大限度的自由和责任去选择他的目标和达到这个目标的手段，并且付诸行动。……个人主义者往往把国家看作一种不可避免的弊病，赞赏"无为而治"的口号。个人主义也指一种财产制度，即每个人（或家庭）都享有最大限度的机会去取得财产，并按自己的意愿去管理或转让财产。

我们之所以引了这么长一段话，是希望广大读者能从这段话中正确地理解什么是西方的个人主义。

从上述解释我们可以清楚地看到，"个人主义"这一概念，在西方作为一种价值观念和道德原则，是有着不容混淆的确切意义的。个人主义同我们日常所说的"自私观念"、"自私自利思想"和行为，并不是一个相同的意思，更不是我们所说的个人利益。每个人都有自己的个人利益，但这并不是个人主义；一个人可能有自私自利的动机和行为，但并不等于说他就一定具有个人主义的价值观念。

二、个人主义的历史发展

怎样认识个人主义？它是怎样发展过来的？在我国当前的改革开放中，有没有积极作用？个人主义同利己主义有什么不同？为什么我们不能同意将个人主义、个人本位作为伦理道德的价值导向？

个人主义作为一种思想体系和价值观念，在西方有着源远流长的历史。一般来说，个人主义可以有广义和狭义之分。广义的个人主义，是泛指西方从文艺复兴以来，随着资本主义生产关系的发展，随着反对封建压迫和神权统治的斗争而形成的以个人为中心的思想；狭义的个人主义，主要是指"个人主义"这一概念出现以后的个人主义思想体系及其理论。

最早的广义的个人主义,可以追溯到文艺复兴初期的一些人文主义思想家,他们强调个人的个性、个人的尊严和个人的幸福,包含了个人主义思想的萌芽。17世纪英国的著名思想家霍布斯(Hobbes,1588—1679),最早对个人的欲望、幸福等思想,作了较多的论述。他从心理上和生理上来分析,认为人都是利己的,所有的人按其本性来说都只关心个人的利益,都是为了满足和发展个人的欲望,都是为了追求个人的幸福。霍布斯还特别强调,这种对人的欲望的满足,是人生而具有的一种平等的、自然的权利。霍布斯之后的又一个英国思想家洛克(Loke,1632—1704),对有关个人的思想作了进一步的发展。他认为,每一个人都是一个道德上的存在,每一个人的生活目的都是为了保全自己。他还特别注意人的"自由"。针对封建社会对人的个性的压抑,他强调"重压下呻吟的人,自然要努力挣脱套在脖子上的锁链"。18世纪初,随着资本主义自由竞争的发展,英国政治经济学家亚当·斯密(Adam Smith,1723—1790),又提出了个人的选择、个人的奋斗等,在资本主义社会自由竞争日益强烈的情况下,为有关"个人"的思想增添了新的内容。在资本主义社会近四百年的发展中,尽管个人的幸福、个人的个性、个人的欲望、个人的利益都已经到处被人们所议论,但"个人主义"这个词却始终没有出现。从这个意义上说,个人主义和利己主义,应当说是有着明显的不同的。利己主义早在古希腊就已经出现了,追求自己的利益、追求自己最大的幸福就是善的快乐论的伦理学,就是古希腊的一种利己主义。直到19世纪40年代,法国的思想家托克维尔,在他考察美国后所写的《论美国的民主》一书中,最先提出了"个人主义"这一概念,并对其作了系统的解释。以后,西方的思想家,基本上都是承袭了托克维尔的这一解释而有所损益的。根据托克维尔的概括,人们可以从不同的方面去理解个人主义。作为一种价值目标,个人主义特别强调,个人本身就是目的,具有最高的价值,而社会只是达到个人目的的手段;作为一种政治民主思想,个人主义因反对国家、社会对个人行为的干预,往往导致无政府主义;作为一种财产制度,个人主义主张维护财产的私有制。个人主义同利己主义究竟有什么区别和联系?

托克维尔说:"个人主义(Individualism)是一种新的观念创造出来的一个新词。我们的祖先只知道利己主义(Egoism)。"又说:"利己主义是对自己的一种偏激的和过分的爱，它使人们只关心自己和爱自己甚于一切。"与利己主义稍有差别："个人主义是一种只顾自己而又心安理得的情感，它使每个公民同其同胞大众隔离，同亲属和朋友疏远。"其结果是："利己主义可使一切美德的幼芽枯死，而个人主义首先会使公德的源泉干涸。但是，久而久之，个人主义也会打击和破坏其他一切美德，最后沦为利己主义。"① 托克维尔关于个人主义的思想，对以后一些西方伦理思想家有很大影响。著名的功利主义者密尔（John Stuart Mill，1806—1873），在他写的自传中，就特别强调了托克维尔对他的影响。

在托克维尔提出个人主义这个新概念之后，西方人对个人主义的理解，又可分为两个方面，即从积极意义上理解的个人主义和从消极意义上理解的个人主义。一些自称为个人主义者的人，较多地从个人的幸福、尊严、价值方面去理解个人主义；而一些对个人主义持批评态度的人，则较多地从个人的欲望、个人的私利等方面去理解个人主义。另外，也有一部分思想家，主张要反对低级的个人主义，提倡高级的个人主义；还有一些思想家认为旧的个人主义已经声名狼藉了，应当用"新个人主义"来代替旧的个人主义；等等。但是，不论从哪种意义上理解，谁都不能否认，个人主义是一种一切以个人为中心，一切从个人出发并为了达到个人的需要、愿望的一种思想体系。这种思想体系在反封建的斗争中，曾发挥过积极作用，这是历史的事实；在当前的资本主义社会中，在某些情况下，还能产生进步的影响，这也是可以理解的。但是，由于个人主义总是要诱发人们的私欲的不断膨胀，总是要造成个人同整体、同国家疏远和分离，总是要使个人从整体中孤立出来，并最终沦为利己主义，所以，即使在资本主义社会，它的消极作用也是非常明显的。我们是以公有制为主体的社会主义国家，我们的目标是要建设社会主义并最终建设共产主义，而以个人为中心、从个人出发并为了达到个人目的的个人主义，其目的是要引导我们到资本主义，因而是我们必须反对的。

根据托克维尔和其他西方思想家的理论概括，个人主义作为一种价值体系，它主要包括以下三个方面的内容。

---

① 以上托克维尔的有关论述见《论美国的民主》下卷，625页。

个人主义的过去和现在

第一，个人主义作为一种价值目标的理论，在个人与社会的关系上，它特别强调个人本身就是目的，社会、集体、国家和他人，只不过是达到个人目的的手段。"个人本身就是目的，具有最高价值，社会只是达到个人目的的手段。"这句话，是我们认识和理解个人主义的关键。个人主义是一种从主观出发的个人中心论。个人主义总是把自己放在同社会、他人对立的两极中去考虑和认识问题的。

个人主义是不是像有些人所认识的那样，同利己主义根本不同呢？托克维尔在创立个人主义一词时，曾经特别注意到个人主义同利己主义的区别和联系。正像他在前面说的："个人主义（Individualism）是一种新的观念创造出来的一个新词。我们的祖先只知道利己主义（Egoism）。"

这就是说，在托克维尔看来，利己主义是很古老的，而个人主义是一种新观念。确实，在西方，利己主义是早在古希腊就已经产生的一种伦理学说，它认为个人的利益高于社会的利益，并把个人的快乐，特别是感官的快乐，看作一种最高的善。利己主义的思想，到了资本主义社会，得到了进一步的发展。正如托克维尔所指出的："利己主义是对自己的一种偏激的和过分的爱，它使人们只关心自己和爱自己甚于一切。个人主义是一种只顾自己而又心安理得的情感，它使每个公民同其同胞大众隔离，同亲属和朋友疏远。因此，当每个公民各自建立了自己的小社会后，他们就不管大社会而任其自行发展了。"所以，"久而久之，个人主义也会打击和破坏其他一切美德，最后沦为利己主义"。

第二，个人主义作为一种思想，它强调个人的民主、自由和平等，并极力反对集体主义，反对社会和国家对个人的干预和限制。因此，个人主义者总是特别强调个人。正由于此，它在反对封建制度和神权统治中，使资产阶级一步一步地夺取了政权，使资本主义最终取得了胜利，推动着资本主义市场经济的发展。尽管这种个人民主、个人自由和个人平等，在资产阶级建立政权后，因其有无政府主义倾向而对资本主义的统治秩序带来了一些不稳定的因素，但由于它在根本上维护了资本主义的神圣不可侵犯的私有财产制度和资产阶级的民主政治制度，因而仍然是资本主义社会的最重要的价值观念。西方资本主义的政治家、思想家，一方面，在国内，尽量利用意识形态的力量，用法律、宗教、道德手段，维护国家的统一；另一方面，在发展中国家，又极力推行这种资产阶级的个人的民主、自由和平等，妄图以此来西化和分化发展中国家。

第三，在西方，个人主义既是一种政治观念和价值导向，又被人们认同为一种财产制度。正如《简明不列颠百科全书》所指出的："个人主义也指一种财产制度，即每个人（或家庭）都享有最大限度的机会去取得财产，并按照自己的意愿去管理或转让财产。"这也就是说，个人主义所说的"最大限度的机会去取得财产"和管理财产，就是要允许剥削、承认两极分化的私有财产制度。西方的奥地利著名经济学家、诺贝尔奖获得者哈耶克，他自称是一个真正的个人主义者。他是西方自由主义经济理论的著名代表人物之一，是资产阶级利益的忠实代表，他在其所著的《个人主义与经济秩序》一书，特别阐发了对"个人主义"的"真正的"、"本质特征"的理解。他认为"个人主义"的本质特征有两个方面：一方面，它"是一种旨在理解那些决定人类社会生活的力量的社会理论"；另一方面，它"是一套源于这种社会生活的行为规范"。然后，他就明确地指出，个人主义这一社会理论，就是"私人产权制度"的理论，也就是资本主义制度的理论。哈耶克从各个方面论证个人主义是与社会主义相敌对的理论，他明确地宣称：个人主义是同社会主义势不两立的。正是由于上述原因，我们认为我们不但不应当提倡个人主义，相反，我们应当旗帜鲜明地反对个人主义。

我们还应当看到，西方的思想家在运用个人主义这一概念时，往往是从不同的方面来阐发个人主义的要求的，如政治上的个人主义、经济上的个人主义、伦理上的个人主义等，这里，我们只是就一般意义上来给个人主义作总的界说。根据西方思想家的意见，我们大体上可以把西方个人主义的基本内容，概括为以下几个方面：

第一，人是唯一的目的。

一切其他存在的东西，都只能是达到人的目的的手段。人只能是自己的工具，而不能是任何人或事物的工具，因为一个人自己就是目的。正是在这一意义上，个人主义的思想和理论认为，在社会上，除了自己以外，一切别人，甚至社会，都可以而且应当是达到个人目的的手段。一般来说，个人主义的思想家都把"人"或者"个人"看作先于社会而存在的抽象物，因而，社会对其生存和发展不应当有任何的限制。尽管社会契约论者也不得不承认，为了维护社会中人和人之间的和谐相处，个人还必须要让渡自己的一部分权利，但个人主义思想家最终都主张，一切社会形式，都只能看作发展个人、实现个人目的的一种手段。从这一点出发，个人主义认为，维护私有制度的神圣不可侵犯，是个人主义的一个重要原则。

第二，个人有最高的价值和尊严。

个人主义的思想和理论认为，在社会生活中，个人具有最高的价值。正如个人主义的思想家所说的："在个人主义理论中，存在着一条根本的伦理原则，即单个人的人，具有至高无上的内在的价值和尊严。"正是根据这一原则，个人主义的一些思想家，极力反对他们所说的"教条主义"的思想和原则，并认为，提倡或主张集体主义，就会因强调集体或国家而抹杀个人的价值。个人主义的思想家不区分奴隶社会、封建社会、资本主义社会还是社会主义社会中的性质不同的整体主义和集体主义，他们反对一切有关整体主义和集体主义的思想和理论。他们断言，任何的整体主义和集体主义，都是同个人的价值、自由和尊严相对立的。

第三，人的自由和自主性。

人的自由和自主性，是个人主义的又一个重要原则。一个人的思想和行为是他自己的，它只应当受自己的理性的支配，而不应当受到过多的社会的政治、法律和道德的制约，因此，社会对个人的限制，应当限制在最小的范围内。正是在这一"自由"的思想的支持下，一些个人主义者，又常常走向无政府主义。一些个人主义的思想家甚至主张，伦理学作为研究道德的一门科学，它不能告诉人们应当做什么和不应当做什么，它只能提出一些道德规范来供人们进行自觉自愿地选择，至于一个人到底要选择什么，是选择道德或是选择不道德，那完全是个人的权利。

第四，个人的幸福是人生追求的根本目的。

个人主义认为，对一个人来说，只有他自己才知道什么是自己最需要的，也就是说，只有他自己才知道对他来说，什么是幸福的和什么是不幸福的。人的追求，只能是按照他对自己的幸福的理解去行动。任何道德原则和要求，都应当以实现个人的幸福为根本目的。人的本性是利己的，追求个人的幸福，是人的本性。一个人的生活的真正目的，就是发展自己的个性，而个性的最完满的实现，就是个人的幸福的获得。正是从追求个人的幸福出发，个人主义者中的一部分，又往往成为只知道追求物质享受的享乐主义者。为了保持个人主义的名声，美国的伦理学家杜威主张，应当区分高级的个人主义和低级的个人主义，希望把那些只追求物质享受的享乐主义者排除在他的新个人主义之外。

第五，个人的隐私的权利。

这是个人主义发展到后来所产生的一种新的意义，也可以说是个人主义发展到19世纪以来的产物，是现代意义的个人主义的一个新内容。因为在古希腊，还说不上要保护什么个人的"隐私"。在中世纪，一个人不但没有什么隐私的权利，而且还必须要把自己的灵魂的隐秘袒露给神父和上帝。我们知道，奥古斯丁的《忏悔录》，就可以说是一部内心世界的大暴露，尽管它不一定是完全真实的。近代以来的个人主义的思想家认为，一个人的行为，只要它不涉及他人和社会，他就应该受到保护。这也就是说，每一个人都有一个不受公众干涉和监督的领域，这个领域应当得到社会的承认，应当受到法律的保护。但是，由于对"不涉及他人和社会"这一领域没有一个明确的界定，一些人也就因此而任意加以解说。西方的性自由、性解放和同性恋的发展，以及在西方社会所引起的对社会风气的影响，有一些就是在这一思想和理论的支持下得以发展的。

总的来说，西方的价值观，特别是从青少年的思想道德教育来看，大体上，我们可以把它归纳为以上五个方面。我们可以看到，其中也确有一些积极的方面，在我们今天的青少年的思想道德教育中，应当加以批判地继承和吸收；同时，我们也应当清醒地看到，西方的价值观，从本质和主流来说，其中的以个人为中心，把个人看作唯一的目的，把社会和他人当作满足个人目的的手段等思想，是有害的，是应当坚决加以摒弃的。

关于集体主义原则的几个问题[*]

对集体主义的理论如何深化和在实践中如何实施，在当前理论领域和社会实践中仍是一个有待深入讨论和研究的重要问题。在市场经济条件下，集体主义还能不能成为社会主义道德的基本原则，个人主义能否取代集体主义成为社会主义道德的基本原则？改革开放以来，对这些问题的争论和理论分歧，几乎都同对"集体主义"和"个人主义"的不同理解有关。因此，重新认识和明确界定集体主义，对伦理学和思想道德教育的理论与实践都有特殊的重要意义。

一、集体主义原则的主要内容

集体主义原则究竟怎么界定，在当前学术界众说纷纭。因此，在新形势下，如何正确全面地阐释集体主义有十分重要的意义。集体主义原则合理调控集体与个人、集体与集体、全局与局部的各种矛盾和所有与此相联系的关系，是社会主义道德体系中占主导地位的根本原则，涵盖社会的指导思想和价值取向，影响人们的思想观念和思维方式，引导社

---

[*] 原载《思想理论教育导刊》，2012（6），系 2010 年度教育部人文社会科学重点研究基地重大项目"社会主义和谐社会核心价值体系研究"（项目批准号：10JJD720007）的阶段性成果。

会思潮。它不仅作用于政治、经济、文化和社会生活的各个方面，而且对每个社会成员的世界观、人生观和价值观都有重大的影响。

我个人认为，大体上说，集体主义有三个方面的主要内容：

1. **集体主义的总原则：集体利益优先于个人利益**

集体主义的总原则，就是"集体利益高于个人利益，或者说集体利益优先于个人利益"。失去了这一原则，也就不可能有社会主义的集体主义。"集体利益高于个人利益"是集体主义原则的内核。对于这一点，我们应当有正确的认识和理解。我们说"集体利益高于个人利益"，是指一切其他的道德原则和道德规范以及与此相关的各种道德准则，都应当而且必须以这一原则为导向，并使其在各个方面和各个环节都能符合这一原则，按照这一原则的要求行事。

社会主义社会是一个真正能够体现全体人民利益的社会，国家利益、人民利益、集体利益必然是重于、高于个人利益。与此相适应，整体利益大于个体利益，全局利益大于局部利益，个体利益服从整体利益，局部利益服从全局利益，当前利益服从长远利益，都是集体主义的应有之义。

在实际生活中，个人利益和集体利益难免会发生矛盾。集体主义强调，在个人利益和集体利益发生矛盾，尤其是发生激烈冲突的时候，必须坚持集体利益高于个人利益的原则，即个人应当以大局为重，使个人利益服从集体利益，在必要时，为集体利益作出牺牲。这里需要特别强调的是，只有在不牺牲个人利益就不能保全集体利益的情况下，集体主义才要求个人为集体利益献身。集体主义之所以要求个人利益服从集体利益，归根到底，既是为了维护集体的共同利益，也是为了维护个人的根本利益。

2. **集体主义强调集体利益和个人利益的辩证统一**

在社会主义社会中，国家利益、社会利益体现着个人根本的、长远的利益，是集体所有成员共同利益的统一。同时，每个人的正当利益，又都是集体利益不可分割的组成部分。集体的兴衰与个人利益得失息息相关。在现实生活中，集体利益和个人利益是相辅相成的。集体利益的发展，本身就包含着集体中每个人利益的增加。而集体中每个人利益的增加，同样有利于集体利益的扩大。

为此，我们强调集体利益和个人利益的关系是辩证统一、相互依存和相互制约的。首先,个人要积极关心、维护国家和集体的利益。当个人利益与国家、集体利益发生矛盾时,要把国家、集体利益放在首位,必要时还要具有从大局和长远利益出发牺牲个人利益的精神。所谓的必要时牺牲个人利益,是以尊重公民个人的自觉自愿为基础的,而不是国家、集体对个人的强迫。其次,对于国家和集体而言,要高度重视个人利益的正当性和合理性,尽力保障个人的正当利益,使公民合法权益不受侵害。最后,集体和个人都要从各自的角度重视集体利益与个人利益的统一与协调,在协调中使双方的利益得到保护和发展。

在过去一段时间,由于对集体主义的解释出现了片面强调集体主义而忽视个人利益的现象,因而有些人错误地认为集体主义是对个人利益的限制和否定,这种误区应当改变过来。

3. 集体主义重视和保障个人的正当利益

集体主义的一个重要方面,就是要促进和保障个人正当利益的实现,使个人的才能、价值得到充分的发挥。这不但与集体主义不相矛盾,而且正是集体主义思想的应有之义。只有在集体中,个人才能获得全面发展,只有在集体中,才可能有个人自由。那种把集体主义看作对"个人的压制"和"个性的束缚"的思想,是与集体主义的本义相违背的。事实上,正是集体主义的贯彻,才真正为培养人的健全人格、鲜明个性和创新精神提供了道义保障。贯彻集体主义原则,不但不会抹杀个人利益和个人权利,相反,社会主义的集体主义,本身就包含着对个人利益的肯定。一些人出于误解,错误地把集体利益高于个人利益同"自由"、"公正"、"人权"、"人道"等对立起来,并且以倡导个人"自由、民主和权利"的旗帜来反对集体主义。随着市场经济的逐步发展,拜金主义、享乐主义、唯利是图、坑蒙拐骗、自私自利的腐朽资产阶级思想,也在一定的气候和土壤里不断发展。改革开放30多年来在伦理学方面的争论,不是要不要充分强调个人的民主、自由和权利,而是在社会主义市场经济条件下,如何防止和反对资产阶级腐朽思想的侵蚀,坚持社会主义集体主义这样一个有极端重要意义的原则。

个人主义强调个人权利对社会的优先性,主张个人利益是一切社会行为的归宿。集体主义道德原则反对个人主义,本质上是反对其过分张扬的个人权利对社会利益和"公共善"的消解。集体主义虽然强调集体利益的优先性,同时主张从具体的现实个人的生活条件和社会生活的物质前提来把握个人的道德选择。集体主义所强调的个人权利,指的是不能侵犯社会整体和其他人的正当权益。

二、发展社会主义市场经济为什么需要坚持集体主义

有些人认为,个人主义是市场经济必然的道德基础,因此,在社会主义市场经济条件下,如果提倡集体主义和奉献精神,就会妨碍和不利于人们为赚钱而从事的种种行为,市场经济将不可能发展。我们认为,随着社会主义市场经济的发展,我国的经济生活和道德生活正在发生着深刻的变化,在道德领域出现了许多新问题,我们必须不断补充、丰富和完善集体主义原则,以适应变化了的现实。但是,并不存在用个人主义代替集体主义的问题,这是由社会主义社会的本质决定的,也是发展社会主义市场经济的客观要求。

1. 集体主义是社会主义社会的本质要求

在社会主义市场经济条件下,集体主义仍然而且应当成为社会主义道德的基本原则,这是社会主义社会的本质要求。生产资料公有制占主体地位的社会主义基本经济制度,以工人阶级为领导阶级、以共产党为执政党的人民当家做主的国体和政体,以马克思主义、毛泽东思想和中国特色社会主义理论体系为指导的社会主义先进文化,分别为集体主义的实施创造了经济前提、政治前提和文化前提。坚持中国特色社会主义道路和共产主义理想,就必然要坚持集体主义。放弃了集体主义原则,也就不可能真正坚持社会主义事业和共产主义事业,错误的道德导向将会引导我们的社会走到邪路上去。我们强调坚持集体主义的重要性,根本原因就在于此。一些人认为,在"马克思的社会主义或共产主义中,个人主义和集体主义是统一的,利己主义和利他主义也是统一的"①,这种观点同马克思主义是根本背离的。

2. 集体主义是发展社会主义市场经济的客观要求

发展社会主义市场经济,是同社会主义基本制度有机结合的,从这个意义上讲,集体主义不但是社会主义社会的本质要求,而且也正是发

---

① 尚实:《用非道德的办法解决道德问题——如何看待现阶段的个人主义和利己主义》,载《社会科学报》,2003-08-14(1)。

展和完善社会主义市场经济的客观要求。与社会主义市场经济相适应的社会主义道德的主要任务就是在社会主义制度下弘扬主体精神的同时，否定市场经济中利己主义和金钱崇拜的自发倾向，并在新的基础上实现主体精神与集体利益的有机结合。

我们通过发展市场经济来塑造独立个人、焕发道德主体性的同时，也付出了比较沉重的道德代价。这就是市场经济条件下个人道德主体性的高扬，很大程度上是个人"利益最大化"的逐利冲动所引发出来的。这里，主体精神与人被物化为"经济人"以及相应的道德利己主义和个人主义的相伴而生，这种情况已经在一定程度上导致了对社会主义核心价值导向的偏离。发展市场经济之所以需要道德，是因为它在唤醒人的主体性的同时，有助于克服市场自身的弱点和消极方面，有助于形成追求高尚、激励先进的良好社会风气，从而保证市场经济的健康发展。等价交换、契约、效益等是经济原则，少了这些原则，市场经济无法运转。但是，道德原则和经济原则都不能泛化，不能相互替代。试图用经济事实、经济行为来否定道德崇高、否定奉献精神，用经济原则代替道德原则，用现实的存在代替应当来进行社会的道德设计，不仅是荒唐的，而且是可怕的。它将导致人情冷漠、唯利是图，加剧人的异化，违背道德的约束和导向本质。

3. 集体主义在具体的道德要求上有不同的层次

在社会主义市场经济条件下，根据我国经济生活和思想道德情况的实际，有必要对集体主义原则在具体的道德要求上划分为不同的层次。一方面，集体主义原则的最高要求是发扬无私奉献、一心为公的精神，它是先进分子所力求做到的；另一方面，集体主义原则也要求人民群众做到先公后私、先人后己，或至少做到公私兼顾、不损公肥私，并且不断地追求更高的道德境界。这样，提倡奉献精神就是集体主义题中应有之义。有人认为，"青年人赚钱的行为本身，就是为人民服务"，甚至提出"我不赞成不赚钱的为人民服务，免费的为人民服务未必是好事"，在他们看来，"在市场经济中赚钱，不是免费服务，也不是低价服务，而是按照经济规律的服务，赚钱本身也就是一种为人民服务"[①]。这种把奉献精神同市场经济对立起来，并以市场经济为借口而否认"无私奉

---

① 茅于轼：《青年不要空谈理想 赚钱本身就是为人民服务》，载《河南商报》，2009-11-16（A11）。

献"和"为人民服务"的观点，是极端有害的。

集体主义提倡奉献精神，同时，也注意到对道德高尚的人的行为的补偿。为了使这种行为能够在社会上长盛不衰，维护社会公正，集体对作出牺牲和奉献的个人的补偿则是必不可少的。从现实的角度看，在发展社会主义市场经济的条件下，集体和全局完全可以对个体、局部的自我牺牲进行适当的补偿。尽管那些无私奉献、甘于自我牺牲的人，他们自己可以不计个人利益，但对他们的自我牺牲进行补偿，可以对广大群众起到社会价值的导向作用。

集体主义的理论和实践，需要随着市场经济和政治、文化的不断发展进行更加深入的探讨与研究，使集体主义理论更加丰富，在实践中更好地适应社会经济、政治和文化的发展，使自己更有说服力。这一工作，还有待于广大理论工作者的努力。

三、集体主义中的"集体"定位问题

在贯彻集体主义原则时，一个重要的问题就是对"集体"应当如何理解。一些人常常以"集体"的概念无法明确而对集体主义产生疑虑，以"集体"无法定位而否定集体主义。他们提出，这里的"集体"，到底是指国家和民族，还是指某一个单位、组织或行业，还是全部都包括在内？一些人甚至认为，发展市场经济，出现了许许多多不同性质的局部的各种各样的集体，为什么在道德原则上还要坚持社会主义的集体主义？要消除这些疑虑，首先必须明确集体主义中的"集体"定位问题。

1. 集体主义中的"集体"有两个层次的内容

从唯物辩证法的视角来看，集体主义中的"集体"有两个层次的内容。它既可以表现为作为国家、民族、社会等普遍的"集体"，也可以表现为当前市场经济条件下各种不同的、局部的集体。我们也可以说，这里的集体，既有一般意义上的集体，又有个别意义上的集体。这种"一般"和"个别"、"普遍"和"特殊"的关系，正好是复杂的现实生活的反映。作为一般意义上的集体，它是所有个别的、局部的"整体"的共同特性。所有个别的、局部的"整体"，都有一般意义上的"整体"的某些属性。正是由于这种特点，我们有时在一般意义上使用"集体"

这一概念，有时在个别意义上使用这一概念。任何一般的、普遍的、共同的东西，都是同个别的、特殊的、具体的东西相联系而存在的。在当前的市场经济条件下，尽管各种具体的、特殊的、个别的集体，有着不同层次不同性质的差异，但在社会主义社会中，在马克思主义的指导下，在社会主义的政治、经济、文化和道德的诱导下，它们都必然要受到社会主义集体的制约和引导。所以，在道德原则上，同样适用社会主义的道德原则。那种以市场经济为原因而否定集体主义原则的理论是不能成立的。

2. 集体主义中的"集体"应当体现全体成员的利益和意志

如果一个集体不能代表整个社会的普遍利益，也不能代表这个集体之中的各个成员的利益，那它就是一个"虚幻的集体"。我们所说的"集体"，是能真正"代表全体成员利益的"集体。也就是说，集体利益和个人利益是辩证统一的。在社会生活中，集体主义的一个重要内容，就是为了维护集体真正的、长远的、可持续的利益，这就必须要把维护个人的正当利益作为集体主义一个必须加以认真重视的方面。我们在突出集体地位的同时，也要强调个人的地位，从一个全新的高度，来认识个人与集体的辩证关系。集体是由许多个人和局部组成的，离开了个体的充分发展，也就不可能有集体的发展，这个道理是显而易见的。集体犹如一个有生命、有活力的有机体，个人和局部犹如这个有机体中的细胞。生物学研究早已发现并证明，只有一个有机体的所有细胞都充满活力，这个有机体才能是生机勃勃和生长旺盛的。当然，我们也要十分清楚地看到，任何一个有机体的细胞，如果脱离了自己赖以存在的有机体，这个细胞也就失去了自身存在的条件。

3. 集体主义中的"集体"应当是"真实的集体"

"真实的集体"是相对于"虚幻的集体"而言的。判断集体是否真实的最可靠的方法，莫过于看这个集体是否真正像它所宣称的那样为最大多数人谋利益，而不是仅为少数人谋利益。就此而论，强调集体主义原则中集体的真实性问题已经超出了一般的理论领域，成为直接与集体主义原则的可信赖程度密切相关的现实问题。

在社会主义初级阶段，由于经济发展、政治改革和社会进步的程度不同，我们社会的集体，还不可能都是真实的集体。它既不是马克思和恩格斯所说的那种"虚假的"、"虚妄的"、"不真实的"集体，也还不可能达到马克思和恩格斯所说的"真正的"、"能完全代表成员利益的"集体。但是，从我国社会主义社会现实的总的情况来看，我国社会中的大多数的"集体"基本上都是能够体现它的成员利益的集体。当前社会中一些现实的"集体"，可能还存在这样那样的缺陷，但是，只要这个集体的成员基本上是为这个"集体"成员的利益而工作的，我们就应当承认这个集体是现实的，也是合理的。同时，这个集体中的所有成员，都应当不断地、逐步地为改善这个集体并使这个集体朝着更加完善的方向而努力。只有通过集体所有成员的不断努力和坚持不懈的奋斗，并通过"改善"、"提高"、"再改善"和"再提高"，才能使我们的集体逐渐趋于完善。

第三编

道德核心

论社会主义道德的核心和原则[*]

党的十四届六中全会通过的《中共中央关于加强社会主义精神文明建设若干重要问题的决议》（本文以下简称《决议》）指出："社会主义思想道德集中体现着精神文明建设的性质和方向，对社会政治经济的发展具有巨大的能动作用。"在当代中国建设社会主义精神文明，必须始终坚持以马克思列宁主义、毛泽东思想和邓小平建设有中国特色社会主义理论为指导，充分发挥精神文明对社会政治经济发展的极大的能动作用，保证我国的物质文明建设能够沿着社会主义道路，健康顺利地向前发展。现在，仅就六中全会《决议》中关于道德建设的有关问题，谈一谈学习的认识和体会。

一、关于社会主义道德建设的核心

六中全会《决议》指出，"社会主义道德建设要以为人民服务为核心，以集体主义为原则，以爱祖国、爱人民、爱劳动、爱科学、爱社会主义为基本要求"，这是当前道德建设的一个总的指导思想。这就是说，我们在道德建设中要紧紧抓住一个核心、一个原则和五个基本要求。在

---

[*] 原载《高校理论战线》，1996（11）。

社会公德、职业道德和家庭美德建设中，都要大力倡导为人民服务的精神，倡导集体主义的原则和集体主义精神。

新中国成立以来，在道德建设中，我们常常把"为人民服务"同树立正确的人生观联系在一起，同"爱人民"的社会公德结合在一起，同"革命的人道主义"联系在一起，而没有提高到社会主义道德建设的核心这一高度加以认识。我认为，《决议》提出"为人民服务"是社会主义道德建设的核心，是一种科学的概括，是对道德建设的一种新的认识，具有重要的理论意义和现实意义。

为什么说"为人民服务"是社会主义道德建设的核心呢？

首先，"为人民服务"这一思想，反映了社会主义经济基础和政治制度的客观要求。

我们知道，道德是社会意识形态之一，是由一定的经济基础所产生并能动地作用于一定的经济基础，为巩固和发展这一经济基础服务的。社会主义的经济是以公有制为主体的经济，最终目的是要消灭剥削、消除两极分化，以实现所有人民共同富裕。因此，"为人民服务"，为广大人民群众特别是为工人、农民和知识分子服务，是我们的根本目的。我们之所以强调社会主义的本质是解放生产力和发展生产力，主要就是因为，只有解放和发展了生产力，才能改善广大人民群众的生活水平，提高人民的福利待遇，才能消除两极分化，最终达到共同富裕的目的。社会主义道德建设作为社会主义经济的客观要求，不论任何时候，都不能忽视最广大人民群众的最大利益这一思想。我国实行社会主义市场经济以来，在国内，有的人以允许多种经济成分发展为由，妄图否定公有制的主体地位；在国外，西方敌对势力用种种手段，力图以资本主义私有制取代社会主义公有制，从而腐蚀、瓦解社会主义的经济基础，使中国沦为"完全西方附庸化的资产阶级共和国"。在这种情况下，我们强调"为人民服务"是社会主义道德建设的核心，就是要充分发挥社会主义道德的巨大的能动作用，关心人民，爱护人民，急人民之所急，想人民之所想，扶危济困，帮贫救难，以维护人民利益为最高要求，从而形成一种团结和睦的新型人际关系和热爱社会主义的氛围。从社会政治制度来看，我国是一个人民当家做主的人民民主专政的国家，只有人民，才是历史的创造者和推动者，我们的社会道德建设应该同我们的"国家富强、人民幸福"的奋斗目标紧密地联系起来。由此可见，"为人民服务"

既是我国社会主义道德建设的核心,也是我们道德建设的出发点和根本目的。

其次,"为人民服务"是社会主义道德所有要求的集中体现。

什么叫有道德?一个人怎样才能成为一个有道德的人?用一句通俗的话来说,就是要有为他人服务、为社会献身的精神。一个人在社会中生活,总要处于各种不同的社会关系之中,处于不同的社会组织或社会团体之中,总要同其他人发生各种不同的关系。"道德"就是使人们能够时时处处想到别人、想到国家和想到社会,从而能够设身处地、推己及人、与人为善、服务他人,使他人能够因同自己的相处而得到益处。这样的行为就是道德的行为,这样的人就是一个有道德的人。一个有道德的人在践履服务他人、献身社会的崇高行为的过程中,必然会使自己的道德觉悟不断提高,思想境界不断升华,并受到社会的尊重,从而使自己身心获益。中国古代思想家也正是从这一意义上来理解道德的。东汉时刘熙,根据"义以音生,字从音造"的传统,认为"德者,得也,得事宜也",这就是说,"道德"就是在人和人相处时,要把这种关系处理得合适,使他人和自己都能有所得。许慎更明确地说:"德,外得于人,内得于己也。"即,一个有道德的人,在同他人相处中,一方面要能够"以善念存诸心中,使身心互得其益",这就是"内得于己";另一方面,又能够"以善德施之他人,使众人各得其益",这就是"外得于人"。从社会实际生活中我们可以深切地感受到,一个人越是自觉地、真诚地、经常地为他人服务、为社会献身,他的道德就越高尚,他的思想境界也就越崇高。"为人民服务"、"为社会服务",就是一种献身精神,这种献身精神的大小,是同道德的升华成正比例的。我们从徐虎、李素丽等先进楷模的事迹中,可以更清楚地看到,社会主义道德的核心,就是由他们所体现的这种崇高的"为人民服务"的精神。正如毛泽东同志早在1944年所指出的,"我们这个队伍完全是为着解放人民的,是彻底地为人民的利益工作的","我们的干部要关心每一个战士,一切革命队伍的人都要互相关心,互相爱护,互相帮助"。在当前实行社会主义市场经济的情况下,在道德建设中,我们一定要抵制拜金主义思想对人们的腐蚀,加强广大人民群众之间的互相关心、互相爱护和互相帮助,使人们的思想道德素质不断地得到提高。

再次,"为人民服务"是贯串社会公德、职业道德、家庭美德领域的一根主线，体现着社会主义道德建设各个方面的根本要求。

《决议》指出，在加强社会主义道德建设中，必须开展社会公德、职业道德和家庭美德教育，在全社会形成团结互助、平等友爱、共同前进的人际关系。而要形成这种人际关系，就更需要弘扬为人民服务的精神。

在职业道德建设中，《决议》提出了爱岗敬业、诚实守信、办事公道、服务群众和献身社会五个主要方面，其中每一个方面都是同"为人民服务"紧紧联系在一起的。没有"为人民服务"的思想，就不可能"爱岗敬业"、"办事公道"，更不可能做到"服务群众"、"献身社会"。对职业岗位的无限热爱和对群众的真诚关心，都必然出于一种发自内心的为人民服务的献身精神。李素丽说得好："不管有多少烦心事儿，只要一坐在票台前为乘客服务，我就特开心，什么烦恼都忘了。"也正是这种自觉地、真诚地为人民服务的精神，使李素丽十五年来如一日，热爱自己的售票工作，把三尺票台看作自己"爱岗敬业"、"服务群众"、"献身社会"的广阔天地。

在社会公德方面，大力倡导"助人为乐"的精神，在当前尤为重要。一个人在社会中生活，免不了要遇到一些困难，甚至遭到某些不幸，总希望能够得到别人和社会的帮助。在社会主义社会中，人和人之间本应当是一种团结互助的友爱关系。但是，实行改革开放和发展社会主义市场经济以来，由于市场自身的弱点和消极方面的影响，一些人见利忘义，唯利是图，只顾自己，不管别人，甚至在人民群众的生命财产遭到严重危害时，仍然是"见义不为"、"见死不救"、冷眼旁观、麻木不仁。这种情况，不但毒害了社会主义社会中人和人之间的同志友爱关系，而且客观上往往造成使恶人更加肆无忌惮的严重后果。针对我国当前社会中的情况，加强"助人为乐"的教育，形成关心人民疾苦和"见义勇为"的社会风气，我们必须强调发扬"为人民服务"的精神。

在家庭美德教育中，要做到尊老爱幼，邻里团结，在文明社区建设中，要改造旧习，移风易俗，形成文明健康的社会文化等等，都需要弘扬服务人民、献身社会的崇高精神。正是从这一意义上，可以看到，"为人民服务"是贯串整个社会的各个重要领域的自始至终的一个重要思想。

最后，"为人民服务"体现了社会主义道德建设的先进性要求和广泛性要求的统一，包含着社会主义道德的不同层次的要求，引导人们沿着社会主义道德的要求不断向上攀登。

正如《决议》所指出的："我们现在建设和发展有中国特色的社会主义，最终目的是实现共产主义，应当在全社会认真提倡社会主义、共产主义思想道德。"这是社会主义道德的先进性的要求。在一段时期内，一些人错误地认为，现在既然是社会主义初级阶段，又实行市场经济，就不应该再提倡共产主义道德，甚至把提倡共产主义道德看作脱离实际的"大话"。这种否认社会主义道德先进性要求的观点，是极为有害的，它必然会使我们在道德建设中失去信仰、迷失方向。实践证明，在我们社会中，一些共产党员和先进分子，为了广大人民群众的利益，为了共产主义理想，大公无私，勇于献身，全心全意为人民服务，他们崇高的共产主义道德品质，正有力地激励着广大人民，应当在我们的社会中认真提倡，使更多的人向他们学习。同时，社会主义道德建设，还必须从广大人民群众的思想道德素质的实际情况和人们的现实道德水平出发，不断教育和提高，逐步引导他们达到更高的水平。道德作为人们行为的规范，它本身必然包含着从低到高的多层次的要求。道德的最高要求，是不可能一蹴而就的，人们只有在道德阶梯的攀登上，刻苦锻炼，身体力行，才有可能达到道德的高峰。古人认为，道德的最高要求，是激励人们道德进步的一种动力，即使是短时期内不易达到，也要本着"虽不能至，心向往之"的精神，从实际出发，不断地向这一目标努力。因此，在提倡先进性的同时，要"鼓励支持一切有利于解放和发展社会主义社会生产力的思想道德，一切有利于国家统一、民族团结、社会进步的思想道德，一切有利于追求真善美、抵制假恶丑、弘扬正气的思想道德，一切有利于履行公民权利与义务、用诚实劳动争取美好生活的思想道德"，引导广大人民群众，不断地提高他们的思想道德水平。从一定的意义上来看，"为人民服务"这一思想，既包含着社会主义道德的基本要求，也与向社会主义道德的最高要求"全心全意为人民服务"发展有必然联系。"为人民服务"与"为社会服务"的思想和行为的不断发展，就必然会培养起人们"全心全意为人民服务"的理想和信念，从而才能使人们在日常的行为中发扬"为人民服务"的精神。

总之，我们要认真体会"为人民服务"作为社会主义道德建设的核心的重要意义，使我们的道德建设取得更大的成就。

二、关于社会主义道德建设的原则

社会主义道德建设，究竟应当以什么为原则？党的十四届六中全会《决议》指出，社会主义道德建设，应当以集体主义为原则，这就进一步明确了我国道德建设中一个重要的问题，在理论上和实践上，都有极其重要的意义。

集体主义作为我国社会主义道德的原则，是新中国成立以来我国理论界所取得的一个共识。我们实行改革开放和发展社会主义市场经济以来，一些人错误地认为，集体主义是计划经济的产物，因而在我国实行市场经济后，就不应当再以集体主义为原则，而应当代之以其他原则。更有甚者，有的人认为，既然实行了以强调个人利益为根本目的的市场经济，就应当以"个人主义"作为我们社会的道德原则。有些人在强调"个人主义"的同时，还极力从各个方面贬损、斥责集体主义，说集体主义不重视个人利益、束缚个性发展等，从而在社会上给许多人造成了困惑。因此，对于《决议》的这一规定，有必要进行深入的理解：为什么在社会主义市场经济条件下，我们的道德建设，仍然要以集体主义为原则？怎样才是对集体主义的全面的、科学的理解？集体主义原则在道德建设中有什么重要意义？

第一，为什么说在社会主义市场经济条件下，我们的社会主义道德，仍然应当以集体主义为原则？

应当明确，我们所实行的市场经济，不是一般的市场经济，而是社会主义市场经济。党的十四届六中全会《决议》指出，社会主义市场经济，作为一种经济体制，它"不仅同社会主义基本经济制度、政治制度结合在一起，而且同社会主义精神文明结合在一起"。我们实行社会主义市场经济的目的，并不仅仅是发展经济，而且是使我们国家沿着社会主义道路，发展成为屹立在世界东方的一个富强、民主、文明的社会主义国家。正是由于这一原因，我们认为，以我国实行市场经济为理由，认为我国的社会已经"转型"，因而要求我们的社会道德原则也应当从集体主义转向个人主义原则的看法，是完全错误的。正像江泽民同志在十四大的报告中所指出的，我们现在实行社会主义市场经济，只是由过去的计划经济体制转到市场经济体制，也就是说，这只是一种经济体制的转变，不是社会制度的转变，这种转变的目的正是为了不断完善和发展我们的社会主义制度。至于说到我们的政治制度，虽然我们要进行相应的政治体制改革，但坚持四项基本原则，坚持社会主义的民主政治制度，则是我们坚定的立场。我们知道，任何一个社会的通行的道德原则，都是同它的经济制度和政治制度相适应的，古今中外，概莫能外。如果一个社会的基本道德原则同自己的社会制度相背离，它就必然会成为一种反对这种社会制度的异己力量。这一点，在历史上也是屡见不鲜的。在一个社会的经济、政治制度没有根本变化的情况下，一般来说，它的道德基本原则，也只能随着这一社会的经济、政治制度的不断补充、发展和完善而相应地不断补充、发展和完善，而不能用另外什么同这一社会经济、政治制度不一致或相矛盾的某些原则去代替。集体主义的原则，并不是单纯地同计划经济相联系的，而是同社会主义的基本的政治制度和经济制度相联系的，那种认为实行市场经济就要改变社会主义的道德原则的思想，是一种似是而非的看法，应当加以澄清。由此可见，社会主义道德的集体主义原则，作为整个社会的价值导向和道德基本原则，是同社会主义本质相联系的，是贯串社会主义建设的整个历史时期的，任何对于社会主义集体主义道德原则的犹豫和动摇，都将对社会主义道德建设带来危害，有可能使我们的道德建设偏离社会主义的方向。这一点，是我们应当特别加以注意的。

第二，在强调集体主义作为社会主义道德的原则时，我们还必须对集体主义做出科学的、全面的解释，纠正在一段时期内对集体主义的种种误解。

在过去一段时间内，特别是在"文化大革命"中，在"左"的思想的影响下，曾经片面地强调了集体利益的"至上性"，忽视以至否认个人正当利益的合理性，存在过把集体利益同个人利益绝对对立起来的错误倾向。但是，一些人以此为理由，他们不是要纠正那种强加于集体主义之上的种种片面理解，而是要纠正集体主义本身，这就大错特错了。社会主义道德的集体主义原则，同"为人民服务"一样，是同社会主义的基本经济制度和政治制度相联系的，是同实现社会主义和共产主义的理想结合在一起的。马克思、恩格斯、列宁、斯大林等经典作家，在不同历史时期，从不同方面强调了无产阶级的集体利益高于个人利益这一原则对于革命和建设的重要意义。马克思的追随者、著名的共产主义思想家拉法格，最早把集体主义确定为同公有制相适应的一种思想原则。苏联十月革命时期的卢那察尔斯基在1925年发表的《马克思主义的道德观》一文中，明确提出共产主义的集体主义原则是同资产阶级的利己主义根本对立的。斯大林也多次肯定了集体主义原则。毛泽东同志在中国革命和建设的实践中，进一步强调了个人服从集体、局部服从全局的重要意义。邓小平同志从建设有中国特色社会主义的实践出发，强调："在社会主义社会中，国家、集体和个人的利益在根本上是一致的，如果有矛盾，个人的利益要服从国家和集体的利益。"① 还进一步指出："在社会主义制度之下，个人利益要服从集体利益，局部利益要服从整体利益，暂时利益要服从长远利益，或者叫做小局服从大局，小道理服从大道理。"② 并且进一步指出：我们提倡和实行这些原则，绝不是说可以不注意个人利益，不注意局部利益，不注意暂时利益，而是因为在社会主义制度之下，归根到底，个人利益和集体利益是统一的，局部利益和整体利益是统一的。在《在全国教育工作会议上的讲话》中，邓小平同志还十分明确地提出，要"把青少年培养成为忠于社会主义祖国、忠于无产阶级革命事业、忠于马克思列宁主义毛泽东思想的优秀人才，将来走上工作岗位，成为有很高的政治责任心和集体主义精神，有坚定的革命思想和实事求是、群众路线的工作作风，严守纪律，专心致志地为人民积极工作的劳动者"③。江泽民同志最近几年来，尤其强调集体主义精神在我国社会主义建设中的重要意义，他把集体主义提高到我国当前社会主旋律的高度，使我们加深了对集体主义重要性的认识。我国是一个拥有十二亿人口的社会主义大国，在处理个人同集体、个人同国家以及地方同中央的关系中，如果放弃或背离集体主义原则，其后果将是十分严重的。

社会主义的集体主义，有着多方面的内容。作为一种道德原则，根据我们的认识，它包含着相互联系、相辅相成的三个方面的内容。

其一，社会主义集体主义强调集体利益高于个人利益，提倡在集体

---

① 《邓小平文选》，2版，第2卷，337页。
② 同上书，175页。
③ 同上书，106页。

利益与个人利益发生矛盾时，个人要顾全大局，以集体利益为重，在必要的情况下，个人应当为集体利益而放弃个人利益，甚至为集体利益而献身。

强调集体利益高于个人利益，并不是说在任何情况下，都要无条件地牺牲个人利益，更不是对个性的束缚和对个人利益的抹杀。在社会主义国家中，我们必须把整个国家、整个民族的利益放在首位，只有在社会主义的集体之中，个人的个性才能够得到真正的发挥。至于说由于受到个人主义、享乐主义和拜金主义的腐蚀而产生的自私自利、损人利己的思想，由于它同集体的利益相背离，理应受到集体主义思想的制约，以消除其对社会、对集体所可能产生的消极作用。"集体利益高于个人利益"这一思想，是我国社会主义社会价值导向的一个重要原则，它对维护国家利益和民族利益，对团结全国人民，对发展社会主义的经济和政治，都有极其重要的意义。

其二，社会主义集体主义在强调集体利益高于个人利益的前提下，同时强调，集体必须尽力保障个人正当利益能够得到满足，促进个人价值的实现，并力求使个人的个性和才能得到充分的发展。

重视个人的正当利益，维护个人的尊严和价值，并使每个人的个性得到充分发展，是集体主义的一个重要内容，它本身就是集体主义的应有之义。马克思、恩格斯曾经指出："只有在集体中，个人才能获得全面发展其才能的手段，也就是说，只有在集体中才可能有个人自由。"这段话深刻地指出了"个人"发展与集体发展的辩证关系，那种认为强调集体主义就会约束个人和限制个人的观点，是毫无根据的；那种把集体主义看作"敌视个人"的观点，更是极为有害的。社会主义市场经济，从一定意义上说，是一种重视利益的经济，我们在强调国家利益和社会利益的同时，也要重视个人正当利益。只有很好地重视个人的正当利益的满足和个人才能的发挥，重视个人价值的实现，才能更有利于社会利益和国家利益的发展。在我们现实的某些集体中，也确实存在着忽视个人正当利益、忽视个人能动性的重要作用的现象，这对进一步发挥个人的积极作用，对更好地形成集体的活力，都是极为有害的，也应当引起我们的高度重视。

其三，社会主义集体主义强调，从根本上说，个人利益与集体利益是统一的，是相辅相成、辩证发展的。

在社会主义社会中，国家利益、集体利益和个人利益，归根结底是统一的。集体利益体现着个人的长远的根本的利益，是集体中每个成员利益的有机统一，而每个人正当的个人利益，本身就是集体利益的一个不可分割的部分。集体利益同个人利益的关系，又是辩证的。社会主义社会中的集体，是一种新型的代表着每个成员利益的真实的集体，因此，集体利益的发展和集体价值的实现，其本身就蕴含着个人正当利益的发展和个人价值的实现，因此可以说，没有集体的发展，也就不可能有个人的发展。同样，社会主义社会中的"个人"，都是生活、工作在一定集体中的个人，是集体一切活力的最根本的动力和源泉，因此，只有集体每个成员的个人活力和能动性能够得到发挥，每个成员的个人的价值能够实现，集体才能成为坚强有力、富有朝气和充满活力的集体。国家利益、集体利益和个人利益的辩证统一，赋予了社会主义集体主义以强大的生命力，这是它与以往一切剥削阶级的"整体主义"、"集体主义"的一个最本质的区别。

第三，集体主义作为社会主义道德建设的原则，对我们在社会主义市场经济条件下，加强社会主义道德建设，保证道德建设的正确方向，以及在全社会认真提倡共产主义道德，都有极其重要的意义。

我们实行社会主义市场经济以来，国家的经济、政治和精神文明等都取得了巨大进步，这是主流，是应当肯定的。但是，正像六中全会《决议》所提出的，"一些领域道德失范，拜金主义、享乐主义、个人主义滋长"，"一部分人国家观念淡薄，对社会主义前途发生困惑和动摇"等等，其中一个重要问题，就是在一些人中间，出现了把个人利益放在首位，"以个人为中心"，置集体利益和国家利益于不顾的倾向。社会主义的集体主义道德原则，就是要强调，在个人和他人、个人和社会的一切关系中，都要从国家利益和社会利益出发，从个人服从集体、局部服从全局、暂时服从长远的要求出发，正确地解决所出现的问题和矛盾。有些人以我国实行市场经济为理由而否认社会主义道德的集体主义原则，一个最大的错误就在于，他们忽视了我们所实行的市场经济是社会主义性质的，这就忘记了事物的本质，离开了发展的正确道路。因此，为了保证社会主义道路的方向，我们在道德上就必须坚持集体主义原则。

集体主义的原则，如同为人民服务的核心一样，都应当贯彻于社会主义道德的各个不同的领域和方面，是指导我们正确处理一切人际关系的一个基本原则。在社会公德和职业道德建设中，更应当特别强调和重视集体利益和国家利益，强调"集体利益高于个人利益"。对于家庭伦理道德来说，也只有坚持集体主义原则，把人民利益、国家利益放在个人利益之上，才能正确地处理好家庭成员之间的各种矛盾和关系。在社会主义社会中，一个置集体利益和国家利益于不顾的人，是不可能具有家庭美德的。从表面现象上来看，在人和人的关系中，似乎有一些只是牵涉到个人和个人、个人和家庭成员之间的关系，但归根到底，这些关系又都是同个人和社会、个人和国家的关系密切相联系的。正是从这一点出发，我们认为社会主义集体主义作为社会主义道德的原则，能够正确地调整我国社会各种人际关系，正确地调整个人同个人、个人同集体、集体同集体以及个人、集体同国家的关系，因而对提高我国人民的道德品质，形成扶正祛邪、扬善惩恶的社会风气，保证我国沿着社会主义道路向前发展，都有十分重要的意义。

怎样理解社会主义道德建设的核心与原则

——罗国杰教授谈学习六中全会《决议》中关于
社会主义道德建设论述的体会*

党的十四届六中全会通过的《中共中央关于加强社会主义精神文明建设若干重要问题的决议》，是以江泽民同志为核心的党中央，集中了全党全国人民智慧所制定的我国社会主义精神文明建设的跨世纪的宏伟纲领。《决议》强调了思想道德建设在精神文明建设中的重要作用。最近，本刊记者就社会主义道德建设的核心和原则的问题，采访了中国伦理学会会长罗国杰教授。

记者：《决议》第11条提出社会主义道德建设要以为人民服务为核心，以集体主义为原则，您是怎样理解的？

罗国杰：首先，我认为，《决议》提出"为人民服务"是社会主义道德建设的核心，是一种科学的概括，是对道德建设的一种新的认识。过去，在伦理学研究中，我们提为人民服务，往往是从三个方面来理解的：（1）把它当作一种正确的人生观；（2）把它看作"五爱"要求中的"爱人民"的具体内容；（3）把它当作革命人道主义的一项内容。现在把"为人民服务"当作社会主义道德建设的核心提出来，具有重要的理论意义和现实意义。具体来说，可以从以下几个方面来概括。第一，以为人民服务为核心，体现了道德建设的根本要求。什么是道德？一个人怎样才能成为一个有道德的人？用一句通俗的话来说，就是要有为他人

---

* 原载《中国党政干部论坛》，1997（2），采访记者为梁丽萍、周炳成。

服务、为社会献身的精神。一个人在社会中生活，总要处于不同的社会关系之中，处于不同的社会组织或社会团体之中，总要同其他人发生各种不同的关系。"道德"就是使人们能够时时处处想到别人、想到国家和社会，能够设身处地地为他人着想，推己及人、与人为善、服务他人，使他人能够因同自己的相处而得到益处。这样的行为，就是道德的行为；这样的人，就是一个有道德的人。康德说，道德之所以有崇高的美名，就是因为它伴随着牺牲。没有为他人奉献和牺牲的精神，就无所谓道德。而为人民服务的重要精神，就是能够为他人奉献，所以它是符合道德的根本要求的。第二，为人民服务，其含义还不只是一般地为人民服务，而是为广大人民群众服务，它反映了社会主义经济基础和政治制度的客观要求。社会主义经济是以公有制为主体的经济，最终目的是要消灭剥削，消除两极分化，实现全体人民共同富裕。从社会主义政治制度来看，我国是一个人民当家做主的人民民主专政的国家。社会主义道德作为对社会主义经济和政治的反映，不论任何时候，都不能忽视最广大人民群众的最大利益。我们强调"为人民服务"是社会主义道德的核心，就是要充分发挥社会主义道德的巨大能动作用，关心人民，爱护人民，急人民之所急，想人民之所想，扶危济困，帮危救难，以维护人民利益为最高要求，从而形成一种团结和睦的新型人际关系和热爱社会主义的氛围。第三，为人民服务还体现了社会主义道德的先进性要求和广泛性要求的统一。"应当在全社会认真提倡社会主义、共产主义思想道德"，这就提出了社会主义道德的先进性要求。另一方面，《决议》又指出，必须"鼓励支持一切有利于解放和发展社会主义社会生产力的思想道德，一切有利于国家统一、民族团结、社会进步的思想道德，一切有利于追求真善美、抵制假恶丑、弘扬正气的思想道德，一切有利于履行公民权利与义务、用诚实劳动争取美好生活的思想道德"，引导广大人民群众，不断地提高他们的思想道德水平。从一定的意义上来看，"为人民服务"这一思想既包含着社会主义道德的基本要求，也与向社会主义道德的最高要求"全心全意为人民服务"发展有必然联系，"为人民服务"和"为社会服务"的思想和行为的不断发展，就必然会培养起人们"全心全意为人民服务"的思想和信念。

记者：我们想插问一个问题，现在不少人把"为人民服务"同"人人为我，我为人人"相提并论，有的同志还提出革命导师列宁也曾阐述过"人人为我，我为人人"的命题，对此您怎么看？

罗国杰："人人为我，我为人人"最早出自基督教，后来为西方学者所应用。革命导师列宁确实也提出过"人人为我，我为人人"，但他是针对"人人为自己，上帝为大家"的论调而提出来的，主要是强调在当时的条件下，不要提"上帝为大家"，而要提"我为人人"。照我的理解，"为人民服务"可以包含"人人为我，我为人人"的内容，但二者绝不可以相等同，"人人为我，我为人人"可以为任何社会制度所接受，"为人民服务"却是社会主义社会所特有的。

记者：您这样解释，我们明白了。下面请您继续谈谈关于以集体主义为原则的问题。

罗国杰：社会主义道德建设在强调以为人民服务为核心的同时，为什么又提出以集体主义为原则呢？我个人体会，可能有以下几个方面的原因。第一，从道德建设本身来讲，道德是处理人际关系的行为规范。"为人民服务"是要在个人与国家、集体、他人的关系中来体现的。在处理个人与国家、集体、他人关系的过程中，必然遇到一个以什么为主的问题，特别是在个人与国家、集体、他人发生矛盾的时候，是个人服从国家、集体、他人，还是国家、集体、他人服从个人？这里就有一个遵循什么原则的问题。另外，在"为人民服务"的活动中，还有一个如何处理局部利益和整体利益的关系问题，如果两件事都是"为人民服务"的，究竟应该先办哪件？这里也有一个遵循什么原则的问题。所以，在社会主义道德建设中，必须有集体主义这个总原则，并贯彻于"为人民服务"的一系列活动中。第二，从社会主义道德的要求来看，它非常强调维护社会的整体利益，维护国家和人民的利益。这也就是从列宁到毛泽东、邓小平以及江泽民同志所反复强调的几个基本原则，即局部服从全局、个人服从集体、全党服从中央。这是社会主义制度所要求的，也是同西方资本主义制度根本对立的。资本主义道德以个人主义为原则，把个人利益的实现当作根本目的，把国家和集体当作实现个人利益的手段。社会主义道德也讲尊重个性，实现个人价值，但它是以不违背集体利益作为前提的。为了体现社会主义道德的特点，体现同资本主义道德的根本区别，必须强调以集体主义为原则。第三，在社会主义市场经济条件下，强调以集体主义为原则具有重要的现实意义。目前，在思想界，对集体主义存在种种非难和误解，造成社会上许多人的困

怎样理解社会主义道德建设的核心与原则

惑。一些人不是要纠正过去在"左"的情况下强加在集体主义身上的种种片面理解,而是要纠正集体主义本身,这就大错特错了。这就如同我们纠正对于社会主义的片面理解并不等于纠正社会主义本身一样。所以,针对思想界的实际情况,强调以集体主义为原则具有重要的现实意义。第四,从伦理学的发展历史来看,任何时代、任何社会的道德建设都讲原则,只不过是不同社会制度下道德原则不同罢了。集体主义原则,并不是我们现在才提出来的。资本主义社会中也有人提倡过"集体主义",但这种集体主义很快变为"工团主义"、"企业本位主义",正如马克思、恩格斯所说,资产阶级所说的集体不过是"虚幻的集体"。最早从共产主义的意义提出集体主义原则的,是马克思的追随者拉法格,他把集体主义确定为同公有制相适应的一种思想原则。苏联十月革命后,无产阶级伦理学家明确提出,社会主义伦理道德应当以集体主义为原则。在中国革命和建设的实践中,毛泽东同志进一步强调了个人服从集体、局部服从全局的重要意义。邓小平同志从建设有中国特色社会主义实践出发,明确提出:"在社会主义制度之下,个人利益要服从集体利益,局部利益要服从整体利益,暂时利益要服从长远利益。"并且进一步指出,我们提倡和实行这些原则,绝不是说可以不注意个人利益,不注意局部利益,不注意暂时利益,而是因为在社会主义制度下,归根到底,个人利益和集体利益是统一的,局部利益和整体利益是统一的,暂时利益和长远利益是统一的。上述论述都表明,集体主义是马克思主义伦理学的一条基本原则。在西方资产阶级学者那里,集体主义同社会主义是一个意思。凡是漫骂社会主义的都必然攻击集体主义,而且把集体主义当作攻击的主要目标,所谓不讲人权、扼杀个性等都是冲着集体主义来的。这也从反面告诉我们,在社会主义道德建设中必须坚持以集体主义为原则,以同资产阶级道德中的个人主义原则相区别,如果不明确这个原则,就会造成理论上和思想上的混乱。从更深的意义上来说,只有在强调以为人民服务为核心的同时,明确在处理个人与社会关系中的集体主义原则,才能保证我们社会的道德沿着社会主义、共产主义的方向发展。

记者:现在社会上有种看法,认为市场经济重视个人正当利益和个性发挥,而集体主义是与此矛盾的。因此,在市场经济条件下不应当再提以集体主义为原则,而应当代之以其他原则,您如何看待这种意见?

罗国杰：近些年来，社会主义道德建设中遇到的一个重要问题，是市场经济条件下还要不要坚持集体主义？我认为，集体主义绝不像某些人所说的是计划经济的产物，它是同社会主义的经济、政治制度紧密联系在一起的，只要社会主义的经济、政治制度不变，集体主义就不能丢弃。当然，它要随着市场经济的发展而不断地丰富、发展和完善。现在有些同志之所以对集体主义有怀疑，很重要的原因，是因为在过去相当长的一段时期里对集体主义缺乏全面的、辩证的阐述，造成对集体主义的误解。根据我们的认识，社会主义集体主义包含着相互联系、相辅相成的三个方面的内容：（1）集体主义强调个人利益同集体利益的辩证统一，强调集体利益同个人利益在根本上是一致的。社会主义的集体，代表着集体中每一个成员的利益，而集体中每一个成员的个人利益，又都把维护集体的利益作为首要的前提。（2）集体主义强调集体利益高于个人利益，提倡在集体利益与个人利益发生矛盾时，个人要顾全大局，以集体利益为重。在必要的情况下，个人应当为集体利益而放弃个人利益，甚至为集体利益而献身。（3）集体主义特别重视个人正当利益，并力求使个人的个性和才能得到最好的发展，使个人的价值得到实现。上述三方面的内容是统一的整体。但过去在"左"的思潮影响下，一些人片面强调了集体利益的"至上性"，忽视以至否定个人正当利益的合理性，只强调个人服从集体，忽略尊重个性、实现个人价值；另一方面，西方敌对势力和国内一些自由化思潮，也攻击集体主义，说什么集体主义就是限制人的个性自由，就是扼杀人的个性。其结果就造成了人们对集体主义的误解，认为集体主义就是服从，就是不要个人利益等等，对此，我们必须加以纠正，只要我们全面而准确地理解集体主义，就能看到它与市场经济是没有根本矛盾的。

记者：集体主义尊重个人利益，但它毕竟提倡把社会整体利益置于个人利益之上，这同市场经济的趋利性，同市场经济引导人们追求个人利益是不是存在不一致的地方？

罗国杰：在谈这个问题以前，首先要明白，我们搞的是社会主义市场经济，是把市场经济同社会主义的政治、经济制度相结合，同社会主义的精神文明相结合的。这就意味着，我们的市场经济要受到社会主义的经济、政治、文化制度的制约。所以，尽管同样讲市场经济是利益经济，同样承认利益是调动市场主体（包括企业和个人）积极性的杠杆，

怎样理解社会主义道德建设的核心与原则

但社会主义所讲的个人利益带限定词，指的是正当的个人利益，而资本主义不强调这个。更为重要的是，社会主义所讲的利益不单是指个人利益，还包括人民的利益、国家的利益，而资本主义所讲的就是纯粹的个人利益。所以，我们不能一般地来谈市场经济的趋利性，而要看到社会主义市场经济和资本主义市场经济的原则区别。在社会主义市场经济条件下，作为调动人们积极性的手段，既有物质的，又有精神的；既有个人利益，又有国家利益、全民利益。即使讲趋利的话，也是趋国家、全民、个人统一之利。如果这样来理解的话，集体主义同社会主义市场经济就没有什么不一致之处。

记者：您刚才讲集体主义也要随着市场经济的发展而不断地丰富、充实和完善，请谈谈具体含义？

罗国杰：在建立社会主义市场经济的新的历史条件下，我们对于集体主义的原则，也有必要根据新的情况加以补充和发展。具体来说，就是依据我国经济生活和思想道德情况的实际，对集体主义作出进一步的分层次的要求。社会主义集体主义，在具体的道德要求上，可以考虑分为三个层次。一是无私奉献，即全心全意为人民服务的层次，在个人正当利益得到满足的同时，自觉地为他人、为社会多做贡献。这一层次，是集体主义的最高层次，是一切共产党员、先进分子所力求达到的。二是先公后私的层次。这是对广大工人、农民、知识分子的要求。它强调集体利益高于个人利益，要求自觉地考虑集体、社会、国家的需要，努力为建设社会主义而尽自己应尽的义务。三是顾全大局，热爱祖国，遵纪守法，诚实劳动，遵守社会公德、职业道德和家庭美德，这是对每一个公民的基本道德要求。对集体主义作出分层次的要求，适应了发展社会主义市场经济的需要，也便于人们的道德水平由低向高发展。

记者：把集体主义分为三个层次，体现了道德要求的先进性和广泛性的统一。但还是有人会认为，现在既然是社会主义初级阶段，又实行市场经济，提出无私奉献的先进性要求是脱离实际的"空话"，对此应如何分析？

罗国杰：这种看法是不对的。道德不是对实然状况的描述，而是对社会应然要求的表达。如果大家都做到了，就无所谓道德。特别是道德建设中的先进性要求，它是同社会的经济、政治制度密切联系着的，不可能每个人都达到，但必须认真去提倡。道德要求没有了先进性的一面，就会失去方向和动力。认真提倡，努力去做，与完全达到是不同的概念。道德好比一座山，中间有着无数的阶梯，每个人攀登到什么程度，是由各种条件决定的，但不能因为只有一部分人能攀登到最高峰，就不去提倡，更不能认为鼓励大家去攀登，就是脱离实际。古人说得好："虽不能至，心向往之。"认为道德的先进性要求脱离实际，实质上是否定社会主义道德理想的现实基础和重要意义。

记者： 在建立社会主义市场经济过程中，出现了一种片面强调地方、部门利益，甚至搞地方保护主义的倾向，有人还堂而皇之地称这是维护集体利益，对此应如何看？

罗国杰： 集体主义所讲的集体，首先指的是国家和全民。集体利益，主要是指人民的利益和国家的利益。因此，只有能体现人民利益和国家利益的组织，才能适用社会主义的集体主义原则。如果某一组织体现不了国家和全民的利益时，它就不是真正的集体。现在不少人打着"集体"的旗号，谋取个人或小集团的私利，这同集体主义是大相径庭的。这种小团体主义、地方保护主义，实际上是放大了的个人主义，是同人民利益和国家利益相对立的，发展下去，就会为了个人、小团体或地方利益而反对人民利益和国家利益，是极为有害的。值得指出的是，这种小团体主义和地方保护主义，往往又打着"集体"的幌子，对群众有一定的迷惑性。因此，我们应该准确地理解集体主义的内涵，把社会主义道德建设真正搞好。

社会主义道德建设的核心[*]

在社会主义道德建设中，首先要弄清楚的问题就是社会主义道德建设的核心到底是什么。只有明确了这个问题，我们的道德建设才能有正确的方向、目的和原则，才能对全社会提出实事求是的道德要求，才能有切实可行的方法，从而达到社会主义道德建设的目的。

一、什么是社会主义道德建设的核心

党的十四届六中全会所作的《中共中央关于加强社会主义精神文明建设若干重要问题的决议》中，极其明确地指出："社会主义道德建设要以为人民服务为核心。"江泽民同志在党的十五大所作的政治报告中，再一次肯定并强调，我们的道德建设和道德教育必须要以"为人民服务为核心"。这一提法，符合我国社会主义初级阶段道德建设的现实状况，是对我国社会主义道德建设的核心所作的科学概括。社会主义道德建设"要以为人民服务为核心"的概括，是根据马克思列宁主义、毛泽东思想和邓小平理论对道德建设问题所做的重大发展，在理论上和实践上，

---

[*] 原载《道德建设论》，35～66页，长沙，湖南人民出版社，1997。收入本书时内容有改动。

都有重要的意义。

从理论上看，在我国社会主义革命和社会主义建设的很长一段历史时期内，尽管我们经常谈到"为人民服务"，但经常是把"为人民服务"作为无产阶级的人生观来理解，而没有提高到道德核心的高度来认识。在道德建设的理论上，我们比较详细地探讨了有关道德建设的原则、规范和职业道德等问题，探讨了有关道德教育和道德修养的问题，而在一定程度上忽视了道德核心的研究。从这一点来看，不能不说是我们近年来道德建设上的一个不足，是我们今后应当加以大力研究来弥补的。另外，从道德实践来看，把"为人民服务"确立为社会主义道德建设的核心，必将极大地激励人们去为他人做奉献的精神，形成整个社会的相互关心、相互帮助的良好道德风尚。

什么是"核心"？一般来说，核心是指一个事物或现象的最主要的部分，它居于一个事物或现象的中心，体现着该事物或现象的本质，是该事物或现象的灵魂。毛泽东在谈到中国共产党在中国革命事业中的作用时，曾经极其深刻地指出："中国共产党是全中国人民的领导核心。没有这样一个核心，社会主义事业就不能胜利。"邓小平同志也多次论述"核心"在一个事物中的重要地位，他不但反复强调"共产党是中国人民的领导核心"，并且从不同的方面，论述了"核心"在一个事物中的重要地位。在谈到"四项基本原则"的核心时，他说："我们坚持四项基本原则，就是坚持社会主义，坚持无产阶级专政，坚持马列主义、毛泽东思想，坚持党的领导。这四个坚持的核心，是坚持党的领导。"在谈到资产阶级自由化的核心时，他又说："资产阶级自由化的核心就是反对党的领导，而没有党的领导也就不会有社会主义。"在谈到一个集体的领导时，他强调："任何一个领导集体都要有一个核心，没有核心的领导是靠不住的。"由此可见，"核心"在一个事物或现象中，有着多么重要的意义。

什么是道德建设的核心？道德建设的核心，也就是道德建设的灵魂，它决定着社会道德建设的根本性质和发展方向，是一种社会道德区别于另一种社会道德的主要标志。一般来说，在道德建设中，从始至终，都必然要有一个统率一切道德原则、道德规范和职业道德、社会公德、家庭美德的指导思想，这个统率一切的指导思想，也就是我们所说的道德核心。道德领域中所有的道德现象，包括道德意识现象和道德活动现象，都要受道德核心的制约和规定，并以这一核心作为其出发点和最终目的。在阶级社会中，一个阶级的道德核心，可以说是这一阶级的伦理精神的体现，是这一阶级的道德所以区别于其他阶级道德的本质特征。一个社会的统治阶级，当它代表着先进的生产关系，体现着历史的进步要求，反映着广大人民群众的利益时，这一阶级的道德建设的核心，就一定能成为这一时代的伦理精神的精华，发挥着推动时代进步的精神动力的重要作用。

从道德建设的一般规律来看，不论任何社会或一个社会中的任何一个阶级，其道德核心，总是同其道德的根本出发点和根本目的联系在一起的，总是同其"道德"是为什么人服务联系在一起的。因此，我们也可以说，道德核心的问题，也就是一个"为什么人"的问题。自古以来，一切剥削阶级的道德的核心，都是为少数人服务的，或者是为奴隶主阶级服务，或者是为封建地主阶级服务，或者是为资产阶级服务；只有无产阶级的道德核心，才是为广大人民群众服务，即为人民服务的。

从道德建设的实践要求来看，人们往往较多地注意社会的道德原则、道德规范、道德修养以及职业道德等各方面的问题，从而忽视了道德核心在道德建设中的重要地位。为什么会产生这种情况呢？这主要是因为，道德原则、道德规范、道德修养以及职业道德等各方面的问题，是同人们的行为直接相联系的，是一个社会从道德上规范人的行为所必须经常提倡的。例如在封建社会，在道德建设上所极力倡导的，就是大家都非常熟悉的所谓三纲五常，即"君为臣纲，父为子纲，夫为妻纲"和仁、义、礼、智、信等道德要求，此外，儒家还提倡恭、宽、信、敏、惠、智、勇等"达德"。

但是，我们知道，在封建社会的这些道德要求和道德规范之中，有一个贯串其中的核心，这个核心就是维护封建社会的等级要求，即以维护该社会的尊卑关系作为贯串其中的核心。为什么在长期的封建社会中，在它的意识形态和道德教育中，总是只宣传它的道德规范和道德要求，而很少甚至根本不愿意提到它的这一道德核心呢？原因很简单，因为它代表的是剥削阶级，是压迫人民和剥削人民的阶级，它不愿意也不敢向人民公开它所提倡的道德核心。

同样，我们也可以看到，在古希腊的奴隶社会，有所谓"四大主德"的提出，即当时的思想家所说的"智慧、勇敢、正义和节制"。在欧洲中世纪，又有基督教的所谓"三主德"，即"爱、信、望"。但是，不论是奴隶主阶级还是封建地主阶级的思想家，他们都不愿意直接说出他们的道德核心是为少数剥削者服务的。在长达几百年的资本主义社会中，资产阶级的思想家在道德要求和道德规范上，也曾提出了功利主义、利他主义、利己主义、个人主义、自由主义等道德原则，提出了诚实、守信、俭朴、宽容等道德规范，但是，除了在资产阶级上升时期，有一小部分思想家能直接说出他们的道德核心以外，其中大多数的思想家都不愿意直接地、公开地说出"以个人为中心、一切为了个人"是他们的道德核心。他们对个人主义的解释，也往往只强调它的注重个人价值、个人尊严、个人自由的方面，而常常掩盖着它的"以个人为中心、一切为了个人"的更为核心的内容。之所以如此，就是因为他们要维护的社会，是一个允许人剥削人的社会，是一个主张两极分化和贫富悬殊的社会，是一个过分重视"个人的私利"而不重视社会公共利益的社会。

社会主义社会是当今世界上真正为着广大人民群众利益而奋斗的社会。掌握政权的工人阶级，是人类历史上最进步的阶级，代表着现代社会的最先进的生产关系。正如邓小平同志所指出的："社会主义的本质，是解放生产力，发展生产力，消灭剥削，消除两极分化，最终达到共同富裕。"因此，社会主义道德建设的核心，必然是同社会主义的这一本质相联系，特别是同它的最终要达到的"共同富裕"的目的相联系。

为什么说社会主义道德建设的"核心"应当是"为人民服务"呢？我们可以从三个方面来加以考察。

1. "为人民服务"这一思想，反映了社会主义社会的经济基础、政治制度和思想文化的客观要求

我们大家都知道，道德是社会的意识形态之一，是由一定的经济基础和政治制度所产生，并能动地作用于一定的经济基础和政治制度，从而为巩固和发展这一经济基础和政治制度而做出自己的贡献。社会主义的经济基础，是以公有制为主体的、多种经济成分共同发展的经济制度。在社会主义的初级阶段，我们既要强调非公有制经济同公有制经济在一个相当长的历史时期内的共同发展，更要坚持使公有制经济能够始

终处于主导的地位，使我们的经济建设最终能达到广大人民群众共同富裕的目的。因此，"为人民服务"，为广大人民群众服务，特别是为工人、农民和知识分子服务，是我们的根本目的。我们之所以强调社会主义的本质是解放生产力和发展生产力，主要就是因为，只有解放和发展了生产力，才能改善广大人民群众的生活水平，提高人民的福利待遇，才能消除两极分化，最终达到共同理想的社会主义和共产主义的目的。社会主义道德建设，作为社会主义经济的客观要求，不论任何时候，都不能忽视最广大人民群众的最大利益这一思想。我国实行社会主义市场经济以来，在国内，由于允许和鼓励多种经济成分有一个适度的发展，有一些人就因此淡化了工人阶级和广大人民群众的利益。更值得注意的是，极少数人，只知道追求个人的私利，根本忘记了广大人民群众的利益。在国外，西方敌对势力用种种手段，试图以资本主义私有制取代社会主义公有制，从而腐蚀、瓦解社会主义的经济基础，使中国沦为两极分化的、"完全西方附庸化的资产阶级共和国"。在这种情况下，我们强调"为人民服务"是社会主义道德建设的核心，就是要充分发挥社会主义道德的巨大的能动作用，关心人民，爱护人民，急人民之所急，想人民之所想，扶危济困，帮贫救难，以维护人民利益为最高要求，从而形成一种团结和睦的新型人际关系和热爱社会主义的氛围。从社会政治制度来看，我国是一个人民当家做主的人民民主专政的国家，只有人民，才是历史的创造者和推动者，我们的社会主义道德建设应当同我们的"国家富强、人民幸福"的奋斗目标紧密结合起来。由此可见，"为人民服务"既是我国社会主义社会经济制度的要求，也是同我国社会主义民主政治的发展相一致的。

"为人民服务"这一思想，是毛泽东同志最早提出的。早在1944年9月，毛泽东同志为了纪念为革命而牺牲的张思德同志时，专门写了一篇题为《为人民服务》的文章。他说："我们的共产党和共产党所领导的八路军、新四军，是革命的队伍。我们这个队伍完全是为着解放人民的，是彻底地为人民的利益工作的。"又说："因为我们是为人民服务的，所以，我们如果有缺点，就不怕别人批评指出。不管是什么人，谁向我们指出都行。只要你说得对，我们就改正。你说的办法对人民有好处，我们就照你的办。"他在这篇文章中，还进一步指出："只要我们为人民的利益坚持好的，为人民的利益改正错的，我们这个队伍就一定会兴旺起来。"① 在《论联合政府》一文中，他又再一次强调："紧紧地和中国人民站在一起，全心全意为中国人民服务，就是这个军队的唯一的宗旨。"从毛泽东当时所提出的要求来看，应当说，这是对革命军队新四军和八路军的要求，是对广大革命工作者的要求，是一个高标准的要求。

邓小平同志进一步发展了毛泽东同志的"为人民服务"的思想，在理论和实践上，都极其重视"为人民服务"的重要性。改革开放以来，他更明确地指出，人民满意不满意、人民高兴不高兴、人民赞成不赞成，应当成为检验我们一切工作的标准，把"我是人民的儿子"作为他对人民的信仰和尊重。由此可见，社会主义道德建设提出以"为人民服务"为核心，是有其丰富的内容和深刻的含义的。

"为人民服务"中的"人民"，究竟指的是什么？这也是我们在研究和贯彻社会主义道德建设的核心时所应当弄清楚的一个重要问题。"人民"是一个历史的范畴，在不同的历史时期，有着不同的内容。在1949年全国胜利前夕，毛泽东同志对它的解释是："人民是什么？在中国，在现阶段，是工人阶级、农民阶级、城市小资产阶级和民族资产阶级。"② 当前，我国正处在建设有中国特色社会主义的新的历史时期，"人民"这一范畴，也应当有所变化。工人阶级、农民阶级、一切坚持和拥护四项基本原则的社会主义的公民，都属于新时期的"人民"的范畴。当然，我们什么时候都不能忘记，在我们的社会主义国家中，工人阶级和农民阶级是我国所有"人民"的主体，而且，工人阶级是我们的领导阶级。我们在提倡和贯彻"为人民服务"这一道德核心时，一定要特别强调为广大劳动人民服务这样一个极其重要的思想。

2."为人民服务"是社会主义道德要求的集中体现

什么是道德？如果从理论上去下定义，我们就应当说，道德是社会生活中人与人之间的行为规范的总和。但是，这一定义又过于简单，容易引起各种不同的意见分歧。因此，伦理学家又从许多不同的方面，为道德下了各不相同的定义。我们暂时抛开伦理学家对道德所下的各种不同的定义，从通俗的意义上来对道德加以界说。或者说，用一句大家都比较容易了解的话说，道德就是能够为他人"服务"，就是能够为国家、

---

① 《毛泽东选集》，2版，第3卷，1004~1005页，北京，人民出版社，1991。
② 《毛泽东选集》，2版，第4卷，1475页。

为民族、为社会"服务",就是能够在社会生活中,在个人同他人的相处中,发扬一种献身的精神,随时随地去关心别人、照顾别人。因此,也可以说,道德就是一种为他人和为社会的献身精神,或者说是一种"服务"的精神。为什么人们都愿意被人称为有道德的人,而不愿意被人们称为没有道德的人?因为一个有道德的人,在人和人的相处中,是要为帮助别人做出大量的工作的,是要做出无私的献身和牺牲的。正是在这一意义上,德国著名的哲学家、伦理思想家康德曾经说过一句很著名的话:"道德之所以有如此崇高和美好的名声,就是因为它总是伴随着巨大的牺牲。"

一个人怎样才能成为有道德的人?这是许多人都想要了解和实践的一个问题。同样,我们也可以用一句通俗的话来说,一个人,如果他想成为一个有道德的人,他就一定要有为他人服务、为社会献身的精神。人们在社会中生活,总要处于各种不同的社会关系之中,处于不同的社会组织或社会团体之中,总要同其他人发生各种不同的关系。一个有道德的人,就是要时时处处想到别人,想到国家和社会,从而能够设身处地、推己及人、与人为善、服务他人,使他人能够因同自己相处而得到益处。这样的行为就是道德的行为,这样的人,就是一个有道德的人。一个有道德的人在践履服务他人、献身社会的崇高行为的过程中,必然会使自己的道德觉悟不断提高,思想境界不断升华,并受到社会的尊重,从而使自己身心获益。

中国古代思想家也正是从这一意义上来理解道德的。东汉时刘熙,根据"义以音生,字从音造"的传统,对"道德"的"德"字,作了很有意义的解释。他认为,"德者,得也,得事宜也。"这就是说,"道德"中的"德"字的音,是从"得到"中的"得"而来的,因此,所谓"德"就是在人和人相处时,要把这种关系处理得合适,使他人和自己都能有所得。东汉时期最著名的文字学家、《说文解字》的作者许慎,更明确地说:"德,外得于人,内得于己也。"即,一个有道德的人在同别人的相处中,对外,要使别人有所获得;对内,还要使自己有所获得。怎样理解许慎所说的"外得于人,内得于己"呢?近代著名的国学家刘申叔对许慎所说的"外得于人,内得于己"这句话,作了很有意义的解释。他说,对于一个有道德的人来说,他在同别人的相处中,一方面,能够"以善德施之他人,使众人各得其益",这就是"外得于人";

另一方面，能够"以善念存诸心中，使身心互得其益"，这就是"内得于己"。从人们在社会的实际生活中，我们也可以深切地感受到，一个人越是自觉地、真诚地、经常地为他人服务，为社会献身，他的道德就越高尚，他的思想境界就越崇高；他越是能够为他人做贡献，使他人有所得，他自己的道德情操就越高尚，心灵就越纯洁。中国古代先秦时期的思想家老聃曾经说过这样的话："圣人不积，既以为人，己愈有；既以与人，己愈多。"从原来的意义看，这句话似乎是从利益或者知识方面说的。这里的意思是："圣人"不事积蓄，全部都帮助了别人，自己反而更加富有；全都给予了别人，自己反而越来越多。如果我们赋予其新的意义，从道德上加以理解，也是很有启发意义的。这也就是说，在道德上，一个人，越是能够为别人做事，越是能够把东西给别人，那么，在自己的思想上和道德境界的提高上，就能够收获得越多。我们可以说，"为人民服务"、"为社会服务"，就是一种对他人、对社会的献身精神，这种自觉的献身精神的大小，是同自己的道德升华成正比例的。近几年来，在我国，曾涌现出许许多多道德上的模范人物，如徐虎、李素丽、李国安、孔繁森等，我们从他们的模范事迹和先进行为中，可以更清楚地看到，社会主义道德的核心，就是由他们这种崇高的"为人民服务"的精神所体现的。同时，我们也可以看到，正是在这种不断地为人民的过程中，这些先进人物的道德情操和道德境界也不断地得到升华，影响着更多的人向他们学习。在当前实行社会主义市场经济的情况下，在道德建设中，我们一定要加强广大人民群众之间的互相关心、互相爱护和互相帮助的教育，抵制拜金主义、个人主义和享乐主义思想对人们的腐蚀，使人们的思想道德素质，不断地得到提高。

3. "为人民服务"体现了社会主义道德建设的先进性要求和广泛性要求的统一，包含着社会主义道德的不同层次的要求，引导人们沿着社会主义道德的阶梯，不断向上攀登

正如我们前面所指出的，我们现在建设和发展有中国特色社会主义，最终目的是实现共产主义，应当在全社会认真提倡社会主义和共产主义道德，这是社会主义道德的"先进性"的要求；同时，我们还必须强调，现在既然是社会主义初级阶段，又实行市场经济，就必须注意广泛性的要求。

"为人民服务"作为社会主义道德建设的核心，它包含着极其丰富

的内容，也有着各种不同层次的要求。"为人民服务"思想，有它的最高要求，也有它的最低要求。它的最高要求，就是全心全意为人民服务。它既是共产党的宗旨，也是对共产党员和一切先进分子的要求。在全心全意为人民服务这一最高要求中，一心为公、大公无私、毫不利己专门利人等，都是它的体现。

在中共中央第十五次全国代表大会上所通过的《中国共产党章程》中，也明确地规定，在党的建设中，要"坚持全心全意为人民服务"的宗旨，这也是从党员的标准出发所提出的，是从"为人民服务"的最高要求出发的。

同时，我们也要看到，作为社会主义道德建设的核心，为人民服务还有一种低层次的要求，这就是在人和人的相处中，要尽量做到替别人着想，力求有利于他人、有利于社会，使自己的行为能够给他人和社会带来有益的结果。

在社会主义市场经济的条件下，不同的利益主体，从不同的利益要求出发，在遵纪守法和不危害他人利益的前提下，尽管是从追求个人的利益出发的，只要他们的行为同时是为他人服务的，这种行为，在道德上，就应当给以肯定。这里必须强调的是，行为者所追求的个人利益，只能是正当的，这种对正当的个人利益的追求，不但不能是损人利己的，而且还应当同时是想到要为其他人谋利益的。一个从事个体生产的劳动者，在他追求个人的正当的利益时，只要他能够想到，要依靠自己的诚实劳动，使自己的劳动产品符合质量的要求，货真价实，以求既有利于自己，也能有利于他人，这种行为，就是道德的行为。

在社会主义市场经济的条件下，一切劳动者对自己的正当的个人利益的追求，本身就包含着一种为他人、为社会的思想，即包含着为他人、为社会服务的思想。因为，这里所说的正当的个人利益，就是要有利于发展社会主义生产力，有利于提高广大人民群众的生活水平，有利于社会主义的国力的增强。

从一定意义上我们也可以说，在社会主义条件下，如果我们给以新的解释，那么，"人人为我，我为人人"也可以说是"为人民服务"的低层次上的要求。

"人人为我，我为人人"是一个在历史上早已存在的思想。在西方文艺复兴以后，资产阶级的政治家和伦理学家曾多次地用不同的形式表述这一思想,来反映资本主义商品经济条件下人们的经济关系和伦理关系。法国的经济学家加尼尔说:"每人为大家劳动,大家为每人劳动。"德国的著名思想家黑格尔说:"一个人劳动时,他既是为自己劳动也是为一切人劳动,而且一切人也都是为他而劳动。"这也就是资产阶级思想家所说的"一人为大家幸福,大家为一人幸福"。这一思想,历史上,是针对中世纪的"人人为自己,上帝为大家"的基督教思想的,曾经产生过非常进步的作用。但是,我们应当看到,"人人为我,我为人人"的思想,主要是从商品经济条件下人们的行为结果来看的,并没有强调行为者所应具有的"为他人"的善良的道德动机。列宁在十月革命后,针对基督教所倡导的"人人为自己,上帝为大家"的思想,他说:"我们将努力消灭'人人为自己,上帝为大家'这个可诅咒的准则,克服那种认为劳动只是一种差事,凡是劳动都理应按一定标准付给报酬的习惯看法。我们要努力把'大家为一人,一人为大家'和'各尽所能,按需分配'的准则渗透到群众的意识中去,渗透到他们的习惯中去,渗透到他们的生活常规中去,要逐步地却又坚持不懈地推行共产主义纪律和共产主义劳动。"在这里,列宁已经赋予了"人人为我,我为人人"以新的意义,把它作为新社会中人与人关系中的一种起码的要求,并希望能在此基础上,坚持不懈地推进共产主义纪律和共产主义劳动态度。

二、"为人民服务"是贯串道德原则、基本要求、社会公德、职业道德、家庭美德的一根主线

在社会主义社会中,一个人只有树立了"为人民服务"的思想,时时想着广大人民群众的利益,想到为人民服务,他才能够爱祖国、爱人民、爱劳动、爱科学和爱社会主义。因为,"为人民服务"是社会主义社会一切道德要求的最根本的出发点,离开了这个最根本的出发点,就不可能有道德的行为。

毛泽东同志曾经指出:"为什么人的问题,是一个根本的问题,原则的问题。"他还进一步指出,一个革命者,如果这个"为什么人"的问题不能得到解决,他也就不可能对革命事业做出应有的贡献。他强调:"我们说要学习马克思主义和学习社会,就是为着完全地彻底地解

决这个问题。"

1. "为人民服务"贯串集体主义之中

《决议》指出，社会主义道德有一个原则，这就是集体主义。我们知道，集体主义原则所要处理的关系，是个人同集体、个人同他人之间的矛盾，是强调集体利益高于个人利益的。但是，这里所说的"集体"，在我国当前的社会主义的初级阶段中，就是最广大的人民群众；我们所说的"集体利益"，就是人民群众的利益。因此，我们必须强调，在社会主义的道德建设中，"为人民服务"的道德核心，要从始至终地贯彻到集体主义的原则中去。

在社会主义初级阶段，所谓"集体利益"，从一般的意义上，人们可以理解为包含着不同层次的内容，如由不同的个体所组成的联合体的利益，也常常被人们称为集体利益。在大多数的情况下，人们把国家的行政机关和企事业的各个单位、各个部门的利益，称作集体利益。社会的公共利益，也属于人们日常所说的集体利益。在更多的情况下，我们把整个国家的利益、民族的利益，理解为社会主义的集体利益。我们认为，在提倡集体主义的道德原则时，我们对什么是"集体利益"应当有一个明确的界定。我们所说的"集体利益"，并不能等同于任何一个单位、一个部门的利益，如对一个机关、一个工厂、一个乡镇，甚至一个地区、一个省市的利益来说，只有它能够正确地体现国家的利益和人民的利益时，它的这一利益，才能够是我们所说的"集体利益"。如果一个单位、一个地区、一个企业，把自己的局部利益冒充为全国人民和全民族的"集体利益"，那么，这种所谓的"集体利益"，只能是一种狭隘的"本位主义"的体现。这种狭隘的"本位主义"，正像毛泽东同志所说的，不过是一种放大了的个人主义而已。由此可见，我们所说的"集体利益"，是以全国人民和全民族的利益为衡量标准的。

以上说的是，在社会主义道德建设的集体主义的原则中，我们必须从始至终地注意贯彻"为人民服务"这一道德核心的要求。

同时，我们还应当指出，社会主义道德的核心和原则，即"为人民服务"和"集体主义"，又是相辅相成的，它们之间有着内在的、密不可分的联系。在"为人民服务"的核心中，就包含着人民利益、集体利益高于个人利益的思想，也包含着为社会利益、集体利益在必要时牺牲个人利益的思想。在集体主义原则中，也同样体现着人民的利益是最高的利益，贯彻着个人利益要为人民利益而牺牲的思想。作为社会主义道德核心的"为人民服务"，强调的是我们一切工作的根本目的和出发点，都是为了广大人民群众的利益；而作为社会主义道德原则的"集体主义"，强调的是我们在为人民服务的活动中，在处理个人和他人、个人和集体的关系中，要能够从人民的利益出发，贯彻人民的利益高于一切的思想，更好地处理各种矛盾，从而使我们的道德行为，能够更好地维护人民利益和国家利益，更有利于有中国特色社会主义的现代化建设。

2. 社会主义道德建设有五个基本的要求，这就是爱祖国、爱人民、爱劳动、爱科学、爱社会主义

在这五个基本要求中，同样有一条贯串其中的主线，这就是"为人民服务"。在社会主义道德基本要求中，爱祖国、爱人民、爱社会主义这三项基本要求，是同"为人民服务"直接联系的。在任何一个社会中，要想培育广大人民群众的爱国主义思想，形成热爱祖国的道德意识，就必须强调社会的福利、国家的富强和人民的幸福，而这一切，都是同能否具有"为人民服务"的思想和觉悟相联系的。一个人，只要能够随时随地想到要"为人民服务"，他就一定能够爱护自己的祖国，保护自己的祖国，以至在祖国遇到外来敌人的侵犯时，不惜牺牲自己的生命来保卫自己的祖国。在社会主义社会中，爱祖国和爱社会主义是一致的。我们所爱的祖国，不是一般的国家，而是社会主义的国家，所以，爱祖国就是爱社会主义的中华人民共和国。

同样，"爱人民"作为社会主义道德的一个基本要求，它不是一个一般的口号，而必须要有爱人民的实际行动，即必须要在实际生活中，能够为人民服务。

即如"爱劳动"和"爱科学"，也都同"为人民服务"有着密切的关系。一个人，只有具备了"为人民服务"的思想和感情，深深地关注着人民的福利和生活水平的提高，他才能热爱劳动、热爱科学，力求在自己的全部工作和活动中，为人民做出更大的贡献。

在加强社会主义道德建设中，必须开展社会公德、职业道德和家庭美德教育，在全社会形成团结互助、平等友爱、共同前进的人际关系。而要形成这种人际关系，就更需要弘扬为人民服务的精神。

3. 为人民服务贯串三大社会道德领域

在职业道德建设中，《决议》提出了爱岗敬业、诚实守信、办事公

道、服务群众和献身社会五个主要方面。

这五个方面都是同"为人民服务"紧密联系在一起的,没有"为人民服务"的思想,就不可能"爱岗敬业"、"办事公道",更不能做到"服务群众"和"献身社会"。对职业岗位的无限热爱和对群众的真诚关心,都必然出于一种发自内心的为人民服务的献身精神。李素丽说得好:"不管有多少烦心事儿,只要一坐在票台前为乘客服务,我就特开心,什么烦恼都忘了。"也正是这种自觉的、真诚的为人民服务精神,使李素丽十五年来如一日,热爱自己的售票工作,把三尺票台看作自己"爱岗敬业"、"服务群众"和"献身社会"的广阔天地。

在社会公德方面,大力提倡"助人为乐"的精神,在当前尤为重要。一个人在社会中生活,免不了要遇到一些困难,甚至遭到某些不幸,总希望能够得到别人和社会的帮助。在社会主义社会中,人和人之间本应当是一种团结互助的友爱关系。但是,实行改革开放和发展社会主义市场经济以来,由于市场自身的弱点和消极方面的影响,一些人见利忘义,唯利是图,只顾自己,不管别人,甚至在人民群众的生命财产遭到严重危害时,仍然是"见义不为"、"见死不救"、冷眼旁观、麻木不仁。这种情况,不但毒害了社会主义社会中人和人之间的同志友爱关系,而且客观上往往造成使恶人更加肆无忌惮的严重后果。针对我国当前社会中的情况,加强"助人为乐"的教育,形成关心人民疾苦和"见义勇为"的社会风气,我们就必须强调发扬"为人民服务"的精神。

在家庭美德教育中,要做到尊老爱幼、邻里团结,在文明社区建设中,要改造旧习、移风易俗、形成文明健康的社会文化等等,都需要弘扬服务人民、献身社会的崇高精神。正是从这一意义上,可以看到,"为人民服务"是贯串整个社会各个重要领域的从始至终的一个重要思想。

三、树立为人民服务思想,加强世界观、人生观和价值观教育

为了更好地树立"为人民服务"的思想,我们有必要特别强调加强

世界观、人生观和价值观教育的重要。"为人民服务"既是社会主义道德建设的核心，同时，又是社会主义社会中人们应当信奉的唯一科学的人生观，而要能够形成和树立这一人生观，就必须树立起科学的世界观和价值观。

1. 什么是正确的世界观

世界观，又称宇宙观，通俗地说，就是人们对世界的总体的看法，也包括人们对自身在世界整体中的地位及作用的看法。它包括社会历史观、伦理观、审美观、科学观等。哲学是世界观的理论表现形式。在阶级社会中，由于人们是分为不同阶级的，不同阶级各有自己的不同的利益，因而他们对世界的各种看法，由于受不同的利益支配而出现差异甚至对立。不论是从剥削阶级的利益出发，或者从宗教神学的观点出发，或者是从小生产者的利益出发，他们对世界的看法，是同无产阶级的看法不同的。我们所说的世界观是马克思主义的世界观。

从世界观的内容来看，它作为人们认识世界和改造世界的总体看法，大体上包括相互联系又相互区别的三个主要方面。（1）从本体论上来看，世界的万事万物，究竟是统一于物质，还是统一于精神，是先有物质还是先有精神等根本问题。（2）从认识论来看，是先有实践、后有认识和理论，还是先有观念、理论，然后人们才能根据观念、理论去实践呢？是实践是检验真理的标准，还是理论是检验真理的标准？（3）从方法论来说，我们对世界各种事物的认识，是孤立地、静止地去看，还是从发展的、从辩证的、从对立面既斗争又统一的方面去看呢？从以上我们所列举的世界观的主要内容来看，我们也就可以看到，如果不能树立起正确的世界观，我们就不可能树立起"为人民服务"的思想。

我们所要树立的世界观是马克思主义的世界观，也就是辩证唯物主义和历史唯物主义的世界观。唯心主义的世界观认为，物质来源于精神，社会意识决定社会存在。形而上学唯物主义虽然在宇宙观上坚持物质第一性、意识第二性的原理，但它不能辩证地认识事物，最终在历史领域内走向了唯心主义。辩证唯物主义的世界观承认世界的物质性、客观性，承认物质世界是按照自身发展的辩证的规律运动和变化的，人的活动既要遵守客观世界的规律，又能够通过实践认识和改造自然界和人类自身。辩证唯物主义的世界观认为，社会主义必然代替资本主义是社会历史发展的不可逆转的总趋势；尽管在社会主义发展的长期过程中，还必然存在和发生这样那样的曲折和反复，但是，由于资本主义制度存在着无法克服的固有矛盾，社会主义必然要代替资本主义，并将最终发展成为共产主义社会。树立辩证唯物主义世界观，就能够增强社会主义和共产主义的理想和信念，提高为社会主义献身的力量和勇气，就能够在困难面前知难而进，在各种曲折复杂的情况下，保持革命的乐观主义精神。从国际共产主义运动所面临的情况来看，在苏联解体和东欧剧变之后，一些人之所以失去了对社会主义和共产主义的信心，徘徊动摇，裹足不前，甚至悲观失望，堕落蜕化，原因之一，就是没有能够真正树立起辩证唯物主义的世界观，被资本主义的暂时"得逞"所迷惑，看不到资本主义必然灭亡的本质，看不到社会主义将最终取得胜利的光明前途。国际共产主义运动的这种暂时的低潮，也还可能持续一段时期，在这种情况下，我们更应当加强辩证唯物主义世界观的教育，使广大干部、工人和农民，都能够从社会发展普遍规律的高度认识社会主义的光明前途，从而在建设有中国特色社会主义的伟大实践中坚定必胜的信心。

2. 什么是正确的人生观

在新中国成立后直到这次党的第十五次代表大会这段相当长的历史时期内，我们一直是从人生观的要求来理解"为人民服务"的。确实，从道德建设的总体上来看，"为人民服务"是我们的社会主义道德建设的核心；同时，从一个人的人生观来看，"为人民服务"又是一种对人生的目的和意义的自觉的选择。

在当前的社会主义社会中，人们都说要树立正确的人生观，但是，究竟什么是正确的人生观呢？不同的人有不同的认识。追求个人的私利，是一种人生观；追求物欲的享受，是一种人生观；追求金钱的满足，也是一种人生观。这些人生观，都是腐朽没落的人生观。我们所说的正确的人生观，就是为人民服务的人生观。人生观是一定世界观在考察人生问题上的应用和表现。从根本上说，世界观制约、影响甚至决定着人们的人生观。但从一个人的人生观、世界观的形成来看，最初，往往是自觉或不自觉地形成一种对人生的看法，而这种对人生的看法，又反过来影响世界观，积极作用于世界观的形成。人生观是人对人生的意义、目的和价值的根本看法。总的来说，人生观包括三个方面的问题：(1) 人生的意义。即人为什么活着、人怎样生活才算值得，这中间就包括对索取与贡献的看法。（2）人生的目的。人生最终追求的目的是什么，什么是人生的最高理想。（3）一个人为人处世的根本态度，有时也包含处世的方法，也可以说是一个如何做人的问题。其中，人为什么活着、人怎样生活才有意义和人生的价值问题，是人生观的核心。

在社会主义社会中的人们，由于经济利益和政治利益不同，处于不同的社会关系之中，从而形成不同的人生观。在阶级社会中，就是同属于一个阶级，但由于每个人所处的环境和接受的教育及自我修养的不同，也往往会形成不同的人生观。一般来说，人们的人生观必然要受到一定的经济、政治和环境的影响，但不同阶级和不同阶层的人，又可以主动地、自觉地选择自己的人生观。出身于非无产阶级的人，可以接受无产阶级的教育，刻苦锻炼，从而树立起马克思主义的世界观，成为坚定的共产主义者；相反，即使是出身于劳动人民家庭，接受的是社会主义的教育，在红旗下长大的人，如果不注意世界观、人生观、价值观的改造，仍然会受到各种非无产阶级思想的腐蚀，接受庸俗、腐朽的资产阶级的人生观。人生观的这种可选择的特点，说明加强人生观教育的必要性。深入持久地开展人生的意义、目的和价值的教育，强调为人民服务人生观的意义，就能够帮助广大群众真正懂得人生的真谛，从而自觉地选择为人民服务的人生观，为社会主义建设事业多做贡献。

在当前我国的社会中，从表现形式上看，有着纷繁复杂的、各种不同的人生观，但从根本上来说，主要有两种不同的人生观：一种是把人生看作为自己求得金钱、荣誉的以自己为中心的个人主义的人生观，也就是资产阶级的人生观；一种是以国家利益、人民利益为重并自愿为之奉献的人生观，也就是为人民服务的人生观。在建设有中国特色社会主义的伟大事业中，对每一个人来说，人生观的问题，也就是一个为什么人的问题，是人生一切问题中最根本的、首要的问题。这个问题不解决，不论是搞革命还是搞建设，是不可能兢兢业业的，也不可能做出什么成绩。如果一个人生活的目的仅仅是为自己、为家庭的私利而活着，即使在物质享受上能够得到满足，那又有什么价值？有什么意义？只有为他人的幸福、为社会的发展、为国家的兴旺做出贡献，使自己的工作能够造福人民、造福子孙后代，才是最有意义、最值得人们追求的人生，才是光荣的人生、闪光的人生。人生观的形成是一个发展过程，在这个发展过程中，充满着正确的人生观同错误的人生观之间的经常的复杂的甚至可以说是极其严重的斗争。中国古人曾说，学习如逆水行舟，不进则退，这对于确立正确的人生观来说，同样如此。一个经过革命生活锻炼并初步树立了无产阶级的为人民服务的人生观的人，在西方敌对势力的和平演变下，在资产阶级思想的腐蚀下，也有可能在这种斗争中败下阵来，放弃或者背叛早年自己所曾经真正信奉过的为人民服务的人生观，接受或信奉"人不为己，天诛地灭"、人都是自私的等资产阶级的人生观。值得我们注意的是，改革开放以来，在资产阶级的拜金主义、享乐主义和个人主义的腐蚀下，在社会主义革命和社会主义建设过程中，曾经树立起正确世界观的一些人经受不住考验，自觉不自觉地把金钱、享受、权力、地位当作人生的唯一目的去追求，陷入资产阶级的泥淖而不能自拔。因此，树立为人民服务的人生观，对我们来说，在今天有着尤为重要的意义。

一个人一旦形成了一种人生观，就能够产生一种力量，形成一种激情，从而鼓励人们去克服一切困难，以追求自己的人生目的。因而，一个树立了为人民服务的人生观的人，就会对人生的意义有真正的了解，就能够把人民群众的利益放在心上，力求为人民做好事，使人民能够从自己的工作中得到好处。一个人能力有大小，职业有不同，但只要有了为人民服务的人生观，就能够事事处处为人民着想，助人为乐，造福人民，成为为人民群众所欢迎的人。因而，全心全意为人民服务的精神，毫不利己专门利人的精神，应当成为我们时代的最崇高的精神，正像毛泽东同志所说的，只有具有了这种崇高的精神，才是"一个高尚的人，一个纯粹的人，一个有道德的人，一个脱离了低级趣味的人，一个有益于人民的人"。愈来愈多的人认识并树立起为人民服务的人生观，必将促使社会主义的事业更快地发展。

世界观和人生观有着密切的关系，正确的世界观是正确的人生观的基础，人们对人生意义的正确理解，是建筑在对世界发展变化及其规律正确认识的基础之上的。从这一意义上，我们可以说，人生观从属于世界观，没有正确的世界观，也就没有正确的人生观。因此，只有把握了社会主义必然要取代资本主义这一历史发展规律，才能具有对共产主义的坚定理想和信念，才能牢固地树立起相信人民、依靠人民、全心全意为人民服务的人生观。同时，人生观发生变化，又往往会反过来影响世界观的变化。人生观能够积极作用于人的世界观，对世界观的巩固、发展和变化起着重要的作用。现实生活说明，一个人在长期的革命生活斗争中曾经树立起革命的人生观和世界观，但如果经不起拜金主义、享乐主义和个人主义思想的腐蚀，一旦放弃了为人民服务的人生观，那么，他就必然会丧失对社会主义和共产主义的信念，从而背弃自己的崇高理想和世界观。

3. 什么是正确的价值观

一般来说，价值观是可以从多方面加以研究和界定的。从哲学上来看，价值观是关于物质的性质、构成、标准和评价的哲学学说，也叫价值论。它主要是从主体的需要和客体能否满足及如何满足需要的角度，考察和评价各种物质的、精神的现象及人们的行为对个人、阶级、社会的意义。一种事物或现象具有价值，也就是说该事物或现象对个人、阶级、社会具有积极的意义，能满足人们的某种需要，成为人们的兴趣、目的所追求的对象。价值是通过人们的实践实现的。由于人们的兴趣、需求和目的是不同的，因而所追求的目标也是不同的。在阶级社会中，由于从不同的利益关系去观察问题，从不同的情感去理解事物，价值观有明显的阶级性，不同的阶级有着不同的甚至截然相反的价值观。在当前，价值概念广泛应用于经济学、伦理学、美学、认识论及其他人文社会科学，在这些不同的知识领域中，有不尽相同的意义。在西方，资产阶级思想家曾经提出过各种各样的价值哲学。如主张自由意志的学者认为，价值就是人们的愿望的满足，凡是能够满足人的愿望的，就是有价值的。一些享乐主义的思想家则认为，价值就是快乐，能够使人得到快乐的就是有价值的。美国的哲学家培里认为，价值就是兴趣，能够引起人们兴趣的事物就是有价值的。杜威则认为价值就是事物作为手段，同实际地达到的目的的关系。马克思主义认为，从价值的一般本质来看，价值是现实的人同满足其需要的客体之间的一种关系。价值同人的需要有关，但它不是由人的需要所决定的。价值有其客观的基础，这一基础就是物质的、精神的现象所固有的属性，而这种属性，对于不同的人、阶级、社会有不同的积极的意义，并依照其意义的大小，决定其价值的大小。我们所说的价值观，是同世界观、人生观相联系的价值观，从一定的意义上来看，是从个人同集体、同他人、同社会、同国家的关系上来考虑的，是同人生的价值密切联系的。

根据上面的概括和分析可以看到，我们所要树立的正确的价值观，就是集体利益、人民利益高于个人利益的集体主义的价值观。集体主义既是社会主义的道德原则，又是人们所应当树立的价值观念。什么是价值？我们在价值观中所说的价值，并不完全等同于经济学中所说的使用价值和交换价值，而是指人们所认为的最重要、最值得人们去追求和珍视的东西，它既可以是物质的东西，也可以是精神的东西。

在中国古代思想史上，人们常用"贵"来表示"价值"这一概念。"贵义"就是把义看作最有价值的，"贵生"就是把生命看作最有价值的。价值观就是对什么最重要、最贵重、最值得人们去追求的一种观点和评价标准。处于不同的经济、政治利益关系中的人，必然会有不同的甚至截然相反的价值观。对于个人主义者来说，由于他处处强调以个人为中心，把个人看作唯一的目的，把社会看作达到个人目的的手段，因而他必然会认为，只有个人的一切才是最重要、最值得他去追求的，因而也就有最大的价值，相反，国家的利益将会被认为是没有价值的，也就不值得他去奋斗，更不值得他去献身。对于无产阶级和革命人民来说，国家的利益、人民的利益、中华民族的利益是至高无上的，是最重要、最宝贵、最值得去追求的，因而也就是最有价值的。正是从这一价值观出发，无产阶级认为，广大人民群众的利益，国家、社会的利益是我们评价一切事物价值大小和有无价值的最重要的标准。在建设有中国特色社会主义的过程中，我们面对着不断发展着的许多新事物、新情况和新矛盾，每日每时都向每一个人提出有关事物的有无价值和价值大小的许多现实问题，需要我们去判断和解决。对于社会主义和广大人民有利的事业，我们应当看作最有价值的，最值得我们去为之献身和追求的，我们应当尽力去做，反之，一切不利于社会主义事业和人民的利益的，我们就应当旗帜鲜明地加以反对。我们之所以强调要树立正确的价值导向来引导我们的人民，其意义就在这里。

中国古代的思想家，曾提出了一种"良贵"的价值观。孟子认为，对于一个人来说，最重要、最值得人们追求、最有价值的东西，是自己的人格，即自己的高尚的道德品质。他批评了当时的一些庸人，那些庸人只知道追求地位、荣誉，把爵位、官衔看作最值得追求的东西。孟子批评了这种错误思想。他指出，对于一个人来说，最值得追求的不应当是爵位和权势，而应该是一个人所应具有的高尚的道德品质，就是一种为国家、为民族、为社会的献身精神，也就是他所说的"杀身成仁，舍生取义"的精神。孟子说:"欲贵者,人之同心也。人人有贵于己者,弗思耳。人之所贵者,非良贵也,赵孟之所贵,赵孟能贱之。"这句话的意思是说希望得到尊贵和受人尊敬,这是人们共同的心理。但是,很多人只知道向外面去追求,而不知道自己本身就有可尊贵的东西,只是不去思考罢了。别人所给予的尊贵,并不是真正值得尊贵的。晋国的大夫赵孟,可以给一个人很高的官爵,但是,他也可以罢黜这个人的官爵,使他处于下贱的地位。他又说:"有天爵者,有人爵者。仁义忠信,乐善不倦,此天爵也;公卿大夫,此人爵也。古之人修其天爵,而人爵从之;今之人修其天爵,以要人爵,既得人爵而弃其天爵,则惑之甚者也,终亦必亡而已矣。"这里的意思是说,人们都认为,有一定的爵位是最值得尊贵的,但爵位可以分为两种,一种是道德爵位,一种是政治爵位。仁义忠信、喜好善行而不疲倦,这是道德爵位;公卿大夫,这是政治爵位。古时候的人修养自己的道德爵位,政治爵位也就随着来了;现今的人修养自己的道德爵位,是为了追求自己的政治爵位,而一旦获得了政治爵位,就会抛弃他的道德爵位,这就是非常糊涂的了,这种人,最终恐怕连政治爵位也会丧失的。孟子的这段话说明,一个人在社会生活中,最值得追求的就是自己的道德品质。因此,从这一意义上来看,对一个人的一生来说,只有自己的高尚的道德品质,才是最有价值的。

由此可见,对一个人来说,他自身到底有多大的价值,既不在于他有多少金钱和财富,也不在于他有多大的官职和多高的地位。如果一个人把他的财富和官职当作自己的价值所在,那么,当他没有财富和失去官职时,他也就一点价值都没有了。一个人的真正的价值,即所谓"良贵",就是自身的道德品质。当然,一个人的能力,从一定的意义上,也往往同一个人的价值有重要的关系,但能力必须同道德品质相结合。毛泽东同志在《纪念白求恩》一文中曾经极其明确地指出,白求恩同志的"毫无自私自利之心的精神",就是他的崇高的价值所在。他说:"我们大家要学习他毫无自私自利之心的精神。从这点出发,就可以变为大有利于人民的人。一个人能力有大小,但只要有这点精神,就是一个高尚的人,一个纯粹的人,一个有道德的人,一个脱离了低级趣味的人,一个有益于人民的人。"

人生观和价值观的关系既有相同的方面,又有不同的方面。价值观的范围较大,因为它泛指人们对一切事物的有无价值和价值大小的看法和标准,而人生观主要是对人生的意义和价值大小的一种根本看法。由于对人生的看法是人对其他事物看法的一个出发点,因而一个人对人生价值的看法,又必然会影响他对其他事物的看法,所以人生观在一个人的整个价值观中占有最重要的地位,人的正确价值观的确立和巩固,又能不断地促进正确的人生观的形成和发展。世界观是人生观的基础,人生观是价值观的出发点,它们相互作用、相辅相成。

4. 怎样才能树立起正确的世界观、人生观和价值观

首先,要认真学习有关世界观、人生观、价值观的基本理论,从思想上提高觉悟,认识树立正确的世界观、人生观、价值观的重要意义。在当前,学习和掌握马列主义、毛泽东思想和邓小平理论,学习江泽民同志关于世界观、人生观、价值观的讲话,有非常重要的意义。我们应当准确、科学地把握这些理论的精髓,深刻理解在当前形势下,树立正确的世界观、人生观、价值观的特殊的重要意义。特别应当指出的是,在目前形势下,树立正确的世界观、价值观和人生观,就能够立场坚定、方向明确,对我们坚持社会主义道路有着不可忽视的重要作用。

其次,要在实践中加强锻炼,不断地同各种非马克思主义以至反马克思主义的世界观、人生观、价值观划清界限,在意识形态和思想道德建设上,要提高政治敏锐性和识别力,对一切腐朽的东西,要进行坚决的抵制和斗争。正如江泽民同志所指出的:"意识形态领域,社会主义思想不去占领,资本主义思想就必然去占领。""树欲静而风不止",我们应当清醒地看到,西方敌对势力所大力进行的"西化"和资产阶级腐朽生活方式对我们侵蚀,最重要的领域,就是要从世界观、人生观、价值观上来腐蚀我们。一旦我们接受了西方的、资本主义的世界观、人生观、价值观,我们就必然会在建设社会主义的道路上迷失方向,误入歧途。西方敌对势力曾经以这种手段在某些国家得逞,现在正不遗余力地也要把它们的世界观、人生观、价值观强加给我们,这一点应当引起我们的高度的警惕。马克思主义强调理论对实践的指导作用,强调理论认识要在现实的斗争中得到发展。为了更好地树立正确的世界观、人生观、价值观,就必须旗帜鲜明地同一切反马克思主义的世界观、人生观、价值观划清界限,认清它们的危害,

肃清它们的影响。

最后，要自觉地进行自我改造，充分认识自我改造的长期性和艰苦性，活到老，学到老。当我们认识到什么是正确的世界观、人生观、价值观之后，一定要联系自己的思想和行为身体力行，不断地在实践中检查自己，进行必要的批评与自我批评。列宁曾经极其深刻地指出："资本主义旧社会留给我们的最大祸害之一，就是书本与生活实践完全脱节。"我们应当努力改正那种"书本与生活实践完全脱节"的情况，在实际生活中，认真培养和锻炼正确的世界观、人生观、价值观，更好地为社会主义贡献力量。一个人生活在社会中，不可避免要受到社会生活的影响。马克思主义科学的世界观、人生观、价值观是不可能自发产生的，而必须要经过教育、培养和在实践中的艰苦磨炼。即使在长期的革命斗争甚至战争年代中经受过严峻考验，已经树立或形成了无产阶级的世界观、人生观、价值观的人，如果不能继续锻炼、修养和自我改造，稍一放松，就有可能退后、滑坡甚至丧失掉已经树立或形成了的无产阶级的世界观、人生观、价值观，被资产阶级的世界观、人生观和价值观的糖衣炮弹所打中。实行改革开放和发展社会主义市场经济以来，在世界观、人生观、价值观方面所出现的问题，已经充分说明了这种情况的严重性。尤其值得我们注意的是，由于私有制经济的发展，特别是西方各种思潮的涌入，再加上享乐主义、拜金主义和形形色色的个人主义思想的泛滥，在我国当前的社会主义社会中，各种不同的世界观、人生观和价值观，相互斗争，相互激荡，对人们的世界观、人生观和价值观产生了种种不可忽视的影响。改革开放十几年来，不仅一些涉世未深的青年人受到错误思想的腐蚀，成为资产阶级腐朽生活方式的俘虏，就是一些经过锻炼的老党员、老干部，由于经受不住金钱、权力的考验，也有少数人蜕化变质、违法犯罪，成为人民的罪人。每一个有志于建设社会主义的先进分子，都要引以为鉴，见微知著，严格要求自己，增强在改造客观世界的过程中改造主观世界的能动性。

人类对客观世界的改造是永无止境的，在改造客观世界中，对人类自身的改造也是永无止境的。周恩来生前曾多次强调一个革命者改造自身的重要。他强调要"活到老，学到老，改造到老"。为了更好地建设有中国特色社会主义，我们一定要强调改造世界观、人生观、价值观的重要性。"改造思想"不但不是一件不光彩的事，而且还是一个坚定的、自觉的革命者的要求,是革命事业胜利的重要条件。只有这样,我们才能在前进的道路上经受住各种考验,才能抵制住一切腐朽思想的侵蚀,才能保持革命者的品质,推动我国的现代化建设沿着社会主义道路健康地向前发展。

"为人民服务"同"人人为我，我为人人"的区别与联系[*]

在当前的社会主义道德建设中，如何完整、准确、全面地理解作为社会主义道德核心的"为人民服务"的思想，以及"为人民服务"同"人人为我，我为人人"之间究竟是一种什么样的关系，辩证地分析和阐述二者的关系，是一个有关我们的道德建设能否沿着正确的道路健康发展的问题。

在市场经济的条件下，"人人为我，我为人人"能不能等同于"为人民服务"呢？最近，我看到了不少的文章，都持有这种大体相同的论点。如有的作者说："《中共中央关于加强社会主义精神文明建设若干重要问题的决议》指出：'社会主义道德建设要以为人民服务为核心，以集体主义为原则'，'为人民服务是社会主义道德的集中体现。在发展社会主义市场经济条件下，更要在全体人民中提倡为人民服务和集体主义的精神'。显然，'为人民服务'已从革命时期的阶级性概念转化成为今天全民性的社会伦理原则，其内在规定性是全体社会成员的'自我服务'和'相互服务'，即'人人为我，我为人人'。"[①]

接着，作者对这一观点，又继续作了更加详细的论证，其结论就是在当今的社会中，我们的社会主义道德建设核心"为人民服务"，完全

---

[*] 原载《中外企业文化》，2000（7）。收入本书时内容有改动。
[①] 魏爱琴：《构建社会主义市场经济的价值体系》，载《中外企业文化》，1999（2）。

"为人民服务"同"人人为我，我为人人"的区别与联系

等同于"人人为我，我为人人"，"为人民服务"在今天已经成为一个超阶级的、全民性的社会伦理原则，如此等等。

确实，"为人民服务"同"人人为我，我为人人"有着一定的联系，在社会主义市场经济的条件下，作为社会主义道德建设核心的"为人民服务"的思想中，包含着"人人为我，我为人人"的要求，但是，"为人民服务"却包含着更加丰富、更加广泛的内容，无论如何，不能把二者等同起来。如果把它们等同起来，我们就不可能正确地理解《中共中央关于加强社会主义精神文明建设若干重要问题的决议》，更不可能正确地构建社会主义市场经济的价值导向。

"为人民服务"的思想作为社会主义道德建设的核心，同社会主义道德建设的集体主义原则密切相联系，贯串整个社会主义道德建设的各个方面，包含着由低到高、由浅到深的各种不同层次的要求，是社会主义道德的广泛性和先进性的统一，是社会主义道德的最低要求和最高要求的结合。"为人民服务"作为社会主义道德建设的核心，一方面包含着"人人为我，我为人人"的要求，体现着社会主义道德建设在市场经济条件下的物与物交换背后的相互服务的关系；另一方面，"为人民服务"还包含着社会主义道德建设的最高要求，如无私奉献、大公无私、英勇献身、舍己为人等等，体现着社会主义道德建设在新时期仍然应当坚持的理想、信念和崇高的原则。如果把"为人民服务"同"人人为我，我为人人"完全等同起来，那就等于只承认社会主义道德建设的广泛性和群众性，从而取消或否认了社会主义道德的先进性。社会主义道德建设的一个重要原则就是群众性和先进性的统一。在强调社会主义市场经济条件下的道德建设时，我们有的同志，往往只强调它的群众性和广泛性而忽视了它的先进性，这是应当注意克服的。

"为人民服务"这一社会主义道德建设的核心，在今天的市场经济条件下，是不是"已从革命时期的阶级性概念转化成为今天全民性的社会伦理原则，其内在规定性是全体社会成员的'自我服务'和'相互服务'，即'我为人人，人人为我'"了呢？对于这一点，我们也要作全面的分析。

"为人民服务"这一思想，最早是由毛泽东同志提出来。1944年9月，毛泽东同志为了纪念为革命而牺牲的张思德同志，专门写了一篇题为《为人民服务》的文章。他说："我们的共产党和共产党所领导的八

路军、新四军，是革命的队伍。我们这个队伍完全是为着解放人民的，是彻底地为人民的利益工作的。"① 又说："因为我们是为人民服务的，所以，我们如果有缺点，就不怕别人批评指出。不管是什么人，谁向我们指出都行。只要你说得对，我们就改正。你说的办法对人民有好处，我们就照你的办。"② 他在这篇文章中，还进一步指出："只要我们为人民的利益坚持好的，为人民的利益改正错的，我们这个队伍就一定会兴旺起来。"③ "我们的干部要关心每一个战士，一切革命队伍的人都要互相关心，互相爱护，互相帮助。"④ 在《论联合政府》一文中，他又再一次强调："紧紧地和中国人民站在一起，全心全意地为中国人民服务，就是这个军队的唯一的宗旨。"从毛泽东当时所提出的要求来看，应当说，这是对革命军队新四军和八路军的要求，是对广大革命工作者的要求，是一个高标准的要求。应当说，"为人民服务"中所蕴含的这种崇高的、先进性的要求，至今仍然发挥着重要的作用，它鼓励和鞭策着社会主义建设中的先进分子和共产党员，成为他们的一个重要的精神支柱。

当然，我们也应当看到，在社会主义市场经济的条件下，"为人民服务"的思想随着时代的发展也有了很大的发展，在原有的意义上，又增添了新的内容，不认识这一点，我们也就无法正确认识和理解"为人民服务"在新形势下的重要作用。"为人民服务"的这种变化，是同我国改革开放以来政治、经济和文化上的变化，特别是经济上的变化有着密切的关系的。

从经济上的变化来看，改革开放以来，我国从过去的计划经济转变为市场经济，我国的所有制从公有制经济转变为以公有制为主体、多种所有制共同发展的基本经济制度；从经济成分来看，个体经济、私有经济、合营经济等都有了很大的发展，成为社会主义市场经济的重要的部分。与此相适应，凡是能遵纪守法、诚实劳动、热爱国家、拥护社会主义的公民，他们所从事的有利于发展社会主义生产力的活动和行为，在道德上都应该受到鼓励和肯定。尽管他们的活动和行为从主观的动机上来分析，主要是从个人的正当利益出发的，是为了在市场经济的生产和

---

①② 《毛泽东选集》，2版，第3卷，1004页。
③ 同上书，1004~1005页。
④ 同上书，1005页。

"为人民服务"同"人人为我，我为人人"的区别与联系

交换中获取正当的利益，但是，他们的活动和行为有利于社会主义社会生产力的发展，有利于人民生活水平的提高，有利于社会主义国家综合国力的增强，就这一意义上来说，从道德上对这种活动和行为加以肯定，是符合时代的要求的。

但是，我们还必须进一步强调，这一要求，只是社会主义道德在市场经济条件下的一个基本要求，或者说是一个最低的要求，除此之外，我们的社会主义道德，还有许多更高的要求。我们的社会主义道德，绝不能停留在这个要求上，更不能把这一要求看作唯一的要求，这是我们在进行社会主义道德建设时所必须注意的一个重要的问题。

作为社会主义道德建设的最高要求的大公无私、无私奉献、英勇献身、舍己为人等，是同实行共同富裕的社会主义理想结合在一起的。正如邓小平同志所反复强调的："社会主义的本质，是解放生产力，发展生产力，消灭剥削，消除两极分化，最终达到共同富裕。"因此，作为社会主义道德核心的"为人民服务"，即使在今天社会主义市场经济的条件下，也不能说已经完全成为超越阶级的"全民性的社会伦理原则"，成了同"共同富裕"的社会主义和共产主义相脱离的一种道德要求。

至于说到"人人为我，我为人人"的思想，我们也要准确地把握它的确切意义，正确地理解它在社会主义市场经济条件下适用的范围，弄清楚它同"为人民服务"之间的关系。

"人人为我，我为人人"的思想，是西方历史上很早就有的一个思想。就其渊源来说，古希腊就出现了这样的思想。基督教产生以后，"人人为我，我为人人"又成了基督教宣扬人与人之间的普遍之爱的一种理论。随着14、15世纪西方文艺复兴运动的发生和发展，"人人为我，我为人人"的思想就成为资产阶级人道主义的一种伦理道德要求，它反映了当时人们在人和人的关系上的一种良好道德愿望。正如当时的民谣所说的，当时社会上人际关系的实际情况是"人人为自己，上帝为大家"，而"人人为我，我为人人"的要求，只能是广大劳动人民在思想上所希望的。针对广大人民的这样的思想，在十月革命以后，列宁也说："我们将努力消灭'人人为自己，上帝为大家'这个可诅咒的准则，克服那种认为劳动只是一种差事，凡是劳动都理应按一定标准付给报酬的习惯看法。我们要努力把'大家为一人，一人为大家'和'各尽所能，按需分配'的准则渗透到群众的意识中去，渗透到他们的习惯中

去，渗透到他们的生活常规中去，要逐步地却又坚持不懈地推行共产主义纪律和共产主义劳动。"很显然，列宁这段话有两个方面的思想，一方面是，他所说的"人人为我，我为人人"的原则，是同"人人为自己，上帝为大家"的原则相比较而言的；另一方面是，我们还要在这一原则的基础上，加强纪律性和共产主义的劳动态度的教育。

总之，在贯彻《中共中央关于加强社会主义精神文明建设若干重要问题的决议》和加强社会主义道德建设中，我们一定要全面把握"为人民服务"作为社会主义道德核心的意义，认清"为人民服务"同"人人为我，我为人人"的区别和联系，认清社会主义道德建设的广泛性同先进性的统一，使我们的道德建设能够沿着健康的道路向前发展。

第四编
人道主义与公正原则

人道主义的两种含义[*]

胡乔木同志在《关于人道主义和异化问题》一文中明确区分了作为世界观、历史观的人道主义和作为伦理原则、道德规范的人道主义。这种区分是很重要的,在一定意义上可以说是一种新提法。具体地说,人道主义的这两种含义应该如何区分呢?

世界观和历史观是关于整个世界和人类社会产生、发展、变化的普遍规律的最根本的看法。作为世界观、历史观的人道主义与马克思主义的世界观、历史观的主要区别有:是从笼统的、抽象的、没有分化和区别的人出发,还是从一定社会中"从事实际活动的现实的人"出发?历史的动力是生产力的发展、生产力同生产关系的矛盾以及在阶级社会中表现这种矛盾的阶级斗争,还是人类的善良天性或理性?是用实践来检验真理,还是一切由理性来审判?改造不合理的社会,是依靠无产阶级和广大人民群众创造历史的活动,还是依靠抽象的概念、笼统的全人类或少数人唤起人性和改善人性的说教?未来的理想社会是依据经济关系、社会发展规律而必然实现的结果,还是以"人的天性"为最高标准而构想的蓝图?如此等等。在这些问题上,马克思主义和人道主义是根本对立的,是两种完全不同的思想体系。

伦理原则和道德规范,是专指在同一社会中的人为了调整人与人之

---

[*] 原题为《两种伦理观》,连载《中国教育报》,1984-04-24,1984-05-26。

间的关系而形成的一些行为原则和道德要求。原则对行为有总的指导意义，规范则是根据原则的总要求而作出的具体的行为规定。作为伦理原则和道德规范的资产阶级人道主义，其总的指导精神是"用人道的方法来对待一切人"。其具体的道德规范有：要尊重人、关心人、同情人、爱护人，不以他人作手段，不侮辱他人人格，不残害他人肉体，等等。

一定的伦理原则、道德规范与一定的世界观、历史观是既相联系又相区别的。伦理原则道德规范主要用于调整人与人的道德关系，而世界观、历史观是作为总的思想基础和观察问题的方法，指导人们的一切认识活动和实践，同时也指导人们认识和论证一定的人与人之间关系的道德要求。不同的世界观、历史观引申出不同的伦理原则和道德规范，但伦理原则、道德规范毕竟有自己的特殊作用，对世界观和历史观来说，又是相对独立的，并有自己的能动作用。因此，从一定意义上看，二者是可以区分开的。

区分人道主义的两种含义，可以澄清由于没有这种区分而造成的混乱，对于批评从抽象的人性出发研究伦理道德问题，用抽象的人道主义补充或取代马克思主义伦理学的错误倾向，也是十分有利的。

一、什么是作为伦理原则的资产阶级人道主义

从伦理思想史来看，资产阶级比较明确地把人道主义作为一种伦理原则和道德规范，这在历史上曾起过积极的作用。对此，乔木同志已经作了历史的分析。作为伦理原则的资产阶级人道主义是建立在资本主义经济基础上的，是同资本主义制度相适应的调整人与人关系的规范和准则，它是以唯心主义的世界观和历史观为理论基础的。因此，这种人道主义同我们所说的作为伦理原则的社会主义人道主义，有着本质的区别。

作为伦理原则的资产阶级人道主义有一个极为明显的特征，即强调要用人道的方法来对待一切人。"用人道的方法"和"对待一切人"，是这一特征的两个重要方面。一方面强调在人和人的关系中，要爱人；另一方面强调，行仁道的对象是"一切人"，是一个"类"，是一个笼统的、没有分化的、没有区别的共同体。为什么必须这样呢？其理由很简

人道主义的两种含义

单:"我们都是人"。作为人,我们都一样,自由平等、追求幸福是每个人的"天然权利",而互相同情、爱护、帮助则是每个人的道德义务。这就是从无差别的抽象的人出发推出的人道原则。在伦理道德的范围内,资产阶级人道主义的一切主张、要求和理想,都是和上述两个重要方面密切联系的。

从这些抽象前提出发,资产阶级人道主义在调整现实的人与人的关系时,碰到了理论上和实践上两个无法解决的矛盾:一个是博爱和暴力的矛盾,另一个是阶级差别与人类无差别的博爱的矛盾。

在博爱与暴力的关系问题上,资产阶级人道主义的伦理原则强调对任何人都要爱,都不应施以暴力这种"不人道"的手段,强调人道主义和暴力绝对不可调和。但现实生活中阶级斗争的严酷事实总是证明这种人道主义的要求是无法实现的。资产阶级本身就总是对人民危及其根本利益的反抗施以暴力,从而暴露了其"博爱"说教的虚伪。

在相互对抗、相互仇恨的阶级之间,人们怎么实现这种无差别的人类博爱呢?这也是一个克服不了的矛盾。资产阶级人道主义总是从抽象的人类本性出发,把人看作无差别的、相同的人,从而对人的爱也只能是无区别的、普遍的、共同的爱。但实际生活中的人并不是无差别、无分化的,而是有差别的,甚至是相互对立的。因此,这种资产阶级伦理观点必然同现实发生冲突,无法实现。

还须指出,资产阶级人道主义的伦理原则,它的一些具体主张、要求,在实践中可能表现为某些改良措施,但其总前提是维护资本主义制度,以不触犯这个制度为限,这是它的又一特点。资产阶级的所谓从人道主义出发的慈善事业、福利事业,尽管在有限的范围内可以暂时缓解一些人的困苦,但其目的只是为了维护资产阶级统治而掩盖其对劳动人民的剥削。这不排除单个真诚的人道主义者举办此类事业的目的是善良的。

此外,资产阶级人道主义作为伦理道德,一般总以个人主义为核心。它反对使"我"的利益服从社会的、整体的、他人的利益。资产阶级人道主义在早期虽然也有过一些使个人利益服从社会利益的进步思想,但归根到底还是以个人主义为核心的。在现代资本主义社会中,所谓人的价值、人的尊严和要求,往往直接表现为赤裸裸的个人主义。

值得一提的是,现代资产阶级思想家对马克思主义的攻击的一个重要方面,就是用资产阶级人道主义的个人主义反对马克思主义的集体主义。他们认为,只有个人主义才符合人道要求,因为它能尊重人的尊严、人的价值,把人当作目的而非手段。他们认为,马克思主义强调集体主义,就是忘记、忽视或否定了作为主体和目的的个人;强调集体利益高于个人利益就是把人工具化、手段化、非人化,就是抹杀人的个性,否定人的尊严,使个人无法发挥自己的独创精神,不能自己设计自己,无法自由发展以实现个人价值。在他们看来,提倡为共产主义整体事业做出贡献,就是以一个模糊不清的目的来破坏个人幸福的目的。总之,他们认为集体主义是极不人道、极不道德的,它使人陷入一种与自身利己本性相反的异化。在我们国内,也有些同志从抽象的人道主义出发,把个人同集体对立起来,片面强调人的价值、人的尊严,反对个人服从集体,认为"一不怕苦,二不怕死"不人道。这些都是资产阶级人道主义所鼓吹的个人主义的反映。"主观为自己,客观为别人"的口号,也是资产阶级"合理"利己主义的一种新的表述形式。

总之,作为伦理原则的资产阶级人道主义是以历史唯心主义的抽象人性论为思想基础的;它一般以不触犯资本主义根本制度为界限;鼓吹"勿抗恶",反对革命暴力;一般以个人主义为核心。表面看,它有普遍性形式,其实很狭隘,很虚伪,在很大程度上是不现实的,因而又是贫乏的。

二、什么是社会主义人道主义

简单地说,社会主义人道主义是社会主义社会一种对待人的伦理道德原则,是处理人与人之间新型关系的道德要求。这种人道主义,有着区别于作为伦理原则和道德规范的资产阶级人道主义的一系列根本特点。

社会主义人道主义首先是以马克思主义世界观和历史观为指导的。它反对从抽象的人出发,而是从一定社会的有分化、有差别的具体的人出发,由此引出对各种不同的人采取不同的道德态度和行为要求。毛泽东同志运用人的本质"是社会关系的总和"的理论,对"人"作了进一步解释,提出了区分"敌人"和"人民"等概念,这是马克思主义关于

人道主义的两种含义

"人"的问题的一个重要观点。基于这种区分，社会主义人道主义认为，革命的暴力不仅必要，而且是合乎道德和人道的。革命的暴力是实现对人民的爱的一个重要手段。对人民和敌人绝不能笼统地讲"博爱"，而是要"对己和，对敌狠"，这是社会主义人道主义的一个基本道德要求。当然，对敌人也还要具体区分，对有条件进行教育、改造的敌对分子，无产阶级、革命人民从来都采取人道的态度，以促使他们重新做人。这种立足于科学的历史观对人进行科学分析的人道主义，比那种从抽象人性出发的对敌以爱的人道态度，不知高明多少倍。

资产阶级人道主义一般以不触犯资本主义制度为前提，而社会主义人道主义站在人类大多数的立场上，代表广大人民的利益。社会主义人道主义的实现必须以突破资本主义制度的限制，消灭资本主义这一根本损害人民利益的制度，建立社会主义公有制为前提。这也是社会主义人道主义的一个根本特点。只有在社会主义制度下，个人和社会的基本利益归于一致，社会才能够真正做到对劳动者及其劳动和劳动成果的尊重，能够合理分配劳动产品，真正把满足社会成员日益增长的物质文化需要作为社会生产的目的，真正为劳动者逐步创造发展才能的必要的社会条件，真正体现出国家、社会对绝大多数人民的权利、利益、人格、幸福的尊重和关心，从而充分体现出人道主义的伦理道德意义。

以集体主义为核心是社会主义人道主义的又一根本特点。这种崭新的道德原则是在无产阶级革命斗争中产生的，并在社会主义公有制基础上得到更广泛的实行。它并不像资产阶级思想家所攻击的那样是反人道的，相反，正是由于集体主义原则的指导，才在实现人们的利益、幸福、价值和人的自由发展等方面，达到更高的水平。在剥削制度下，劳动者实际上只是作为工具意义、手段意义上的人而存在，对剥削者有手段的价值。劳动者为剥削者服务，剥削者却不为劳动者服务。劳动者作为手段创造了劳动成果，却不能作为目的享受应得的劳动成果。他们不是作为手段和目的的统一而存在的人。这也正是我们认为剥削制度最不合理、最不人道的地方。而在社会主义的劳动集体中，劳动者自己就是主体，就是目的。他们为自己劳动，劳动成果以全民所有、集体所有、个人所有三种形式由自己支配、享受，他们实现了自己作为手段价值的人和作为目的价值的人的真实统一。这种集体和集体主义的关系原则，对劳动人民来说，是最合理、最人道的。

在这种集体中，一个人首先要对集体、对他人做贡献，他的存在就有积极意义，即有手段价值；同时，集体和他人也把他当作目的，为他服务，他在集体中实现作为目的的价值。这里，个人价值的实现要以为集体和为他人的幸福去斗争、劳动为前提，以实现集体利益为前提。

在这种集体中，个人的自由发展才成为可能。一个人依据社会的需要越是努力为集体、为社会做贡献，他就越能找到各种充分发挥自己才干的途径。而集体财富的增长又反过来为个人提供更好的生存发展的条件。

在这种集体主义指导下，人们的道德观也必然发生深刻的变化。既然集体的劳动和斗争为实现个人的利益提供了最基本的保障，那么集体的存在和发展对于个人的生存、发展就具有最重大的意义。个人不把自己视为至高无上的存在目的，不是从自己能否从集体或他人那里赚得好处出发，而是尽自己的可能去关心集体、关心别人。可见，社会主义人道主义是以个人主义为核心的资产阶级人道主义所不可比拟的。

三、为什么社会主义人道主义同作为伦理原则的资产阶级人道主义有批判继承的关系

在道德发展史上可以看到，在前后相继的或同时并存的各社会、各阶级的道德之间，既有本质的区别或对立，又往往存在着许多特殊的联系，不可能一刀两断。对这个问题，只强调不同道德间的本质区别，否认任何联系，否认道德发展中的继承性，或者只强调联系和继承性，否认本质的区别，都是错误的。

恩格斯说过，在人类道德发展的各个历史阶段中，在各个阶级的道德中，由于客观上存在着一些共同的历史背景，"就必然具有许多共同之处"，"道德论必然是或多或少地互相一致的"[①]。正是那些共同的历史背景、没有变化的共同生活基础，决定了过去产生的一些道德要求在后来的阶段仍有作用，并为不同类型、不同阶级的道德所需要。在人类道德发展中，有的道德因素是可以长久保存的，这就是新旧道德可以前

---

① 《马克思恩格斯选集》，1版，第3卷，133页，北京，人民出版社，1972。

后承袭的因素。新经济基础决定新道德，所要批判、抛弃的是那些与旧基础相适应而与新基础相冲突的旧道德，而对旧道德中那些反映共同背景、共同生活基础的，对新经济基础仍有积极意义的因素，则不能简单否定，而需要批判地继承下来，否则，就会给社会实践带来危害。

作为社会主义伦理原则的社会主义人道主义，是在社会主义经济基础上形成的，但它并不排斥以往一些积极的人道主义的生活准则和理想，相反，正是与它们相联系的，是它们的进一步实现和发展。因此，社会主义人道主义同作为伦理原则的资产阶级人道主义，有批判继承的关系。批判继承，就是在马克思主义指导下，对资产阶级人道主义进行科学分析，抛弃其中那些与社会主义经济基础相冲突、与社会主义人道主义格格不入的东西，如唯心史观的思想基础，从抽象的人出发的方法，否认革命暴力的观点，维护资本主义制度的前提，以个人主义为核心等，并批判地接受其中关心人、爱护人、尊重人的人格、人的价值和幸福等内容，使之成为社会主义人道主义的因素并发挥其积极作用。

四、提倡共产主义道德和提倡社会主义人道主义是什么关系

在我们的社会生活中，存在着一些水平不同、难易程度不等的道德行为要求，因而表现出一些层次的区分。乔木同志的文章对此作了划分。这些不同层次大体可概括为：共产主义道德、社会主义人道主义、宪法规定的国民社会公德以及人类公共生活的一般准则等等。

从广义上说，共产主义道德是指无产阶级在共产主义运动中、在阶级斗争中形成的为这种事业服务的道德。列宁第一个提出"共产主义道德"概念，就是在上述意义上去解释它的。因此，我们可以把无产阶级革命道德、社会主义社会的道德和将来共产主义社会的道德，都称为共产主义道德。集体主义这个核心贯串共产主义道德发展的这三个阶段，而各阶段不同的历史条件使这个道德体系产生适应人们不同情况的不同层次的道德要求。

另外，"共产主义道德"特指为我们整个革命、建设事业（即共产

主义事业）服务的总道德中那些富于高度牺牲精神的道德要求。这种道德现在尚未普及，还表现为社会的最高道德，而在将来的共产主义社会，将成为为全体社会成员普遍接受的道德。

乔木同志文章讲，社会主义社会道德要求的所有不同层次是互相联系和渗透的。就是说，共产主义道德要求和社会主义人道主义要求在集体主义原则的统率下，有相互渗透的方面。达到了共产主义道德境界的人，其精神必定也在达到低层次道德要求的行为中体现出来；而接受了社会主义人道主义行为要求的人，道德上还需进步，从较低层次走向更高的共产主义道德。

在社会主义社会的伦理道德要求总体中，共产主义道德起着统率和指导的作用。在现时代，一般来说，共产主义道德是无产阶级及其先锋队所应当身体力行的，同时又对广大群众的道德进步起指导作用。在社会主义社会的相当长的历史时期内，不能要求每个社会成员都成为共产主义者并按相应的道德去行动，但这绝不是说现在不应该用共产主义道德广泛地教育人民，引导人们，正好相反，必须用共产主义道德广泛地教育人民，并要求共产党员和一切先进分子率先按这种道德去行动，通过他们的身体力行去带领群众，号召群众。

应该说明，不应把社会主义人道主义看作道德要求的最高层次、最高标准。那种以人与人之间关系的人道程度的高低作为人类道德进步标准的观点，是不妥当的。一般来说，社会主义人道主义的主要要求是：每个人要尽可能地关心他人，特别是要关心普通劳动者、普通知识分子、普通服务人员和普通顾客，尤其是普通妇女、普通儿童、普通老人和有残疾的人。马克思主义者反对抽象的人性论，但绝不是否认无产阶级、人民大众的人性，绝不是反对我们的革命者和劳动者对人的关心、尊重和同情；相反，这些是社会主义社会的每个公民都希望得到的，也是容易为绝大多数人接受并付诸行动的。因此，社会主义人道主义有更广泛的社会基础，实行它，对调整社会主义社会中人与人之间的关系有重要作用。

高层次的共产主义道德和低层次的社会主义人道主义是相互联系的。高层次的道德要求，也要通过低层次的要求来体现；低层次要求的认真实行，又将有利于高层次道德要求在更广泛的范围内实现。两种层次的道德虽有不同，但也不能分割开来实行，不能用高层次要求去取代低层次的要求,也不能只讲低层次要求而取消高层次的要求。二者的实现是互相联系、互相补充的。

还要说明,共产主义道德和人道主义还是互相渗透的。共产主义道德的基本原则是集体主义,这种集体主义又不同程度地渗入社会主义人道主义之中,并统率着这一层次的道德要求。没有集体主义指导的人道主义,不是社会主义人道主义,只能是个人主义的人道主义。社会主义人道主义的同情、关心、爱护人的思想,也渗透在共产主义道德的热爱人民、全心全意为人民服务等道德要求之中。

五、为什么要宣传和实行社会主义人道主义,这在当前有什么重要的现实意义

首先,宣传和实行社会主义人道主义,最重要的原因可以说是我国社会主义社会生活的需要,是完善人与人之间道德关系的需要,是维护广大人民的利益的需要。正像乔木同志的文章所指出的,由于长期封建思想的影响和资产阶级腐朽思想的影响,由于文化落后和经济落后,在我国现实生活中,违反人道原则的现象仍不同程度地存在。为抵制这些影响和消除反人道的现象,为建立新型的人与人的关系,维护人民的利益和幸福,就需要宣传和实行社会主义人道主义。

在封建社会中,人与人关系的最根本的特点是依照宗法等级关系来决定人的高低贵贱。封建关系造成了人和人关系中的两种现象:居于较高等级的人,只要求从属者绝对服从他;而处于较低等级的人,为保持自己的地位而不敢反抗。在这种等级地位高于一切的社会中,人与人之间不可能有平等。与封建等级制度相对应,存在着要求对等级制度绝对忠诚的封建道德原则,以及人对人的等级歧视、对妇女的歧视等道德观念。

我国社会主义制度的建立,为消除旧的关系、形成新型的人与人之间的关系创造了条件,并形成了相应的新风尚。但是,严重的封建传统影响和资产阶级腐朽思想的影响还存在,愚昧落后的状态也在许多地方不同程度地存在。因而人与人之间还存在一些缺乏相互关心、爱护、尊重、同情的现象,甚至还有严重的反人道的罪恶现象,如溺

婴、虐待老人、对他人进行人格侮辱或肉体摧残等。此外，一些干部中还有特权思想、家长作风、官僚主义，只要求下级服从上级，而不知道关心人民群众。这些状况对我国社会主义事业的发展、对人民的利益是极其有害的。因此，我们应该努力宣传和实行社会主义人道主义，"使社会主义的人道主义，随着社会主义的经济建设、政治建设和文化建设的发展，像社会主义制度所要求的那样得到最充分的实现"。

其次，宣传和实行社会主义人道主义，对反击国外资产阶级的恶意攻击，争取各国进步人士和广大劳动人民对社会主义制度的了解、支持和向往，对澄清国内一些群众、一些青年对这个问题的模糊、混乱的认识，也都有重要意义。人道主义作为一种伦理道德理想，虽然在资产阶级那里有很大的虚伪性和欺骗性，但在资本主义世界有广泛、深刻的影响。因此，我们应举起社会主义人道主义的旗帜，广泛地团结世界各国人民，回击反动的资产阶级思想家对社会主义的攻击。在国内，也能有助于广大群众和青年更好地识别资产阶级人道主义及资本主义制度的本质，认识社会主义制度和社会主义人道主义的优越性。

再次，宣传和实行社会主义人道主义，是进行共产主义道德教育的需要。共产主义道德是现时代人类的最高道德，但有时被一些人看成是高不可攀的。尽管这种想法不对，但应该承认，共产主义道德的高标准要求确实要人们经过长期的道德实践才能达到。因此，教育人们先从较低的要求做起，是使他们接受共产主义道德教育、达到共产主义道德要求的前提。而社会主义人道主义正是这种容易为大多数人从自己实际行动做起的道德要求。宣传和实行社会主义人道主义，有助于人们不断培养起关心他人、关心整体的高尚思想，使他们在道德阶梯上一步步向前迈进，逐步进入更高的共产主义道德境界。

最后，宣传和实行社会主义人道主义，还有一些特别的积极意义。例如，它将推动哲学、伦理学及其他一些社会科学去研究许多重要的理论和实践的问题，像"人性"、"人的价值"问题，人类人道关系的历史进步规律问题，中国古代一些人伦理想同人道主义的关系问题等。又如，为社会主义服务、为人民服务是指导文学艺术健康发展的根本方针。但文艺是要表现人的，以社会主义人道主义的观点来表现新型的人与人之间的关系，对真实的人性、人情、爱国心、正义感和普通公民的人格的尊严作具体生动的描写和表现，会使社会主义文艺产生积极向上的感召力和教育意义。所以，正确理解社会主义人道主义，有助于文艺创作避免宣传资产阶级人道主义或简单化地否定表现人性、人情等错误倾向，有助于开创更加繁荣兴盛的新局面。

社会主义人道主义和抽象人道主义的对立[*]

一、怎样理解"人"和人道主义

人道主义，从历史上来说，主要是指从 14 世纪后半期所兴起的一种资产阶级思想体系。在开始，称为人文主义，后来发展为 Humanism，即人道主义。当时的人道主义者提出了许多著名的口号，例如：我们都是人，我们应关心自己的同类；人应该关心一切人，尊重一切人；人人都应该满足自己的感性需要；人应该有个性的自由，反对对个性的压抑；人们之间应该实行博爱，反对使用暴力，因为暴力是不人道的；等等。这种思想反映了资产阶级反对封建专制和宗教神学的要求，在历史上曾发生过重大的作用。

如果把资产阶级人道主义的要求概括起来，它有一个极为明显的特点，这就是：要用人道的方法对待一切人。这一特点，又可以分为两个方面：一个方面是在人和人的关系中，要实行人道，就是要尊重人的价值，把人当作目的，强调人对人的博爱，反对对人施加暴力；另一个方

---

[*] 原载《毛泽东思想论集——纪念毛泽东同志诞辰九十周年》，北京，中国人民大学科学研究处，1984。

社会主义人道主义和抽象人道主义的对立

面就是强调它所说的"人"是一个"类",也就是说,要从人与人的共同本性出发,反对把人们分为等级和阶级,强调对一切人或所有人的爱。从历史上来看,资产阶级的人道主义在反对封建专制和宗教神学的斗争中,确实起过进步作用,但是随着历史的发展,资产阶级的这种人道主义愈来愈成为掩盖资产阶级剥削工人阶级的一种虚伪欺骗。无产阶级正是在这种人道主义的喧嚣中,遭受着资产阶级的剥削和压榨,无产者作为资本家榨取剩余价值对象的地位,丝毫没有得到改变,无产阶级永远也不会作为目的本身受到资产阶级的尊重。

马克思主义是关于无产阶级解放条件的学说。正像恩格斯所说,无产阶级要解放自己,必须要解放全人类。只解放自己而不解放全人类,或者说在解放自己以后,不能有效地改造以前的剥削阶级和压迫阶级,不能改造其他的小私有者阶级,无产阶级自己的解放也就必然不能保持。在中国这个社会环境中,小生产者像汪洋大海一样包围着无产阶级,各种私有的习惯、心理、活动还从各个方面来影响和侵蚀着无产阶级。而且,剥削阶级如果得不到改造,必将会用各种手段来推翻无产阶级的政权。正是在这个意义上,无产阶级才强调,只有最终把全人类都解放出来,无产阶级自己才能获得彻底解放。因此,也可以说马克思主义是为了全人类彻底解放的一种学说。

但是,正如马克思、恩格斯所指出的,"'解放'是一种历史活动,而不是思想活动,'解放'是由历史的关系,是由工业状况、商业状况、农业状况、交往关系的状况促成的……"① 马克思主义的阶级斗争理论告诉我们,无产阶级为了最终解放全人类,首先必须推翻剥削阶级的统治,必须建立无产阶级专政,必须对阶级敌人实行改造,在必要的时候,还必须对他们施加暴力。这样,在关于"人"和人道主义的问题上,马克思主义就提出了前所未有的新问题,就是要区别革命和反革命,区别无产阶级和资产阶级,区别人民和敌人。这是历史上在对待"人"的问题上的一个重大变革。马克思主义不再是从抽象的、一般的、没有分化的、没有区别的、作为类的"人"出发而空谈什么对"一切人"、"所有人"的"人类之爱"。它强调的是:是自己人,还是敌对阵营的人?是人民,还是敌人?在阶级社会中,马克思主义坚决摒弃所谓

---

① 《马克思恩格斯全集》,中文1版,第42卷,368页,北京,人民出版社,1979。

"爱一切人"、"把一切人当作人看"的抽象说教。

有的同志认为，存在着一种"一般的人道主义"，这种一般的人道主义的特点就是尊重人、爱护人、关心人等等。那么，在存在阶级对立的社会里，有没有这种不加区别地彼此相爱的"一般的人道主义"呢？这种一般的人道主义到底又是为哪个阶级的利益服务，反映了哪个阶级的利益要求呢？如果我们对它进行马克思主义的分析，不难清楚地看到，这种抽象的人道主义实质上只能是一种乔装打扮的资产阶级人道主义。

毛泽东同志在中国革命实践中，把马克思主义和中国的革命实际紧密相结合，在如何对待所谓"人"的问题上，提出了明确的看法："谁是我们的敌人？谁是我们的朋友？这个问题是革命的首要问题。中国过去一切革命斗争成效甚少，其基本原因就是因为不能团结真正的朋友，以攻击真正的敌人。革命党是群众的向导，在革命中未有革命党领错了路而革命不失败的。我们的革命要有不领错路和一定成功的把握，不可不注意团结我们的真正的朋友，以攻击我们的真正的敌人。"

特别重要的是，毛泽东同志运用唯物辩证法的观点，不但指出要区别人民和敌人，反对从抽象的人出发，而且还指出了在不同历史时期，人民这一概念包含着不同的内容。"人民这个概念在不同的国家和各个国家的不同的历史时期，有着不同的内容。拿我国的情况来说，在抗日战争时期，一切抗日的阶级、阶层和社会集团都属于人民的范围，日本帝国主义、汉奸、亲日派都是人民的敌人。在解放战争时期，美帝国主义和它的走狗即官僚资产阶级、地主阶级以及代表这些阶级的国民党反动派，都是人民的敌人；一切反对这些敌人的阶级、阶层和社会集团，都属于人民的范围。在现阶段，在建设社会主义时期，一切赞成、拥护和参加社会主义建设事业的阶级、阶层和社会集团，都属于人民的范围；一切反抗社会主义革命和敌视、破坏社会主义建设的社会势力和社会集团，都是人民的敌人。"

正由于对"人民"和"敌人"的这种区分，马克思主义认为，从一定的意义上看，革命的暴力不仅是必要的，而且它本身就是合乎正义的。革命的暴力是维护最大多数人的利益所必需的。在阶级社会中，对敌人的"博爱"，就是对人民的残忍。尽管有些天真善良的人们想对自

社会主义人道主义和抽象人道主义的对立

己的敌人施行"博爱",而实际上,这种"博爱"最后总是转化成对人民的残忍。资产阶级人道主义的思想家虽然在理论上可以否认、排除、掩饰现实生活中敌对阶级之间的你死我活的斗争,鼓吹什么"人类之爱",但是在实践上,这种对立却是绝不会因此而消失的。正是这种原因,我们认为资产阶级所说的对一切人的关心,也就只能是一种对无产阶级的欺骗。

在我国,曾经历了十年动乱的"文化大革命",在全国人民亲身经受了这十年动乱之后,特别是很多人都直接或间接地经受过种种残酷斗争、无情打击的"非人道"对待后,有些人希望在理论上找到这种"非人道"的原因。这种情况是完全可以理解的。但是,在有些人看来,中国之所以有"文化大革命"的十年动乱,就是因为过去批判了人道主义。他们甚至说,今后再也不批判人道主义了。似乎连资产阶级的人道主义,他们也不愿意批判了。在他们看来,为了使中国今后能避免十年动乱中所发生的种种"非人道"的行为,最重要的就是要用人道主义来"补充"、"丰富"马克思主义。这种看法是不正确的。十年动乱中,林彪、"四人帮"对广大干部的残酷斗争、无情打击,至少说,主要原因并不是因为在过去批判了资产阶级人道主义所造成的,而是有着深刻的政治上的原因,这是我们很多人都了解的。确实,"四人帮"曾借着批判资产阶级人性论和人道主义,以达到他们打击老干部的目的,但我们不能因此就不批判资产阶级的人道主义,更不能因此就不坚持马克思主义的基本理论。

马克思主义是不是反对人道主义?这要具体分析。它只反对资产阶级的人道主义,反对抽象的人道主义,绝不是要反对任何意义上的人道主义。马克思、恩格斯在建立起科学的唯物史观后,就把这种抽象的人道主义摒弃了。在无产阶级革命的战争年代和社会主义建设时期,无产阶级提出了革命的人道主义和社会主义的人道主义来处理人和人之间的关系。从20世纪50年代后期起,我国在批判资产阶级人道主义的时候,曾经简单化地否认过任何意义上的人道主义,这是不正确的。在马克思主义看来,不论革命人道主义还是社会主义人道主义,都是马克思主义关于关心人民、爱护人民、全心全意为人民服务理论的一个有机组成部分。革命人道主义和社会主义人道主义不是从抽象的人出发,更不是对一切人的博爱,它主张只爱"人民",不爱

"敌人"。而"人民"这一概念，正像我们前面所指出的，在不同时期是有着不同内容的。

二、资产阶级思想家在"人道"问题上是怎样攻击马克思主义的

在资产阶级学者对马克思主义理论的攻击中，如果从总的倾向方面来看，似乎有着这样一种趋势：从攻击马克思主义的阶级斗争理论本身，逐渐转向更关注于伦理道德方面。这种倾向在现代资产阶级的哲学中愈来愈明显，其中最多的是攻击马克思主义关于"人"的学说。

资产阶级学者的主要论点，就是马克思主义是不人道的、反人道的，是不讲人性的，是抹杀个人尊严的，是把人工具化、划一化的，是不讲人的价值的，等等。在伦理学方面，他们更着重攻击共产主义道德的集体主义原则，认为无产阶级的集体主义就是只强调"虚幻的"集体利益，否认个人利益，否认个人幸福。在他们看来，强调集体主义就是不要个人自由，就是要给人们套上一副沉重的枷锁，使人们丧失自己的个性，无法发挥自己的首创精神，不利于人们自己设计自己……总之一句话，共产主义道德的集体主义，将使人们陷入一种不可克服的异化。

在这些对马克思主义伦理学的批评和攻击中，有人还提出，马克思主义伦理学在阐述道德问题时的主要错误，是只注意人是社会关系的总和，而忘记了作为"主体"的个人。他们认为，由于"主体"的"自我"被漏掉了，所以马克思主义伦理学就成了"一个没有灵魂的空架子"，如此等等。

从19世纪末20世纪初起，曾产生了一种所谓伦理社会主义，片面地强调社会主义的本质就是人们的道德价值，社会主义的理论基础不是马克思主义的历史唯物主义，而应该是康德的"人是目的"的伦理学。它攻击马克思的社会历史观只注意到人们的吃、穿、住等经济问题，而忽视了对伦理道德问题的研究。在20世纪，又产生了以存在主义为代表的对马克思主义的批判。它们认为，马克思主义中有一块具体的人学的空场，因而必须把存在主义纳入马克思主义当中。它们认为，要使已经停滞的马克思主义前进，使已经枯竭的马克思主义充实，唯一办法是

社会主义人道主义和抽象人道主义的对立

要用人道主义的存在主义来补充和丰富马克思主义。

正是从所谓"人是目的"和抽象的"人的价值"出发,资产阶级思想家极力反对共产主义道德的为他人、为集体而牺牲的精神。在他们看来,提倡为集体利益而牺牲,就是把人当作工具,当作材料,当作一种手段。他们说,马克思主义者提倡为共产主义事业奋斗,就是提倡为一个模糊不清的目的而破坏人们的幸福,就是否认人的价值。因而,他们咒骂共产主义道德的集体主义,把它看作一种极不人道的东西。资产阶级举着人道主义的旗帜,高唱着自由和尊重人的价值,其实质是在反对马克思主义的关于阶级斗争的理论,反对共产主义道德的集体主义原则。

值得注意的是,资产阶级用抽象人道主义对共产主义道德的这些攻击,在我们国内,也有不同程度的反映。有些人也从什么资产阶级的"人是目的"、"人的尊严"和"人的价值"等抽象原则出发,说什么集体主义否认了个人利益,不注意人的个性发展,认为"大公无私"不科学,"一不怕苦,二不怕死"是违反人道的,提倡雷锋精神就是提倡奴隶主义等等。诸如此类的问题,不能不说是受了资产阶级的影响。

马克思主义并不是不关心人,更不是不讲人道。但我们必须强调,马克思主义只是反对在阶级社会中去大谈超阶级的人和所谓抽象的人,反对资产阶级思想家所说的"爱一切人"。马克思主义认为,在阶级社会中,或者在阶级存在的条件下,我们只能关心人民、爱护人民,而不能关心、爱护人民的敌人。马克思主义一切从人民的利益出发、全心全意为人民服务的思想,比资产阶级的人道主义思想不知要高出多少倍!因此,怎么能说马克思主义中有一块"人学的空场"呢?既然没有这个"空场",又怎么能谈得上必须用资产阶级的人道主义来填补呢?

对于那种只是从类、从抽象的观点强调人道主义,强调"我们都是人"的观点,马克思、恩格斯早就作了理论上的说明。在《德意志意识形态》中,曾经说到过去用语上的不确切的地方,这就是在一些文章中曾使用了当时"一些习惯用的哲学术语,如'人的本质'、'类'等等,给了德国理论家们以可乘之机去不正确地理解真实的思想过程并以为这里的一切都不过是他们的穿旧了的理论外衣的翻新"。当"真正的社会主义者"宣称在人道主义中一切关于名称的争论都解决了,不必再区分共产主义者、社会主义者,"我们都是人"、"我们都是弟兄,我们都是朋友"的时候,马克思和恩格斯立即极其深刻地指出,既然如此,"为什么要分什么人、兽、植物、石头呢?我们都是物体!"① 很明显,在马克思主义看来,否认人的社会性,否认不同阶级的人的不同属性,把所有的人都看成是没有分化、没有区别的"类"的一分子,这也就等于否认了人和动物、植物、矿物的区别,因此,在阶级社会中,根本不存在那种抽象的、笼统的、脱离社会和脱离阶级的"人"。

集体主义作为共产主义道德的一个基本原则,统率着共产主义道德的一切规范和范畴,贯串共产主义道德体系的始终,并用以调整个人和他人、个人和社会的各种关系。这就是说,在社会生活中,人们在调整个人和他人的关系时,无产阶级所强调的是集体利益高于个人利益的原则,而不是什么抽象的对"人"的"博爱"。列宁曾指出:"根据马克思主义的基本思想,社会发展的利益高于无产阶级的利益,整个工人运动的利益高于工人个别阶层或运动个别阶段的利益。"这里所强调的"整个工人运动的利益高于工人个别阶层或运动个别阶段的利益",就是我们所说的无产阶级的集体主义。集体主义的原则极其明确地指明了个人和集体的关系,强调在调整个人和他人、个人和社会的关系时,必须从无产阶级和人民的整体利益、长远利益出发,使个人利益服从整体利益,眼前利益服从长远利益,在维护整体利益和长远利益的前提下,实现个人利益和整体利益、眼前利益和长远利益的统一。

马克思主义的集体主义并不否认个人的才能的全面发展,相反,只有无产阶级的集体主义,才为个人才能的发展创造了唯一可能的充分条件。"为巩固和完成共产主义事业而斗争,这就是共产主义道德的基础"②。由此可见,共产主义道德的集体主义,就是为建成理想的共产主义社会而服务的,就是要建立一个每个人都有发展其才能的机会和条件的新社会。正是在这个意义上,马克思和恩格斯才说:"只有在集体中,个人才能获得全面发展其才能的手段,也就是说,只有在集体中才可能有个人自由。"③ 在资本主义社会中,资产阶级所宣扬的人的自由、价值、尊严和人是目的等等,只能是拥有万贯钱财的那些人的自由、价

---

① 《马克思恩格斯全集》,中文1版,第3卷,551页。
② 《列宁全集》,中文2版,第39卷,307页,北京,人民出版社,1986。
③ 《马克思恩格斯全集》,中文1版,第3卷,84页。

值和尊严，而对于无产阶级来说，只能是毫无自由、失去尊严和没有价值。相反，在社会主义社会中，集体主义作为处理人与人关系的一种最基本的道德原则，它能够使人们的共产主义觉悟和人们的思想品质不断提高。现实生活愈来愈证明，只有具备了崇高的集体主义思想，人们的个性发展才能越来越丰富多彩。资产阶级人道主义片面强调以个人主义为核心的个性解放，其结果只能成为人们个性健康、全面发展的桎梏，只能促使人们的个性向个人主义的方向发展。

三、社会主义人道主义与资产阶级抽象的人道主义的根本区别在哪里

从思想体系来说，马克思主义同资产阶级人道主义是根本不同的，是两种对立的世界观。一个是从"人是社会关系的总和"出发，一个是从抽象的人类本性出发；一个是在人和人的关系中要强调阶级分析，主张区分人民和敌人，一个是宣扬超阶级的"人类之爱"；一个是主张无产阶级的集体主义，一个是鼓吹资产阶级的个人主义；等等。总之一句话，一个是历史唯物主义，一个是历史唯心主义。因此，那种认为人道主义"可以贯通中外古今整个人类"，是"世界各国共有的精神财富"的思想，是非常错误的。依据这种观点，实际上就是把人道主义作为一种思想体系而接受下来，当作一种世界观而承袭下来，当作一种普遍原理而在马克思主义的哲学、社会科学的各个领域里加以运用。其结果，必然会混淆马克思主义和资产阶级人道主义的原则界限，模糊无产阶级和资产阶级利益的根本区别，在理论上和实践上都将带来严重危害。

但是，并不能从马克思主义与资产阶级人道主义的根本对立中得出这样一种结论，即认为马克思主义是不讲人道的。我们不同意把人道主义作为一种思想体系、世界观或普遍原理而承袭下来，并不等于说在伦理道德等特殊的领域内，即在人对人的一定关系上，反对讲社会主义的人道主义。

社会主义人道主义（或革命人道主义），作为一种道德要求，在集体主义原则指导下，可以而且应当成为共产主义道德的重要行为准则之一。在共产主义道德的许多原则中，有一个重要的规范，就是热爱人

民、关心人民和爱护人民（在新中国成立时的《中国人民政治协商会议共同纲领》中，就曾将"爱人民"确定为全体国民的公德之一）。这一规范，包含着伦理学上所说的革命人道主义或社会主义人道主义原则的要求。这一规范体现着社会主义社会中同志对同志的友爱，体现着劳动人民之间彼此的同情，体现着国家、集体、组织对个人的关心。从马克思主义伦理学来看，社会主义的国家和集体在处理集体对个人的关系上，强调要保护劳动者的根本利益，在集体主义原则下，尽可能地照顾到个人的正当利益，尽可能地发挥每个人的创造性，强调生产的目的是为了逐步满足广大人民的物质文化需要，强调要保护广大劳动者的身心健康和生活幸福，强调要培养每个劳动者的崇高的道德品质，并力图使每个劳动者都能成为有理想、有道德的新人……这一切，也都可以说是体现了革命人道主义的精神。

早在革命战争年代，毛泽东同志就曾明确地提出，要"救死扶伤，实行革命的人道主义"，即主张要用革命的人道主义来对待一切伤病员。1958年，在他亲自起草的以国防部长彭德怀名义发布的《告台澎金马军民同胞建议举行谈判实行和平解决》的文告中，又提出："十三万金门军民，供应缺乏，饥寒交迫，难以久计。为了人道主义，我已命令福建前线，从十月六日起，暂以七天为期，停止炮击，你们可以充分地自由地输送供应品，但以没有美国人护航为条件。"这里，从关心十三万金门军民的饥寒交迫出发，提出了要以革命人道主义的态度，使他们获得必要的衣食之源，并且提出了一定的条件，既显示了无产阶级的革命人道主义精神，又表明了这种革命人道主义是和资产阶级抽象的人道主义根本不同的。

对于马克思主义来说，无论是无产阶级的人道主义或社会主义的人道主义，都是在特定的伦理道德领域内使用的。作为一个伦理道德原则，它的主要内容是：在人民内部，要尽可能地满足人们不断增长的物质文化生活的需要，力求最充分地发展每个人的才能，尊重每个人的尊严，最大限度地发挥每个人为社会主义建设而进行的创造性劳动，从而不断提高每个人的价值。

资产阶级人道主义总是喜欢从抽象的人的观点来谈论人的尊严、人的价值。事实证明，人的价值问题都只能是历史的、具体的。在资本主义社会内，只有拥有财产的人才有价值。谁的钱越多，他的价值就越

社会主义人道主义和抽象人道主义的对立

大；谁的股票越多，他的尊严就越高。社会主义的人道主义从历史唯物主义的基本原理出发，认为人的价值只能从一定的现实经济关系出发来考察。无产阶级革命的胜利，建立了生产资料公有制，形成了对人生意义、人生价值的新的理解，并且形成了新的对个人的评价标准。人的价值，并不在于他占有多少财产和能够进行什么样的享受，而在于他对社会主义事业所做的贡献，在于为集体主义而奋斗的献身精神。

社会主义人道主义和资产阶级的抽象人道主义不同，它在强调只热爱人民的同时，必须要仇视人民的敌人。也就是说，社会主义的人道主义在强调"对己和"的同时，必须强调"对敌狠"。这二者不但不是水火不能相容，而且正好是相辅相成、相互补充的。为了热爱人民，就必须仇恨人民的敌人；只有仇恨人民的敌人，才能做到真正地热爱人民。现实生活已经有力地说明，如果不对那些危害人民生命财产的各种犯罪分子进行惩罚和镇压，而是像有些人所认为的那样，也对他们实行"博爱"，那又怎么能达到热爱人民的目的呢？社会主义的人道主义，是把对广大人民的爱和对敌人的恨紧密结合在一起的。那种从抽象的人道主义出发，片面地强调"博爱"，把暴力完全排斥在人道主义之外的思想，只能是资产阶级的一种自欺欺人的理论，是和社会主义人道主义、无产阶级的人道主义格格不入的。

当然，革命的人道主义或社会主义的人道主义，在对待敌人的问题上，都强调做如下区分：是正在危害人民的敌人，还是已经俘虏或投降了的敌人？对于后者，就不能像对待前者那样，而是要采取"宽待俘虏"、"尊重人格"、"不搜腰包"以及设法把他们改造成为新人的手段与策略。

有的同志认为，在我国，剥削阶级已经不存在了，是不是就可以主张对全人类实行"博爱"的人道主义呢？不能这样看。我们知道，尽管剥削阶级在我国已经不存在了，但是仍有反革命分子、敌特分子，有各种破坏社会主义秩序的刑事犯罪分子和其他破坏分子，有贪污盗窃、投机倒把的新剥削分子，并且这种现象在短时期内不可能完全消灭。特别是随着对外开放政策的实行，国际资产阶级的反动腐朽思想将不断传入我国，腐蚀人们的灵魂。这也就是说，阶级敌人仍然存在，而且还会有新的剥削分子和社会渣滓产生，我们同他们的斗争将是长期的。因此，根本不可能对一切人实行"博爱"的人道主义。我们应当坚持四项基本原则，对这种貌似公允、伟大，实则虚伪的资产阶级人道主义进行批判。

事实已经说明，无论从政治上看，还是从伦理道德上看，从抽象人道主义出发，宣扬对一切人实行"博爱"，必然会否定四项基本原则，否定阶级分析的方法，必然会导致对人民的敌人实行"仁政"，从而给社会主义革命和建设事业带来极为有害的后果。

总之，在人道主义问题上，我们应该坚决地反对资产阶级的抽象的人道主义，实行和宣传社会主义的人道主义。社会主义的人道主义或革命的人道主义，同马克思主义伦理学的关心人民、爱护人民、全心全意为人民服务、一切从人民的利益出发是完全一致的。它可以并且应当作为在集体主义原则指导之下的一个道德原则或规范。在当前，我们应该着重阐发社会主义的人道主义和马克思主义的关心人民、爱护人民的理论，反对资产阶级在人道主义问题上对马克思主义的攻击。

社会主义人道主义[*]

社会主义人道主义是社会主义社会中,处理人和人之间某些特定关系的具体伦理原则和道德规范。从最一般的意义上来说,社会主义人道主义属于共产主义道德规范体系的较低层次,因此是社会主义社会绝大多数人能够和应当接受的道德要求。宣传和实行社会主义人道主义,应是马克思主义伦理道德教育的一项重要内容,是以共产主义思想为核心的社会主义精神文明建设的一项重要任务。

一、对人道主义的历史考察

1. 资产阶级人道主义的产生和发展过程

从伦理思想史上来看,人道主义作为一种思想体系,是由资产阶级提出和完成的。

从14世纪开始,随着资本主义生产的发展,资产阶级人道主义首先是作为一种伦理原则和道德规范的要求,作为一种衡量人的道德行为

---

[*] 原载《伦理学教程》,北京,中国人民大学出版社,1985。关于社会主义人道主义,作者另有《试论社会主义人道主义伦理观》(见《关于人道主义和异化问题论文集》,北京,人民出版社,1984)和《共产主义道德和社会主义人道主义》(载《光明日报》,1984-03-12),因两文与本文略有重合,而此文后作,故另两文未收。

的评价标准，即作为一种价值尺度提出来的。从 14 世纪到 16 世纪，最早出现的人文主义，主要是通过文学、艺术所表现出来的对人的歌颂（但丁的诗、达·芬奇的画等）。这种人文主义，针对宗教神学的统治，重新提出了"人是万物的尺度"，强调"人的高贵超过了天使的高贵"，"人所具有的一切，我都要具有"等观点，来论证人应该被当作人看。人文主义者的价值观是和宗教禁欲主义的说教直接对立的。宗教神学家否认人的肉体欲望，否认现实的幸福，鼓吹人应当蔑视自己，应当心甘情愿地作上帝的奴隶。他们否认人的价值，宣扬服从上帝是人生的唯一目的。他们把听命于上帝看成是最高的德行，把违背上帝的旨意视为最大的罪恶。与此相对立，代表新兴资产阶级的早期人文主义者用各种形式来赞美人的尊严，抬高人的价值，强调人的现实的幸福生活，把人对人的友爱、尊重及人的自由和幸福看作人生最高尚的理想和目的。早期的人文主义者尽管较多地把人道主义作为一种价值观看待，但同时也含有世界观、历史观的意义。

17 世纪以后，资产阶级的思想家使这种人文主义的价值观进一步系统化和理论化。他们不但给这种价值观以丰富完备的内容，而且从世界观和历史观上作了论证。在他们看来，人的欲望和利益是因循着自然规律的。人是一个类，每一个成员对于这个类来说，彼此都是完全平等的。人是生而自由的，每个人都有追求自己幸福的天然权利。人是一种高等的、有理性的动物，而理性本身是至高无上的。因此，人应该顺从理性而生活，人和人之间应当相互尊重。

2. 资产阶级人道主义的价值观和历史观的统一

为了适应资产阶级的需要，资产阶级思想家更进一步自觉地把人道主义这一伦理原则和价值尺度推广运用到整个人类历史领域，并以之作为标准，来衡量一切社会现象和历史现象。凡是合乎"人道"标准的，就是真的、善的和美的；凡是不合乎"人道"标准的，就是假的、恶的和丑的。在他们看来，"人道"不但是人和人之间的一种价值尺度，而且是判断一切事物的标准。这种从人的本性出发的人道主义，已经从伦理观扩展到政治理论和法权理论中去，从价值观发展成比较完整的世界观和历史观。尽管一些所谓人道主义的思想家还多半是在价值尺度上使用人道主义这一概念的，即从尊重人、关心人、要把人当人看的伦理原则上来理解人道主义，但人道主义已经成为资产阶级为求得自身解放的一种政治要求,已经成为许多政治家、理论家观察世界的一种世界观和历史观,成为一种以抽象人性为基础而建立起来的历史唯心主义的思想体系。

由此可见,从资产阶级的人文主义到人道主义,有一个历史发展的过程,即从作为伦理观开始,到最后形成世界观、历史观和伦理观的统一体。一方面,资产阶级人道主义作为一种世界观和历史观,即作为一种理论基础,指导着整个人道主义的道德要求;另一方面,资产阶级人道主义思想家从笼统的、抽象的、没有分化的人出发来说明人的本质和社会生活规律,把人的自然属性、人类的"善良天性"或理性视为历史进步的动力和真理的审判者,从而又必然使这种人道主义的道德原则和价值观念不可避免地走向历史唯心主义。在自然观上,不少人道主义者原来都是坚持存在决定意识的唯物主义者,但在历史领域内,他们却认为只是由于理性的迷误,才导致人类社会步入歧路、恶行滋蔓,而依靠道德的教育和感召,就能够唤醒人类的理性和良心,就可以改变人的行为和道德品质,从而就可以改变整个人类社会的历史方向。这种理论,完全排除生产方式、阶级斗争、人民群众等历史发展的物质决定因素,不但不可能正确地解释和说明人类社会的发展规律,也不可能科学地说明什么是人性以及人的本质和作为社会的人的真正价值。

19世纪以后,在西欧出现了圣西门、傅立叶和欧文三大空想社会主义者。他们对资本主义制度给予了尖锐的批判,并描绘了种种未来社会制度的理想蓝图。空想社会主义者在批判私有制的种种弊病的同时,强调只有未来的共产主义社会才能使人们的个性得到真正的解放,才能使人性得到真正的改善。但是,和资产阶级人道主义者一样,空想社会主义者把人性、人的本质和人的理性当作推动社会发展的动力,认为资本主义社会的种种罪恶,都只有求助于人类的"理性"才能最终得到解决。空想社会主义者关于人的价值的思想,虽然比资产阶级人道主义者要高出很多,但在历史观上,他们和资产阶级人道主义者是没有根本区别的。

3. 资产阶级人道主义在历史和现实中的作用

资产阶级人道主义在历史和现实中有着不同的作用,必须作历史的、具体的分析。

在14世纪至16世纪,人文主义作为人道主义的最初形式,对当时的社会发展曾产生过重要的作用。人文主义者对人的歌颂,对现实幸福的追求,激励着新兴的资产阶级去追求自身的解放,成为推动他们同宗教神学和封建统治作斗争的力量。从伦理思想史的发展来说,由于人文主义特别强调人的价值,反对以神为中心,强调要以人为中心,并从各方面论证了人的尊严的重要,从而使人的价值问题成为伦理学必须研究的最重要问题之一。

在17、18世纪,资产阶级启蒙思想家进一步高举起人道主义的旗帜,强调"天赋人权",宣扬"自由、平等、博爱"的口号,对当时的资产阶级革命起过巨大的进步作用。他们强调"理性"的重要,把理性当作真理的标准,对于破除封建社会的旧的腐朽观念,有着振聋发聩的作用。正像恩格斯所说的:"在法国为行将到来的革命启发过人们头脑的那些伟大人物,本身都是非常革命的。他们不承认任何外界的权威,不管这种权威是什么样的。宗教、自然观、社会、国家制度,一切都受到了最无情的批判;一切都必须在理性的法庭面前为自己的存在作辩护或者放弃存在的权利。"① 正是在人道主义者强调人的"理性"的重要的情况下,一切宗教的、封建的传统观念,都被当作不合理的东西而扔到垃圾堆里去了。同时,人道主义思想家使理性主义在伦理学中具有更重要的地位,使理性主义的伦理学派更加完备,在伦理思想史上也是有重要意义的。

18世纪以后,资产阶级在西欧各国成为统治阶级以后,资产阶级人道主义也就成为维护资产阶级对劳动人民的统治的工具。一般来说,资产阶级人道主义者所宣扬的人的尊严、人的价值以及所谓"自由、平等、博爱",常常成了一种虚伪的欺骗,成了资产阶级暴力镇压无产阶级和劳动人民的欺骗性补充。资产阶级人道主义者所宣扬的慈善事业,尽管也可能有一定的积极意义,但它不但不能改变劳动人民受压迫和受剥削的地位,而且必然会对劳动人民产生这样或那样的腐蚀作用。

对现代资本主义社会中的人道主义宣传,也应当进行具体的分析。垄断资产阶级的御用文人和政客,为了粉饰资产阶级的对内剥削和对外掠夺的卑劣行径,利用各种宣传机器,大吹大擂地宣传什么人道主义、人的尊严和个性发展。这种叫嚣,不但是虚伪的,而且是反动的。同时

---

① 《马克思恩格斯全集》,中文1版,第20卷,19页,北京,人民出版社,1973。

也应当看到,在现代资本主义社会中,有不少进步的文学家、思想家和科学家,他们同情人民的苦难遭遇,站在人民群众这一边,痛恨资产阶级对人民的残酷剥削、压迫,憎恶法西斯主义和恐怖主义,反对战争危险。他们高举着人道主义的旗帜,并且真诚地相信,只要能在全人类中宣传和实行人道主义,就可以最终消除这些丑恶现象,就可以使人类走向进步。尽管他们的这一目的是不可能实现的,但他们的这种真诚的愿望是应该肯定的。而且,他们以人道主义为武器,反对霸权主义所制造的战争危险,反对核竞赛,反对法西斯主义和恐怖主义,反对种族歧视,要求保护人类生存的环境等等,都是有进步意义和符合全世界劳动人民的利益的。

总之,我们在批判资产阶级人道主义的同时,应该根据历史唯物主义的观点,对它在不同时期的历史作用,进行具体的分析。对于现实生活中的不同的人道主义者,要区分他们的不同的政治倾向和社会倾向,特别是认清他们到底是站在劳动人民群众一边的真诚人道主义者,还是站在垄断资产阶级一边的御用文人和反动政客,从而采取不同的态度,这是尤为重要的。

二、社会主义人道主义的产生和发展

社会主义人道主义作为一种特定的伦理原则和道德规范,有一个长期的发展过程。这一原则,最早由马克思、恩格斯提出,并在以后的无产阶级的革命实践中不断得到发展。

1. 马克思和恩格斯对人道主义的剖析

在马克思主义的科学世界观、历史观尚未完整地确立之前,早期的马克思、恩格斯也曾受到资产阶级人道主义世界观和历史观的影响。在《神圣家族》和《1844年经济学哲学手稿》中,马克思、恩格斯还认为资本主义之所以要灭亡,根本原因是因为它使人、使无产阶级丧失人性,是不人道的,而人性的觉醒必将使无产阶级摧毁这种制度。这种看法,当然还是从抽象的人性和道德尺度出发来谴责资本主义,论证它必将灭亡的原因,还没有在历史唯物主义的指导下,从生产方式的物质根源中科学地揭示资本主义必然灭亡的客观规律。而在《关于费尔巴哈的提纲》、《德意志意识形态》及以后的著作中,即当新的世界观、历史观已经建立起来之后,马克思、恩格斯开始对人道主义作不同意义的区分。一方面,他们毫不留情地清算了从抽象人性出发的唯心主义世界观和历史观,肯定了生产方式、生产关系对于人的本质、人类社会生活发展过程的决定意义,并批判了用抽象的人类之爱来消融阶级斗争的资产阶级人道主义伦理观;另一方面,他们又在伦理原则和道德规范的限度内,在新的哲学基础上,批判地继承资产阶级提出的处理人和人之间关系的一些合理的人道要求,肯定了实现人的价值,实现人类自由、平等、幸福、相爱的重要意义,在科学的意义上赋予人道主义以新的含义。1845年年底,恩格斯《在伦敦举行的各族人民庆祝大会》一文中曾说,对于各民族之间的关系,所有无产者的"修养和举动实质上都是人道主义的"[①]。这也就是说,无产者的行动,是从革命的人道主义出发,是符合革命人道主义的原则的。1871年,在论述无产阶级专政的第一次伟大尝试的巴黎公社时,马克思说:"公社并不取消阶级斗争……但是,公社提供合理的环境,使阶级斗争能够以最合理、最人道的方式经历它的几个不同阶段。"[②] 这两次所讲的"人道"和"人道主义",都是在科学的世界观和历史观的基础上,从伦理原则和价值观的方面,赋予人道和人道主义以新的意义,即是在伦理观和价值观的意义上来运用人道主义的。这种革命的无产阶级的人道主义(我们现在称之为社会主义人道主义),是和资产阶级人道主义根本不同的。

2. 社会主义人道主义建立在与资产阶级人道主义完全不同的客观基础上

社会主义人道主义,是在社会主义公有制的经济基础上形成的,是为建设社会主义和共产主义的伟大目标服务的。资产阶级人道主义作为一种伦理原则,是建立在资本主义私有制的经济基础之上的,是为私有制服务,为巩固资产阶级的统治服务的。在私有制的经济基础上,在资产阶级的统治下,虽然也强调人的价值、人的尊严,提倡关心人和爱护人,但就其实质来说,资产阶级社会所关心和维护的只能是有产者的尊严、资本家的价值和统治者的人格。文艺复兴运动以来的资产阶级思想家所宣传的个人自由、个人尊严、个人平等,都是在资产阶级的自由竞

---

① 《马克思恩格斯全集》,中文1版,第2卷,666页,北京,人民出版社,1957。
② 《马克思恩格斯全集》,中文1版,第17卷,593页,北京,人民出版社,1963。

争的经济关系中产生的,又是为资产阶级的自由竞争服务的。谁都知道,在一个所谓自由竞争的社会内,任何人为了取得自己的尊严和价值,最重要的是要挣得一份必要的财产。很显然,金钱决定一切,所谓关心人、爱护人、强调人的尊严的神圣口号,不得不被私有制基础上的残酷竞争所销蚀。从理论上讲,一个人应该尊重别人,关心和爱护每一个人,但是,在实践上,人们只能是关心自己,希望快快发财,甚至为了取得最大利润而剥削别人、压迫别人。对于资产阶级来说,它从来也不会想到去关心劳苦大众,最多只不过是在赚取了大量利润之后,给劳动人民一点施舍而已。

社会主义社会的公有制经济和人与人之间的同志式的互助合作关系,为实现一种真正的人道主义,即社会主义人道主义创造了客观前提。社会主义生产的根本目的,就是要最大限度地发展生产力,尽可能地满足广大群众的物质文化生活需要。这一根本目的,保证社会主义人道主义这种新的、更高水平的人道主义伦理原则有充分可能逐步并且完满地得到实现,保证社会、集体对每一个人的关心和爱护,促使人和人之间形成彼此同情、相互关心、友爱互助的新关系。历史唯物主义强调,每个人的幸福、尊严和价值的实现,人们对别人的幸福、尊严、价值的关心,并不是也不可能只靠人生而具有的"理想的权利"来达到,而必须通过一定的物质手段,才能使其成为现实。正像恩格斯在谈到"幸福"时所指出的:"追求幸福的欲望只有极微小的一部分可以靠理想的权利来满足,绝大部分却要靠物质的手段来实现,而由于资本主义生产所关心的,是使绝大多数权利平等的人仅有最必需的东西来勉强维持生活,所以资本主义对多数人追求幸福的平等权利所给予的尊重,即使一般说来多些,也未必比奴隶制或农奴制所给予的多。"① 我们知道,在奴隶制社会中,广大奴隶只是被看作会说话的工具,除了供奴隶主任意驱使外,他们是没有也不可能有任何价值的。在封建社会中,全部道德价值,特别是人的价值,是以其在封建等级中的地位来衡量的。居于封建金字塔最底层的广大劳动人民,是没有也不可能有任何价值的。恩格斯的话,极其深刻地指出,在资本主义社会,广大劳动人民的权利、尊严和价值,是不会比奴隶制或农奴制下更受到关心的。

---

① 《马克思恩格斯选集》,1版,第4卷,235页。

3. 社会主义人道主义同资产阶级人道主义有批判继承的关系

社会主义人道主义同资产阶级人道主义，既是两种根本不同的伦理观，同时，又有着批判继承的关系。不同时代、不同社会、不同阶级的道德，虽然因其社会经济基础、政治制度和思想意识等的不同而表现出不同的类型，具有不同的本质，但又往往由于存在某些共同的生活基础和历史背景而具有某些或多或少共同的内容。作为伦理原则和道德规范的社会主义人道主义，也并不是离开人类文明发展的大道而孤立地、凭空地出现的。它没有也不可能抛弃人类以往道德发展中所取得的积极成就，没有也不会排除历史上人们长期向往和追求的基本的人道精神以及已形成的一些积极的人道生活准则。社会主义人道主义的伦理道德要求，正是继承了这些积极内容，并加以改造而形成的。

4. 社会主义人道主义是在无产阶级革命过程中形成和发展的

社会主义人道主义，继承了资产阶级人道主义中的某些合理因素，并使其得到进一步发展，成为一种更加高级形态的人道主义。同时，还必须特别强调指出，社会主义人道主义是在无产阶级革命的过程中形成和发展起来的，是在经济、政治、社会的社会主义改造和社会主义建设的过程中逐步完善的。无产阶级为了推翻资产阶级而获得自身的解放，就必然地要在广大人民群众中宣传和实行关心人民、尊重人民、为人民着想，甚至在必要时为了别人而牺牲自己利益的原则，即宣传和实行革命人道主义的原则。在革命战争年代，无产阶级在处理人与人之间的关系时，时时处处都强调要尊重人民、爱护人民，要说话和气、买卖公平，要替群众解决有关他们的切身利益问题等等。这一切，都体现着革命人道主义的精神。由此可见，无产阶级在革命斗争中所建立起来的革命人道主义，是社会主义人道主义的前身，而社会主义人道主义则是革命人道主义的发展。脱离无产阶级在革命斗争中所形成的革命人道主义的实践，脱离社会主义的公有制的新的客观经济基础，脱离社会主义改造和建设过程中社会主义人道主义的发展和完善，把社会主义人道主义说成只是从资产阶级人道主义继承和发展而来的思想是不符合事实的，它不但在理论上是错误的，而且在实践上是有害的。

5. 社会主义人道主义的理论基础

社会主义人道主义是在马克思主义世界观和历史观即辩证唯物主义和历史唯物主义的指导下形成和完善起来的，它和资产阶级人道主义的

社会主义人道主义

理论基础是根本对立的。社会主义人道主义不是从那种抽象的、笼统的、无差别的人出发，而是从现实的人出发，从一定的经济关系出发，对人作历史的、具体的分析，并由此引出对各种不同的人所采取的不同道德态度和行为要求。社会主义人道主义不是从抽象的意义上来谈论道德要求，而是要对"人"进行具体分析。根据马克思主义的基本理论，"人的本质并不是单个人所固有的抽象物。在其现实性上，它是一切社会关系的总和"①。这就是说，现实的人是生活、活动在一定的经济关系中的，是划分为不同阶级、不同阶层和不同集团的人。他们在阶级社会中，在不同历史时期，由于不同利益的对立，又必然会形成相互敌对的集团，区分为能推动历史向前的进步势力和阻碍历史前进的反动势力。因此，从现实的人出发，就是要抛弃资产阶级人道主义者那种从抽象的类、从孤立的个人出发，那种从头脑中想象的与世隔绝、不同任何人发生关系的人出发的唯心史观，而是要从人类社会、人们的生产关系出发。马克思、恩格斯还特别强调，从现实的人出发，就是要从一定的社会关系和政治关系出发，即从一定的阶级关系出发来考察人。他们说："以一定的方式进行生产活动的一定的个人，发生一定的社会关系和政治关系。……社会结构和国家经常是从一定个人的生活过程中产生的。但这里所说的个人不是他们自己或别人想象中的那种个人，而是**现实中的**个人，也就是说，这些个人是从事活动的，进行物质生产的，因而是在一定的物质的、不受他们任意支配的界限、前提和条件下能动地表现自己的。"② 正是由于这一基本事实，马克思主义经典作家历来都强调要对人进行阶级分析。毛泽东同志曾根据人是"社会关系的总和"这一历史唯物主义观点，提出了在阶级社会中，要区分人民和敌人的理论，这是有重要意义的。

6. 社会主义人道主义的指导原则

社会主义人道主义是以集体主义原则为指导的。集体主义作为无产阶级的一种崭新的道德原则，它在无产阶级革命斗争中产生，并在社会主义公有制的基础上得到广泛的实行。忠于共产主义事业的集体主义是共产主义道德的基本原则，它贯彻于共产主义道德的所有规范之中，同时，它又是整个社会主义社会中所有其他道德层次的指导原则。社会主

---

① 《马克思恩格斯选集》，1版，第1卷，18页。
② 同上书，29～30页。

义人道主义是社会主义社会成员处理自己和其他社会成员之间的最基本的道德准则，它和资产阶级人道主义不同，不论是从主体方面还是从客体方面来看，它都不是从个人主义出发，而是从集体主义出发的。从主体方面说，一个人之所以要对其他社会成员实行社会主义人道主义，不是从自我满足、对别人的同情以及从自己的"爱人"的本性出发的。从客体方面来看，人们对其实行人道主义的人，不是因为他是一个抽象的、无分化的作为类的"人"，也不是要尊重那种脱离集体、超出集体与社会无关的个人。在社会主义社会中，劳动者的集体，不是像资产阶级社会那样，只是一种虚幻的集体，而是每个劳动者生存发展的最根本的条件，因而人与人之间的关系，都必须是从集体利益出发的。社会主义人道主义之所以要强调尊重人和关心人，并不仅仅因为他是一个人，更不是为了这个人的私人的利益、生存和发展，而主要是从集体利益、国家利益和社会利益的需要出发的。即使是对反对社会主义、敌视社会主义的敌人，当他们在受伤、被俘或已不能再直接危害人民利益的情况下，我们之所以要对他们采取人道主义，也并不是因为他们是一种无分别、无差别的作为"类"的人，而是因为这样做符合人民的利益，符合集体的利益，符合社会主义的利益。

三、社会主义人道主义的主要内容

社会主义人道主义作为一种道德要求和价值标准，主要包括三个方面的内容，即尊重人、关心人和憎恨一切危害人民的敌人。这三个方面的内容，是相互联系、相互渗透的。

1. 尊重人，尊重人的价值和尊严

社会主义人道主义首先要求我们必须尊重人，尊重人的价值和尊严，特别是要尊重那些为社会辛勤劳动而做出重大贡献的劳动者。封建社会按照人的等级贵贱来决定人的价值；资产阶级社会按照金钱多少来决定人的价值，对于一无所有的劳动者，因为他们没有价值，所以也就不被尊重，他们除了受压迫和剥削以外，所得到的只能是歧视。在剥削制度下，劳动者不能作为社会的主人，不能作为目的意义的人而存在。社会的主人和目的是剥削者，劳动者只能被资产阶级当作发财致富的工具。

劳动者作为手段创造了劳动成果，然而却不能作为目的来充分地享受自己的成果。而在社会主义社会里，劳动者就是主体和目的。社会主义人道主义认为，在社会主义社会里，作为手段价值的人和作为目的价值的人是统一的。在社会主义的集体中，一个人首先要对集体、对国家、对社会做出贡献，使自己的存在对社会具有积极的意义，即有手段价值；同时，集体和社会也应把每一个个人当作目的来服务，使每个人都能分享他人劳动的成果，实现自己作为目的而存在的价值。一个人越是努力根据集体和他人的需要而做出贡献，他就越能发挥自己的才干，而反过来，集体事业的发展，又会为每个人的自由发展提供最充分的条件。

在社会主义社会中，在个人和社会的关系上，从伦理道德方面考察，人的价值包括两个方面的意义，即个人对社会的贡献和社会对个人的评价。所谓一个人对社会的贡献，除了要看物质方面的贡献以外，更要看一个人对社会精神方面的贡献。一个人能辛勤劳动，艰苦努力，为社会主义创造物质财富，是对社会的贡献，因而应该对他给予肯定的道德评价，这是正确的。同时，我们还要强调为人民服务的高尚情操，那种舍己救人、为了他人和集体利益而奋不顾身，以致牺牲了自己生命的人，具有更高的道德价值。正像毛泽东同志在《纪念白求恩》一文中要大家学习白求恩同志那种"毫不利己专门利人的精神"，只要有这点精神，就可以变为"一个高尚的人，一个纯粹的人，一个有道德的人，一个脱离了低级趣味的人，一个有益于人民的人"，这样的人，才是有更大价值的人。社会主义人道主义强调，在一个人对社会做出贡献以后，社会应根据他的贡献大小，给予恰如其分的评价，使他获得一定的荣誉，使他具有社会所承认的价值。只有在社会主义社会内，一个人对社会的贡献和社会对他的评价，才能实现真正的统一。公正的道德评价，充分肯定那些对社会做出贡献的人的崇高价值，将会鼓励人们为社会主义而贡献自己的力量，培养人们为提高个人的道德价值而积极努力。

社会主义人道主义在尊重人的价值和尊严方面，不但坚决否定奴隶制和封建制的等级观念，反对按地位高低把人们分为上等人和下等人的等级价值观，而且坚决摒弃资产阶级按金钱多少来确定人的价值的金钱至上的价值观。社会主义人道主义认为，只要是社会主义的公民，不论是担负重要责任的领导者，还是在工农业生产战线上的普通劳动者，都应该一视同仁，用同一个价值尺度来对他们进行评价。一个人在社会分工中所处的地位不同,但都应该同样地受到尊重。社会主义人道主义坚决反对那些因享有某种特权而自以为高人一等、鄙视劳动人民、不关心普通劳动者的尊严、虐待妇女儿童等等违反人道主义的种种现象,尤其反对那种以权谋私、以强凌弱的不尊重人的价值的恶劣习气。社会主义人道主义对人的尊严和价值的尊重,在人类历史上是前所未有的。

2. 关心人,关心每个人的物质福利和文化生活

社会主义人道主义的另一个重要内容是关心人,关心每个人的物质福利和文化生活,关心广大人民群众物质福利的要求和精神文化的需要。

社会主义人道主义不但要尊重人的尊严和价值,而且要关心广大人民群众的切身利益。从整个社会来说,社会主义国家将通过它所制定的政策和措施,随着生产的发展,逐步满足广大群众不断增长的物质需要和文化需要,不断促进人民福利的增长。国家机关工作人员是人民的公仆,是为人民服务的勤务员,他们在工作中遵循的原则,应该是关心群众,以广大人民群众的最大利益作为一切工作的出发点。同时,社会主义社会中的每个成员,都应该同情、关心、爱护其他社会成员,关心、爱护一切与自己发生关系的其他社会成员,特别是应该关心周围的普通劳动者、普通知识分子、普通妇女和普通儿童等。

人们在社会生活中,由于各种主观原因和客观原因,不少人总会因某些情况而身处逆境,从而陷入各种灾难、困苦、不幸和失意之中。社会主义人道主义在提倡关心人的同时,尤其要注意那些因不公正待遇而处境困难、生命垂危,以及遭遇各种挫折打击而受到很大痛苦的人。现实生活说明,这些人是更需要关心的。自然灾害以及车祸、疾病等不测事件,常常给一些人带来很大困难,而官僚主义、以权谋私、不关心群众痛痒,同样会使人们的某些困难长期得不到解决。社会主义人道主义强调在人和人之间,应该建立起团结、互助、友爱的新型关系,应该切切实实地解除他们的痛苦,认真地帮助他们克服各种实际的困难,并尽力在精神上给他们以安慰、鼓舞,以增强他们克服困难和战胜困难的信心和勇气。

3. 对己和,对敌狠

社会主义人道主义在尊重人的尊严和价值、关心人们的利益的同时,还要求对一切敌视社会主义、危害人民利益的分子,进行坚决的斗争。社会主义人道主义明确地宣称,它不能"爱一切人",不能爱人民的敌人,

不能爱社会的丑恶现象，不能爱一切社会主义的敌对势力。历史唯物主义的基本理论告诉人们，在阶级对立或者阶级还存在的社会内，在社会上还存在着拥护社会主义和敌视社会主义，还存在着人民和敌人的时候，绝不可以对敌视社会主义的人采取仁慈的态度。对敌人的仁慈就是对人民的残忍，只有坚决同各种敌视社会主义的力量作斗争，才能做到对广大劳动人民的关心和爱护。

正是由于这一基本事实，马克思主义经典作家历来强调要对"人"进行阶级分析。毛泽东同志曾根据人是"社会关系的总和"的历史唯物主义观点，提出了要区分"人民"和"敌人"，主张要对人民"爱"和对敌人"狠"的革命人道主义原则，即"对己和，对敌狠"。资产阶级人道主义，无法解决它所说的"博爱"与"暴力"的矛盾，总是把"人道"和"暴力"，把道德和革命看作不可调和的对立物。在它看来，既然要对一切人都实行"博爱"，那就不应当对任何人施以反"人道"的"暴力"，因为这是违反它所说的人道主义的基本原则的。那么，对于社会中的恶人、压迫者、剥削者以及用暴力对付劳动人民的人，怎么办呢？"勿以暴力抗恶"，这是资产阶级人道主义者的结论。然而，现实中阶级斗争的事实，总是证明这种人道主义是行不通的。剥削阶级必然要为了自己利益而对人民群众施以反革命的暴力，而无产阶级和广大人民群众必然要以革命的暴力来抗恶。因此，从抽象人性出发的所谓"博爱"原则，总是同现实相冲突和无法实现的。

社会主义人道主义不把暴力和人道抽象地对立起来，而强调革命暴力是实现尊重人、关心人、爱护人的社会主义人道主义的重要条件。另外，社会主义人道主义"对敌狠"的要求，也是根据不同条件，因人而异，采取不同行为的。对于拿枪的敌人，对于那些穷凶极恶危害人民生命财产的人，绝不施以仁政，而必须坚决给予打击和镇压。但是，对于缴械投降、受伤俘虏等不能为害人民的敌人，对于一切有条件教育改造的分子，则尽可能地采用尊重人格、感化教育、劳动改造等方法，促使他们重新做人。社会主义人道主义对敌人所施行的这种特定意义的人道主义，是建立在辩证唯物主义和历史唯物主义的基础之上的，它既坚持了阶级分析的方法，又考虑到强制劳动、感化教育在改造剥削阶级分子中的重要作用，显示了社会主义人道主义的强大威力。这也就是说，既要坚决打击和镇压反革命分子和严重犯罪分子，同时又要尽可能地对那些有可能改过自新的人，施以"仁政"。

四、社会主义人道主义同共产主义道德的关系

社会主义人道主义和共产主义道德之间，有着不同层次的关系，弄清这些关系，在理论上和实践上，都是有重要意义的。

1. 对共产主义道德的广义和狭义理解

"共产主义道德"一词，从我们目前的理解来看，在使用中有广义和狭义的区分。从广义上来理解，共产主义道德作为一种规范体系，它包括了社会主义社会生活中的各个不同层次的道德要求；而从狭义上来理解共产主义道德，则主要指的是在社会主义社会中以大公无私为主要内容的一些最高层次的道德要求。因此，我们也可以把社会主义社会生活中的伦理道德要求的总体，看作广义的共产主义道德规范的体系，而把共产主义道德的那些更高的要求，看作这个体系的最高层次，把其他一些层次，看作较低或最低的层次。

2. 社会主义社会道德要求总体中的不同层次

那么，社会主义社会道德要求的总体，或者广义的共产主义道德规范的体系，都包括哪些层次，它们之间有着什么关系呢？

"层次"这一概念，意味着某一事物或某一现象自身存在着高低、深浅、顺序、程度的分别。对社会现象来说，"层次"概念还意味着事物中这些高低、深浅、顺序、程度的关系，有着上下相属、彼此渗透以及相互联系和相互制约的关系。在社会主义社会道德要求的总体中，即在广义的共产主义道德体系中，引进"层次"这一概念，对我们分析道德这一社会现象，是有重要意义的。从难易程度来看，高层次的道德要求，较难做到，却又是人们应该努力追求的方向，而低层次的要求，一般来说，比较容易实行，是可以做到也必须做到的。从适应的范围来看，高层次的道德要求，能做到的人较少一些，而低层次的道德要求，能做到的人则更多一些。在社会主义社会中，人们的道德觉悟和发展程度是不一样的，但又都应该依据道德规范体系的各种不同要求而行动。所以，为了适应这种状况，在社会主义社会道德要求的总体中，既要区分出较低层次的一些起码要求，又要进一步指明人们应当努力追求的一些更高

社会主义人道主义

的要求。区分这些层次，有利于认识它们在道德实践中的地位及相互关系，有利于更好地提高人们的道德品质，有利于人们在道德阶梯的攀登上能够更好地循序不断地前进。

共产主义道德规范体系，或者说社会主义社会道德要求的总体，大体上可以分为四个层次，即人类公共生活准则、全体国民公德、社会主义人道主义和共产主义道德。从一定意义上看，全体国民公德和社会主义人道主义，大体可以同属于一个层次。

人类公共生活准则，是人们在日常生活中必须普遍遵守的最起码、最简单的道德准则，是千百年来人类社会中都存在的，例如，言谈举止应有礼貌，对公共秩序应当遵守，对老人、小孩应当关心等等，这些道德要求处于最低层次，是比较容易做到的。但是，正如我们所知道的，这些人类公共生活的最起码道德要求，在过去很长一段时期内，却经常受到社会上各种力量的破坏，以至道德的舆论无能为力，甚至不得不用国家强制机关来维持这种规则。

人类的公共生活准则，虽然都是一些简单起码的规则，但它却是人类千百年来所形成的维护人类社会生存发展的最基本的行为要求。这些准则，在当前社会中之所以不被一些人尊重，不断受到一些人破坏，归根到底，是由于剥削阶级的长期统治造成的。列宁曾经十分深刻地指出："产生违反公共生活规则的捣乱行为的社会根源是群众受剥削和群众贫困。这个主要原因一消除，捣乱行为就必然开始'消亡'。"① 又说，当人们"摆脱了资本主义剥削制所造成的无数残暴、野蛮、荒谬和卑鄙的现象，也就会逐渐**习惯于**遵守数百年来人们就知道的、数千年来在一切处世格言上反复谈到的、起码的公共生活规则，自动地遵守这些规则，而不需要暴力，不需要强制，不需要服从，**不需要**所谓国家这种实行强制的**特殊机构**"②。可以预见，随着社会主义的物质文明和精神文明建设的发展，随着社会道德教育的加强，人们将越来越自觉地遵守千百年来所形成的人类公共生活规则，使人类社会能够更加和谐地向前发展。

全体国民公德，一般是指一定社会、一定国家特别提倡人们实行的基本道德规范，是一定社会制度、一定国家内人们能够基本达到的道德要求。由于这些国民公德是经过国家特别提倡，而且往往还赋予这些公

---

① 《列宁选集》，2版，第3卷，249页，北京，人民出版社，1972。
② 同上书，247页。

193

德以法律规定的形式，因而能够得到广泛的宣传，受到社会舆论的重视。例如我国宪法就规定："国家提倡爱祖国、爱人民、爱劳动、爱科学、爱社会主义的公德。"这些要求，比起人类公共生活准则，处于较高一个层次，是社会主义国家每一个公民都应该做到的重要的道德要求。

社会主义人道主义作为社会主义制度基础上形成和发展的、尊重人的尊严和关心人的利益的基本道德要求，从一方面来看，同国民公德一样，也可以说是社会主义社会伦理道德要求的一个较低的层次；从另一方面来说，社会主义人道主义要求"对己和，对敌狠"，因此，也可以说是比国民公德较高的一个层次。社会主义社会的国民公德和社会主义人道主义，是两个相互渗透、相互联系的道德要求。

共产主义道德是现时代人类的最高道德，属于社会主义社会生活伦理道德要求的最高层次，这种道德要求，集中表现为大公无私、毫不利己、富于牺牲精神、为共产主义事业和人民利益而奋斗终生。

以上这些不同层次，作为社会主义社会生活的不同道德要求，构成一个有机整体。它们之间，不但有着高低相属的关系，同时也是相互联系、相互渗透和相互制约的。例如，社会公德中所提倡的爱人民，社会主义人道主义中所要求的尊重人、关心人，以及共产主义道德要求中的全心全意为人民服务，这三者之间，有着不完全相同的要求，构成了不同的层次；同时，它们之间，又有着相互渗透的关系。它们之间，既有一定的区别，对某些要求，又不能截然地划分开来。不能用高层次的要求去代替低层次的要求，也不能只讲低层次的要求而取消高层次的要求。

在现时代，一般来说，共产主义道德的最高要求是无产阶级先进分子、共产党人所应当身体力行的道德。这些先进分子首先应切实努力做到大公无私、毫不利己专门利人、全心全意为人民服务、随时准备为整体利益和他人利益而牺牲自己的利益。这些高层次的共产主义道德要求，不是一般人一下子能够做到的，即不能不加区别地要求社会中所有的人都必须做到。对于广大群众来说，一时做不到最高层次的共产主义道德的要求，但应该按照某些低层次的要求，尽力去做。例如，在社会主义社会的人与人的关系中，每个人都不应当做出侮辱人格、伤害他人身心、给人们造成痛苦和不幸的种种反人道行为，不应对他人的种种不幸遭遇和困难处境，采取漠不关心、麻木不仁的不人道态度，而应当力所能及地关心别人。这种低层次的社会主义人道主义的道德要求，对于调整社会主义社会中人和人之间的关系，是有重要意义的。

应当指出的是，我们不能因为一般人还不能立刻达到共产主义道德的最高要求，就认为共产主义道德只能对少数人去讲，从而否认在现社会提倡和宣传共产主义道德的重要意义。相反，不同层次的道德要求，在实践中是不可能截然分开的。共产主义道德代表人类道德发展的必然趋势，又是我们社会中一部分人已实际上达到的道德要求。共产主义道德在社会主义社会生活的伦理道德要求总体中，居于主导地位，对于其他较低层次的道德，都有指导作用。对于广大群众来说，不能只停留在社会主义人道主义的水平上，还必须沿着道德的阶梯，不断向上攀登。共产主义道德的基本原则集体主义，渗透在社会主义人道主义之中。所以，既要广泛宣传和实行社会主义人道主义，又必须向广大人民群众宣传和提倡共产主义道德，并要求共产党员和先进分子率先实践，用以教育和鼓舞人们，引导他们更自觉地去追求更高层次的道德要求。

五、宣传和实行社会主义人道主义的意义

宣传和实行社会主义人道主义，有着重要的现实意义。在对待人道主义的问题上，一方面必须批判资产阶级人道主义的世界观和历史观，批判资产阶级人道主义的道德观，反对宣传抽象的人道主义；另一方面，也必须反对简单化的倾向，反对连任何意义上的人道主义，包括社会主义的人道主义，都一概加以否定。

宣传和实行社会主义人道主义，符合我国社会主义社会生活的迫切需要，符合人和人之间建立新型道德关系的迫切需要。在我国，由于长期封建思想的影响，由于资产阶级腐朽思想的侵袭，再加上经济和文化落后所带来的愚昧，在我国现实生活中，仍然不同程度地存在着违反人道原则的犯罪现象，存在着人和人之间缺乏相互关心、同情和尊重的现象。有一些人对他人可以肆意进行人格侮辱；一些人自以为高人一等，以势压人；一些人以权谋私，极端利己，只知趋炎附势，不知道关心人，不关心普通劳动者，尤其是普通妇女、普通儿童、普通老人以及因病残或遭受挫折而身心痛苦的人。这些现象，不但离人与人之间的共产主义关系相差甚远，而且可以说，连社会主义人道主义的要求也没有达到。

这些现象,对我国社会主义的物质文明和精神文明的建设,对人民的利益,都是极为不利的。因此,大力宣传和实行社会主义人道主义,广泛而有效地消除人对人的某些冷漠无情的现象,建立、扩大人们相互间美好的伦理道德关系,是建立新型人与人关系的一个重要方面。

宣传和实行社会主义人道主义,对于提高人民的思想觉悟,逐步地向高层次的共产主义道德前进,也有重要意义。要达到高层次的共产主义道德境界,一般来说,要从一些较低层次的道德实践起步。宣传和实行社会主义人道主义,可以使人们在建立个人与他人的相互关心、相互尊重的新型人道关系的实践中受到锻炼,将有助于人们不断培养起关心他人和整体的高尚情操和思想,激发起追求崇高的共产主义人与人关系的热情,使他们能够更好地在道德阶梯上一级一级地向上攀登,最后步入共产主义道德境界。

宣传和实行社会主义人道主义,对于反对现代资产阶级的卫道士对共产主义道德的恶意攻击,也有着重要作用。现代资产阶级的思想家在攻击马克思主义阶级斗争理论的同时,还特别用资产阶级的人道主义攻击共产主义道德的集体主义原则,说集体主义忽视了"人是目的",否认了个人利益和人的个性发展等。我们若能全面准确地宣传和实行社会主义人道主义,就可以更有力地驳斥这些毫无根据的谎言,消除人们的误会,从而使人们认识到,实行社会主义人道主义,不但同集体主义不矛盾,而且是完全一致的。

宣传和实行社会主义人道主义,在我国有着重要的现实意义,它有利于调整社会主义社会中人和人的各种关系,对我国正在进行的社会主义现代化的建设,必将起到重要的促进作用。

关于社会主义人道主义原则的几个问题[*]

社会主义道德建设的原则有着不同层次的关系。弄清这些关系，不论在理论上还是在实践上，都有重要意义。除了社会主义集体主义以外，还有一些不同的、较低层次的原则，人道主义原则、公正原则就是属于这一地位的原则。集体主义是社会主义道德建设的基本原则，是国家的主流意识形态，它对其他的道德原则有指导、引导的关系。这种指导、引导的关系，不但不会妨碍和影响这些原则的实施，而且能更好地发挥这些原则的作用。社会主义人道主义原则（又称"仁爱原则"）是社会主义道德建设的一个重要原则，也是社会主义社会一个重要的道德要求。"以人为本"、"全心全意为人民的利益而献身"就是这一道德原则的体现。它的实施最终都是为了社会主义的集体利益和国家利益，都是为了进一步消除贫富悬殊的社会不公的现象。

一、人道主义的出现、形成和发展

在中国传统伦理思想中，非常推崇"仁爱"原则，主张"仁者爱

---

[*] 原载《思想理论教育导刊》，2012（10），系2010年度教育部人文社会科学重点研究基地重大项目"社会主义和谐社会核心价值体系研究"（项目批准号：10JJD720007）的阶段性成果。

人",强调要"推己及人",关心他人。孔子在《论语》中从各个方面对"仁"作了阐释。他强调"己所不欲,勿施于人","己欲立而立人,己欲达而达人",认为在人与人的相处中,应当设身处地地为对方考虑,凡是我不愿意别人施加于我的一切事情,我都应当自觉地不施加于别人,以免别人受到伤害;我希望达成的事情,也要允许和帮助别人能够达成。墨子从人和人之间的相互尊重和功利原则的角度,提出"兼相爱,交相利"的思想。孟子也强调:"老吾老以及人之老,幼吾幼以及人之幼。"从一定意义上说,这些思想可以被认为是人道主义的萌芽。

随着资本主义生产的发展,从14世纪开始,资产阶级在反对封建压迫和神权统治的斗争中,从古希腊的思想家中得到启迪,提出了"人是万物的尺度",强调"人的高贵超过了天使的高贵","人所具有的一切,我都要具有"等观点,高唱人应该被当作人看的口号。

18世纪以后,资产阶级在西欧各国成为统治阶级,人道主义也就成为占统治地位的意识形态和主要的道德原则与道德规范。人道主义者宣扬的人的尊严、人的价值以及所谓"自由、平等、博爱",也就成了资产阶级的政治、社会、伦理思想的核心,成为各种伦理学派共同维护的神圣的原则。它为所有的人争得个人的自由、民主和权利,提供了斗争的武器和有效手段。特别是当这些思想被写进国家的宪法和法律之后,对保护广大人民的正当权利和个人自由起到了重要作用。人道主义认为,人的权利和自由是天赋的,是任何人都不应当被剥夺的。在资本主义这个私有制社会中,个人的权利、尊严和自由是不能自然而然地实现的。这些权利的实现,总是要同个人占有财产的多寡和政治上所拥有的权利相联系的。但同时也应当看到,在现代资本主义社会中,有不少进步的文学家、思想家和伦理学家,他们同情人民的苦难遭遇,站在人民群众一边,痛恨资产阶级对人民的残酷剥削、压迫,他们高举人道主义的旗帜,并且真诚地相信,只要能在全人类中宣传和实行人道主义,就可以最终消除这些丑恶现象,就可以使人类走向进步。一些人道主义者,力求帮助社会的弱势群体,使他们能够获得"人道"的待遇,他们的这种真诚愿望是应该肯定的。

总之,我们对资产阶级人道主义,应该根据历史唯物主义的观点,对它在不同时期的历史作用进行具体的分析。对于现实生活中的不同的人道主义者，要区分他们不同的政治倾向和社会倾向，特别要认清他们到底是站在劳动人民群众一边的真诚人道主义者，还是站在垄断资产阶级一边的御用文人和政客，从而采取不同的态度。

二、社会主义人道主义的提出

社会主义人道主义是对资产阶级人道主义的继承和发展。它吸纳了资产阶级人道主义的合理内核，又体现了社会主义的基本要求。社会主义人道主义有一个长期的发展过程。它最早是由马克思、恩格斯提出的，并在以后无产阶级的革命实践中不断得到发展。

早期的马克思、恩格斯，也曾是一个人道主义者。在《神圣家族》和《1844年经济学哲学手稿》中，马克思、恩格斯还认为资本主义之所以要灭亡，根本原因是它使人、使无产阶级丧失人性，是不人道的。而人性的觉醒必将使无产阶级摧毁这种制度。在《关于费尔巴哈的提纲》、《德意志意识形态》及以后的著作中，即当新的世界观、历史观已经建立起来之后，马克思、恩格斯开始对人道主义作不同意义的区分。一方面，他们毫不留情地清算了从抽象人性出发的唯心主义世界观和历史观，肯定了生产方式、生产关系对于人的本质、人类社会生活发展过程的决定意义，并批判了建立在抽象的人性之上的人道主义；另一方面，他们又在新的哲学基础上，肯定了实现人的价值、自由、平等、幸福、相爱的重要意义。1845年年底，恩格斯《在伦敦举行的各族人民庆祝大会》一文中曾说，对于各民族之间的关系，所有无产者的"修养和举动实质上都是人道主义的"。这也就是说，无产者的行动，是从新的人道主义出发的，是符合唯物主义的原则的。1871年，在论述无产阶级专政的第一次伟大尝试的巴黎公社时，马克思说："公社并不取消阶级斗争……但是，公社提供合理的环境，使阶级斗争能够以最合理、最人道的方式经历它的几个不同阶段。"这里所讲的"人道"和"人道主义"，都是在科学的世界观和历史观的基础上，赋予人道和人道主义以新的意义。这种革命的无产阶级的人道主义（我们现在称之为社会主义人道主义），是和资产阶级人道主义有着原则不同的。

三、社会主义人道主义的主要内容

社会主义人道主义是社会主义社会中处理人和人之间关系的一个重要的伦理原则和道德规范。社会主义人道主义作为一种道德要求和价值标准，主要包括以下四个方面的内容。

1. 重视人的权利和自由

社会主义人道主义充分重视个人的权利和自由。我国宪法明确提出，"任何公民享有宪法和法律规定的权利，同时必须履行宪法和法律规定的义务"，把享有权利和履行义务联系在一起，规定中华人民共和国公民有言论、出版、集会、结社、游行、示威的自由，有宗教信仰自由，有通信自由和通信秘密不受侵犯等自由。宪法还把最基本的道德要求同享受权利联系在一起，如第五十三条规定："中华人民共和国公民必须遵守宪法和法律，保守国家秘密，爱护公共财产，遵守劳动纪律，遵守公共秩序，尊重社会公德。"

个人的权利和自由，是个人生存和发展的重要条件，只有公民的自由和权利得到保障，个人的生存、幸福才能有条件得以实现。

2. 尊重人的价值和尊严

人的价值的实现，既是一个价值观的问题，也是一个人生意义的重大问题。人生价值能否实现，是人生有没有意义以及有多大意义的关键。社会主义人道主义要求，社会和国家应创造尽可能多的条件，以促进人的价值的实现，尊重那些为社会辛勤劳动而作出重大贡献的劳动者。在社会主义社会里，劳动者既是手段，又是目的。在社会主义社会里，作为手段价值的人和作为目的价值的人是统一的。一个人首先要对集体、国家和社会作出贡献，使自己的存在对社会具有积极的意义，即有手段价值；同时，集体、国家和社会也应把每一个人当作目的来服务，使每个人都能分享他人劳动的成果，享受社会进步所带来的物质财富和精神财富，使每个人都能实现自己作为目的而存在的价值。一个人越是努力根据集体、国家和社会的需要而作出贡献，他就越能发挥自己的才干，而集体事业的发展又会为每个人的自由发展提供最充分的条件。

3. 关心人的物质福利和文化生活的满足

社会主义人道主义不但要尊重人的尊严和价值，而且要关心广大人民群众的切身利益。随着生产的发展，应当逐步满足广大群众不断增长的物质需要和文化需要，不断促进人民福利的增长。

4. 重视对社会弱势群体的关怀

社会主义人道主义，在关心每个人的同时，尤其要关心社会上的弱势群体，使他们在生活、工作、学习、就业等各个方面，更多地得到社会的同情、关心、爱护和帮助。社会上弱势群体是指那些经济来源较少、劳动条件和劳动报酬都较低的贫困户和鳏、寡、孤、独、颠连困苦而生活无助的人。他们由于社会或自身的原因，特别是随着社会竞争的日趋激烈，贫富悬殊的出现，使他们成为迫切需要社会帮助的人群。救助弱势群体，是中华民族一贯的传统美德，也是社会主义人道主义的一个重要内容。

社会主义人道主义在尊重人的尊严和价值、关心人的利益的同时，对社会主义初级阶段中的"人"，要进行具体的分析。在长期的革命和建设过程中，全体社会主义劳动者、社会主义事业的建设者、拥护社会主义的爱国者和拥护祖国统一的爱国者等，都必然属于社会主义人道主义所关心、尊重和爱护的对象；同时也要看到，在现实社会中，还存在敌视社会主义、危害人民利益的分子，还有企图颠覆社会主义制度、勾结国外敌对实力妄图分裂国家的分子。因此，社会主义人道主义明确地宣称，它不能"爱一切人"，不能爱人民的敌人，不能爱社会的丑恶现象，不能爱一切社会主义的敌对势力。只有坚决同各种敌视社会主义的力量作斗争，才能做到对广大劳动人民的关心和爱护。

资产阶级人道主义，无法解决它所说的"博爱"与"暴力"的矛盾，它总是把"人道"和"暴力"，把道德和"革命"看作不可调和的对立物。既然要对一切人都实行"博爱"，那就不应当对任何人施以反"人道"的"暴力"。怎么办呢？"勿以暴力抗恶"，这是资产阶级人道主义者的结论。

社会主义人道主义不把革命和人道抽象地对立起来，而强调革命是实现尊重人、关心人、爱护人的社会主义人道主义的重要条件。对于社会的邪恶势力，也根据不同条件，因人而异。对于那些穷凶极恶、危害国家、危害人民生命财产的恶人，不施以仁政，但是，对于一切有条件教育改造的分子，则尽可能地采用尊重人格、感化教育、劳动改造等方法，促使他们重新做人。

四、宣传和实行社会主义人道主义的意义

宣传和实行社会主义人道主义，符合我国社会生活的迫切需要，符合人和人之间建立新型道德关系的迫切需要。由于长期封建思想的影响和资产阶级腐朽思想的侵袭，再加上经济和文化落后所带来的愚昧，在我国现实生活中，仍然不同程度地存在着违反人道主义原则的犯罪现象，存在着人和人之间缺乏相互关心、同情和尊重的现象。有一些人可以肆意对他人进行人格侮辱；一些人自以为高人一等，以势压人；一些人以权谋私，极端利己，只知趋炎附势，不知道关心人，尤其是普通劳动者，包括普通妇女、儿童、老人以及因病残或遭受挫折而身心痛苦的人。这些现象不仅离人与人之间的共产主义关系相差甚远，而且可以说，连社会主义人道主义的要求也没有达到。这些现象对我国社会主义物质文明和精神文明建设，对人民的利益都是极为不利的。因此，大力宣传和实行社会主义人道主义，广泛而有效地消除人对人的某些冷漠无情的现象，建立、扩大人们相互间美好的伦理道德关系，这是建立新型人与人关系的一个重要方面。

宣传和实行社会主义人道主义，对于提高人们的思想觉悟，逐步地向高层次的为人民服务和集体主义的道德要求前进具有重要意义。要达到高层次的道德境界，一般来说，要从一些较低层次的道德实践起步。宣传和实行社会主义人道主义，可以使人们在建立个人与他人的相互关心、相互尊重的人道关系的实践中受到锻炼，将有助于人们不断培养起关心他人、整体的高尚情操和思想，激发起追求崇高的共产主义人与人关系的热情，使它们能够更好地在道德阶梯上一级一级地向上攀登，最后步入共产主义道德境界。

宣传和实行社会主义人道主义，对于反对现代资产阶级的卫道士对共产主义道德和社会主义的恶意攻击也有重要作用。现代资产阶级的思想家在攻击马克思主义理论的同时，还特别用资产阶级的人道主义攻击社会主义道德的集体主义原则，说集体主义忽视了"人是目的"，否认

了个人利益和人的个性发展等。我们若能全面准确地宣传和实行社会主义人道主义，就可以更有力地驳斥这些毫无根据的谎言，消除人们的误会，从而使人们认识到，实行社会主义人道主义，不但同集体主义不矛盾，而且是完全一致的。

五、社会主义人道主义同资产阶级人道主义的对立

社会主义人道主义是同资产阶级人道主义对立的一种思想体系和价值观念。它不是从抽象的"人的本性"和"人类之爱"出发，而是从社会生活中实践着的现实的人出发。早在1942年，毛泽东《在延安文艺座谈会上的讲话》中就明确了这一问题。他说："有没有人性这种东西？当然有的。但是只有具体的人性，没有抽象的人性。在阶级社会里就是只有带着阶级性的人性，而没有什么超阶级的人性。"[①] 这就是说，我们现在所说的"人性"都是一定社会中的一定阶级的"人性"，而不可能是"抽象的人性"。在原始社会的漫长时期内，"人的本性"原本是共同的、全人类的和普遍的，但自从人类进入阶级社会以后，人的本性就打上了阶级的烙印而失去了普遍的人的本性。

资产阶级的人道主义脱离社会的实践和斗争，在"抽象的人性论"和尊重"人的价值"的口号下提出各种各样关于个人享受、个人自由的要求。人道主义者一个著名的口号和旗帜就是，"我是人，凡是人的一切欲望，我都应当得到满足"，因此，他们认为，社会主义制度不符合人性，不能实现和满足人的本性的要求，从而主张鼓励个人主义、享乐主义和拜金主义，使整个社会陷入为了满足个人的私欲就可以不择手段地为所欲为的状态。宣传和实行社会主义人道主义，是关系到坚持马克思主义的重大理论问题。

社会主义人道主义，是在社会主义以公有制为主体的经济基础上形成的，是为建设社会主义和共产主义的伟大目标服务的。它是在无产阶级革命的过程中形成和发展起来的，是在经济、政治、社会的社会主义改造和社会主义建设的过程中逐步完善的。以公有制经济为主体的经济

[①] 《毛泽东选集》，2版，第3卷，870页。

制度和人与人之间的同志式的互助合作关系，为实现一种真正的人道主义——社会主义人道主义创造了客观前提。社会主义生产的根本目的，就是要最大限度地发展生产力，尽可能地满足广大群众的物质文化生活需要。这一根本目的保证社会主义人道主义这种新的、更高水平的人道主义价值观念和伦理原则有充分可能逐步并且完满地得到实现，保证社会、集体对每一个人的关系和爱护，促使人和人之间形成彼此同情、相互关心、友爱互助的新关系。正像恩格斯在谈到"幸福"时所指出的："追求幸福的欲望只有极微小的一部分可以靠观念上的权利来满足，绝大部分却要靠物质的手段来实现。"[1]

社会主义人道主义的理论基础是辩证唯物主义和历史唯物主义，而资产阶级人道主义的理论基础是历史唯心主义，它从抽象的、笼统的、无差别的人出发，这个人脱离了一定的经济关系和阶级关系，超越于社会之外，成了一个孤零零的抽象。根据马克思主义的基本理论，"人的本质不是单个人所固有的抽象物，在其现实性上，它是一切社会关系的总和"[2]。马克思说："以一定的方式进行生产活动的一定的个人，发生一定的社会关系和政治关系。"[3] 而"社会结构和国家总是从一定的个人的生活过程中产生的。但是，这里所说的个人不是他们自己或别人想象中的那种个人，而是**现实中的**个人，也就是说，这些个人是从事活动的，进行物质生产的，因而是在一定的物质的、不受他们任意支配的界限、前提和条件下活动着的"[4]。社会主义人道主义的出发点是"以人为本"，是"最广大人民群众的最大利益"，也是社会主义人道主义的根本目的。

六、人道主义与世界观、道德观和价值观的关系

人道主义既是一种伦理观、道德观，也是一种与伦理观、道德观相联系的世界观和价值观。在这里，我们有必要先阐述一下伦理观、道德

---

[1] 《马克思恩格斯文集》，第4卷，293页，北京，人民出版社，2009。
[2] 《马克思恩格斯文集》，第1卷，501页。
[3] 同上书，523~524页。
[4] 同上书，524页。

观和价值观、世界观的关系。伦理观主要是指人们对个体道德和社会道德的理解和认识，是对人类道德现象的总的看法。价值观是指人们对事物是否有价值的判断，是主体对客体有无价值和价值大小的立场和态度的总和，是人们对周围世界的意义、价值的反映和判断，是对世界、社会、他人以及与自己的关系的一种具有系统性、综合性和稳定性的观点。世界观又叫作宇宙观，是人们对客观世界（自然界、人类社会、人自身以及人与外在世界的关系等）的总的看法和基本观点，包括人对于整个世界的本质、世界上各种事物的关系、人与周围世界的关系以及人在世界中的地位和生存价值等一系列问题的根本观点和根本看法。在现实生活中，世界观主要通过人们观察客观事物的基本立场、总的观点及对待客观事物的基本态度和方法等表现出来。与价值观一样，世界观也是人们在社会实践基础上形成的。由于人们在社会实践中所处的地位不同，分析问题的立场和角度不同，对客观事物的认识和看法也不尽一致，因而产生了不同的世界观。

人道主义是一种伦理观和价值观，它是受世界观制约和决定的。有什么样的世界观，也就有什么样的伦理观和价值观。资产阶级的世界观和无产阶级的世界观是当今社会最主要的两种世界观，所有的价值观和伦理观都不可避免地受这两种世界观制约。

关于社会主义公正原则的几个问题[*]

一、对公正的历史考察

公正内在地包含公平和正义两方面的含义，是政治学、社会学和伦理学研究的一个重要原则。从伦理学角度来说，按照一定社会的道德核心、道德原则和道德规范去行动的，就是公平的、正义的、应当的、合乎道德的。"义"和"不义"就具有了与应当和不应当、善和恶、道德和不道德同等的意义。

早在春秋战国时期，儒家的孔子、孟子等人就极端强调"义"（正义）的重要。对于从事行政工作的人的要求，是"君子之仕也，行其义也"[①]。"正义"一词，最早见于《荀子》："不学问，无正义，以富利为隆，是俗人者也。"[②] 认为如果没有知识，不知道什么是"正义"，只知道追求财富和私利，就只能是一个粗俗而没有道德的人。又说："故正

---

[*] 原载《道德与文明》，2012（5），系 2010 年度教育部人文社会科学重点研究基地重大项目"社会主义和谐社会核心价值体系研究"（项目批准号：10JJD720007）的阶段性成果。

① 《论语·微子》。

② 《荀子·儒效》。

义之臣设，则朝廷不颇；谏诤辅拂之人信，则君过不远。"① 意思是说，如果国君能任用具有"正义"感的大臣，那么朝中的事情就不会偏邪；如果敢于谏诤的人能够得到信任，国君的过错就能很快得到纠正。秦汉以后的思想家也从不同的角度对"义"、"正义"思想进行了阐述。两汉时期的思想家认识到，"处尊位者，以有公道而无私说"②。当政者推行社会公正，不仅是一个道德问题，而且是一种社会责任。"夫公族不正则法令不行，股肱不正则奸邪兴起。"③ 当政者的职责及其职务本身要求他按社会公正的原则去处理社会事物。董仲舒主张"正其道不谋其利，修其理不急其功"，而且，"君子修国曰：此将率为也哉！……公心以是非，赏善诛恶而王泽洽，始于除患，正一而万物备"④。当政者是维护社会公道和正义的人，他们要以公正之心处理问题，要有"公心"。王充认为："国之所以存者，礼义也。民无礼义，倾国危主。"⑤ 因此，当政者自身的公正对于社会公正的实现与社会治理的和谐具有根本性的意义。基于这样的认识，汉代学者格外强调当政者应万事出于公心，以公正治国。两宋时期，二程主张"不论利害，惟看义当为与不当为"⑥，格外强调"义"的重要性，认为符合义的事情，无论利害都要去做。朱熹认为："凡事不可先有个利心，才说著利，必害于义。"⑦ 在事情的处理上也格外强调"义"作为行动原则的重要性，指出为"人"必须能够明辨义利、正邪、善恶与是非。明末清初的启蒙思想家李贽提出，"人必有私"⑧，强调了自私自利之心是人的自然禀赋。清代的颜元总结完成了中国古代的义利之辨，指出谋利、急功是正义、明道的目的。

在古希腊，"正义"是四大主德之一。柏拉图认为，社会中的每个人按照自己的等级地位做自己应当做的事就是正义。中世纪的神学家认为，"正义"就是要求人的肉体归顺于灵魂，而灵魂则应当归顺于上帝。文艺复兴以来，资产阶级的思想家更加重视"正义"在政治学、伦理学

---

① 《荀子·臣道》。
② 《淮南子·诠言训》。
③ 《盐铁论·讼贤》。
④ 《春秋繁露·盟会要》。
⑤ 《论衡·非韩》。
⑥ 《二程遗书》卷十一。
⑦ 《朱子语类》卷五十一。
⑧ 《藏书·德业儒臣后论》。

中的重要意义。对资产阶级的思想家来说,"正义"是反对封建专制和教会统治的锐利武器。他们高唱自由、平等、人权是人类共同的普世价值,民主、共和、宪政是现代政治的基本制度架构。他们以维护"正义"为旗帜,为争得自身的解放而同封建压迫和神权专制对抗。在资产阶级的思想家看来,"正义"和"真理"几乎成了意义相同的词。他们认为,依照"社会契约"和"天赋人权"所建立起来的社会正义法则是神圣不可侵犯的。这一"社会正义"的法则是永恒的。他们把符合资产阶级的政治、伦理要求作为"正义"的标准,把一切违背资产阶级利益的原则和行动说成是"非正义"的。社会的正义,成为人们追求和奋斗的价值目标。资产阶级取得统治以后,"正义"也随着资产阶级地位的变化而不断变化。目前,对于处在经济发展不同阶段的国家,"正义"具有不同的意义。在发展中国家,"正义"依然是争取民族独立和国家富强的重要原则,而在极少数的西方超级大国,则把"正义"当作推行资产阶级价值观和干涉别国事务的一种重要武器。

由此可见,公正是古今中外历代进步思想家和仁人志士长期不懈追求的理想原则,也是人类社会形成后所面临的一个非常重要的问题。

二、公正是社会主义道德建设的一个重要原则

公正作为一种观念化的表现,主要指社会成员的权益或利益符合公认的既定的标准。一般来说,它包括权利公平、机会公平、规则公平和分配公平四个方面,其中,机会公平也称为起点公平,规则公平也称为过程、程序公平,分配公平也称为结果公平。权利公平是公平的内在要求,它体现的是全体社会成员在参与各项社会活动方面享有平等的资格。机会公平是公平的前提和基础,要求社会提供的生存、发展、享受的机会对于每一个社会成员都是均等的。规则公平是实现公平的必要条件和保障,要求公民参与经济、政治和社会等各项活动的过程应该公开透明,不允许某些人通过对过程的控制而谋取不正当利益。分配公平是整个社会公平的根本内涵、实质所在和最高层次。分配公平,一方面指每个劳动者都能获得与其劳动和贡献相当的利益;另一方面指在分配的结果上要兼顾全体公民的利益,防止过于悬殊的贫富差距,以利于共同

富裕的逐步实现。

公正是体现人与人之间平等关系的价值准则，它是历史的、具体的、相对的。一般来说，公正可分为经济的、政治的、法律的和道德的几个方面，永恒不变的公正是根本不存在的。"在道德上是公平的甚至在法律上是公平的，而从社会上来看很可能是很不公平的。社会的公平或不公平，只能用一门科学来断定，那就是研究生产和交换的物质事实的科学——政治经济学。"[①] "只要与生产方式相适应，相一致，就是正义的；只要与生产方式相矛盾，就是非正义的。"[②] 因此，"衡量社会公平的标准必须看是否有利于社会生产力发展和社会进步"[③]。

需要强调的是，社会主义公正原则和集体主义原则不是同一层次的原则，集体主义内含自由、公正、仁爱等。与社会主义集体主义原则处于同一层次的应该是原始社会的平均主义原则、封建社会的整体主义原则以及资本主义社会的个人主义原则。当代化的仁、义、礼、智、信，社会主义化的公正、人道等都可以作为集体主义这一基本道德原则下的具体原则和规范，如集体主义对道德高尚者的补偿就内含公正原则，提倡对他人、社会的奉献就内含仁爱原则等。

在谈到社会公正的问题时，有必要涉及市场经济条件下公平与效率的关系问题。公平是社会主义的本质要求。建设社会主义和谐社会，必须把公平作为价值准则置于重要的地位，无论是社会制度的安排，还是法律条文的制定或改革措施的选择，都必须把公平作为一个重要的价值准则。我们在发展经济、提高经济效率的同时，不能以牺牲公平为代价。"我国是社会主义国家，我们的发展不能以牺牲精神文明为代价，不能以牺牲生态环境为代价，更不能以牺牲人的生命为代价。"[④] 无论在什么时间、什么阶段，不管我们怎样强调发展和效率，我们都应该切实采取措施维护社会公平，道德建设也不能例外。社会主义市场经济条件下的道德建设必须从社会主义发展的大局和全局着眼，确立社会主义公正观的基础地位。要将公正作为社会主义道德建设的一个重要原则，让公正理念深入人心，通过广泛的宣传、教育，积极营造更加注重公正

---

① 《马克思恩格斯全集》，中文1版，第19卷，273页，北京，人民出版社，1963。
② 《马克思恩格斯文集》，第7卷，379页。
③ 《江泽民文选》，第1卷，48页，北京，人民出版社，2006。
④ 胡锦涛：《社会主义国家发展不能以牺牲人命为代价》（2006年3月29日）。

的社会氛围。

三、社会主义公正与资本主义公正的本质区别

社会主义公正与资本主义公正既有继承的关系，又有本质的区别。不仅在资产阶级上升时期，资产阶级高举人道主义的旗帜，高唱"自由、平等、博爱"，而且当前西方新自由主义的思想家也大力提倡公平和正义，高举公平和正义的旗帜，并鼓吹资本主义社会是一个最重视公平和正义的社会。新自由主义的代表哈耶克和弗里德曼等人所提出的理论，其目的是要使资本主义的经济得到更快的发展，维护资本主义社会的稳定。我们知道，社会公平不是自然而然可以达到的，它必须依靠社会的各种最必要的措施。对于一个人来说，任何公平的获得都必须依赖必要的物质条件。没有必要的物质条件，任何公平都只能是不切实际和不能兑现的空话。

首先，在资本主义社会，劳动人民是无法平等地享受各种权利的，如选举权、被选举权、居住权和财产权等。其次，由于每个人先天和后天的差别，已经注定了不可能有相同的机会。一个出生于城市、富有和政治地位较高的人，他的子女受教育的机会就必然优越于那些出生于乡村、贫穷和劳动者家庭的人，因此人们不可能享有公平的机会。再次，规则公平是实现公平的重要保证。在资本主义社会中，规则对于每个人都是同样适用的，但这些规则的应用是要有一定的知识、文化和政治水平来保证的。最后，在资产阶级掌握政权的社会，每个劳动者都不可能获得与其劳动和贡献相当的物质利益，结果是造成社会的贫富悬殊和两极分化，根本无法实现分配公平。

实事求是地说，资本主义社会的一些经济学家对于新自由主义经济学的分配结果是相当清楚和明确的，他们知道，新自由主义的理论所强调的"效率优先"导致的必然结果就是社会贫富差距的拉大和严重的两极分化，但他们仍然把哈耶克和弗里德曼的理论奉为圭臬，认为只有这一理论才能解决当前的经济问题，才能促进生产力的发展。更值得我们注意的是，我国的一些经济学家把我国所实行的"效率优先、兼顾公平"的分配政策同哈耶克和弗里德曼的理论混为一谈，他们把"效率优

先"绝对化，并力图使这一理论成为永恒的政策。他们不懂得，我国在分配问题上所实行的"效率优先、兼顾公平"的政策，是由我国尚处于社会主义初级阶段的具体情况所决定的，在经济和社会发展到了一定程度的时候，我们就可能或必须改变这一政策。我们是社会主义国家，社会主义的本质绝不能允许出现一个贫富悬殊和两极分化的社会，而是要消灭剥削，消灭贫困，消除两极分化，达到共同富裕。

"注重效率与维护社会公平相协调"的原则是社会主义道德同一切剥削阶级特别是资产阶级道德的一个重要区别，是为"解放生产力，发展生产力，消灭剥削，消除两极分化，最终达到共同富裕"的根本目的服务的。我们是社会主义国家，在建设社会主义现代化的过程中，既要大力发展生产力，注重经济效率，又要从最大多数人的根本利益出发，为了达到共同富裕的目的，坚决而有效地维护社会公平。从整个社会的发展来看，我们既不能因强调"社会公平"而妨害效率，也不能因重视"经济效率"而损害社会公平。贫穷不是社会主义，两极分化更不是社会主义。从"经济效率"上说，我们要求一部分人通过诚实劳动、合法经营先富起来，但从"社会公平"来看，我们又必须先富带动后富，先富帮助后富，使全体人民共享改革发展的成果，使全体人民朝着共同富裕的方向稳步前进。通过发展保障社会公平正义，不断促进社会和谐。实现社会公平正义是中国共产党人的一贯主张，是发展中国特色社会主义的重大任务。要按照民主法治、公平正义、诚信友爱、充满活力、安定有序、人与自然和谐相处的总要求和共同建设、共同享有的原则，着力解决人民最关心、最直接、最现实的利益问题，努力形成全体人民各尽其能、各得其所而又和谐相处的局面，为发展提供良好的社会环境。

四、公平与效率的关系

公平与效率的关系是一个涉及哲学、经济学、伦理学、政治学、法学等各个学科的重大问题。自从罗尔斯在他的《正义论》中提出了公平与效率的关系问题之后，在西方的政治伦理学中，就展开了关于这一问题的广泛而深入的讨论。公平与效率作为人类社会孜孜以求的两大目标，既对立又统一，二者的关系问题也是我国改革开放以来所面临的一个重大理论问题。

从西方政治家和学者的理论来看,当前关于公平与效率的关系大体上有三种观点(或称三种理论),即"重视公平、兼顾效率"、"公平与效率兼顾"和"重视效率、兼顾公平"。这三种理论相互争论,成为西方阐发公平与效率问题的主要理论和观点。就其实质来说,这三种理论争论的焦点不是别的,就是一个对伦理道德在资本主义社会中的作用的认识问题。主张"重视公平、兼顾效率"的人的出发点,是既要维护资本主义的经济发展,更要注意对人民的思想教育,要把实现社会的公平作为更重要的前提。主张"公平与效率兼顾"的人,认为公平与效率并重才是医治资本主义社会所出现的各种病态的最好药方。主张"重视效率、兼顾公平"的人,认为对于资本主义社会来说,要把效率的问题放到首要的地位,才能使资本主义社会得到长远的发展。

改革开放前,我国是一个强调"平均"的国家,这使效率大受影响;改革开放以来,尤其是实行市场取向的改革后,在分配问题上提出要"以按劳分配为主体,其他分配方式为补充,兼顾效率与公平"。随着形势的发展,一些人就进一步把它提升为"效率优先、兼顾公平",并把这一提法扩展到社会的各个领域。他们认为,在市场经济条件下,任何情况和任何领域都只能是效率优先、兼顾公平,他们把"效率优先、兼顾公平"的原则看作永恒的、绝不可以改变的原则。应该看到,强调"效率优先、兼顾公平"的原则,在我国改革开放初期,充分调动了广大人民群众的主动性和创造性,对经济的迅速发展起到了积极的作用。但是,这种看法的错误在于,它只看到经济而看不到社会的政治、文化、教育和伦理等方面的问题,没有认识到"效率优先、兼顾公平"只是就经济领域中的分配方式而言的,并不是适用于政治、社会、文化、教育和伦理领域的普遍原则。因此,在这一原则的指导下,一些不公平问题也随之而来并日益凸显。事实上,社会主义市场经济条件下,公平与效率的关系呈现出历史的、具体的、相对的变化。经济发展到一定的程度,特别是建立了社会主义市场经济体制以后,效率和效益意识逐步深入人心,效率问题得到了解决,应该更多地强调公平理念。在经济、社会、道德等不同领域,采取相应的制度措施,正确处理二者之间的矛盾,有利于广大人民群众最大利益的实现,有利于经济的发展和社会的和谐,有利于国家政权的巩固。从伦理道德的视角来看待和分析二者的关系,"效率与公平的统一"更应该被理解为"公平优先、兼顾效率"。在道德体系建设中,要充分体现社会主义的优越性,就应当强调"公平"的重要。在把广大人民群众的根本利益和集体主义的思想融入处理效率与公平关系问题的过程中,要充分认识到,任何只顾效率而损害公平的思想和行为都是错误的。在我们的社会主义社会中,只有做到"效率与公平统一",注重社会的"公平",才能够在全社会形成团结互助、平等友爱、共同前进的人际关系,才能保证社会主义市场经济的健康发展。

与公平相对的效率,可以从多种学科角度和多种意义来观察。支持哪种效率,为什么支持这种效率,并不是随意的,而是由人类自身的价值需要决定的。效率不是孤立的存在,而是一个涉及一系列利益关系的系统,它要回答的不仅是"怎样才能提高效率",而且更涉及实行这样的"效率"的结果将对什么人有利、它的最终目标将要引导社会沿着什么样的道路前进的重大问题。

第五编
社会公德

热爱社会主义应成为全体公民的公德[*]

我国新宪法修改草案第二十二条规定："国家提倡爱祖国、爱人民、爱劳动、爱科学、爱社会主义的公德。"这不但再一次肯定了爱祖国、爱人民、爱劳动、爱科学的重要意义，并且把爱社会主义作为中华人民共和国公民的公德规定在这一根本大法中，是有重要意义的。我国是建立在公有制基础上的社会主义国家，热爱社会主义，必须而且也应当成为全体公民的公德。在前一段时期，有的人认为，作为公民来说，只要爱祖国、爱人民、爱劳动就可以了，不一定就要爱社会主义；也有的人认为，作为对全国公民要求的公德来说，只要不损公利私、不损害集体也就可以了，不能对他们有过高的要求。这些意见都是值得讨论的。我们知道，坚持社会主义是四项基本原则的第一条，宪法修改草案除了在序言中肯定了坚持四项基本原则，使之成为人人遵守的最高准则以外，在全体公民的公德中再一次强调爱社会主义的重要，使爱社会主义不仅是法律的要求，而且要使它成为人们的意志和信念，使它成为人们的道德要求即人们自觉的行为准则。这样，爱社会主义不但是国家根本大法的要求，还将成为人们"内心的法"的要求。只有这样，爱社会主义才能深入人心，发挥更大的作用。

回顾新中国的几部宪法中有关这方面的内容，更可以看到新宪法修

---

[*] 原载《光明日报》，1982-05-02。

改草案的特点。在前三部宪法中，1975年的宪法，未提到社会公德，1954年和1978年的宪法，虽然都提到了要"尊重社会公德"，但对于社会公德应包括哪些内容，都未说明，而且都是从公民的基本权利和义务的方面去谈的。1949年的《中国人民政治协商会议共同纲领》，虽然提到了国民公德的五个方面，但是没有"爱社会主义"这一重要的内容，而且是从"文化教育政策"这个角度提出的。新的宪法修改草案的特点是，对公民的公德，它既不是作为文化教育政策，也不只是从权利和义务的方面来考虑，而是首先作为总纲中的一个重要部分，明确地规定国家要提倡这五条重要的公德，作为开展思想道德教育的重要内容。而且和《中国人民政治协商会议共同纲领》比较起来，新宪法修改草案将爱护公共财物，改为"爱社会主义"，更反映了在当前新的历史条件下在道德方面的新的、更高的要求。与此同时，一方面提出了"国家要提倡爱祖国、爱人民、爱劳动、爱科学、爱社会主义的公德"；另一方面，在第二章"公民的基本权利和义务"的第五十条，又规定："中华人民共和国公民必须保守国家秘密，爱护公共财产，遵守劳动纪律，遵守公共秩序，尊重社会公德和优良风俗习惯。"这样，两个方面结合起来，就必然会使国民公德的五项基本内容能做到家喻户晓，人人能行，相互督促，相互鼓励，从而必将对建设社会主义的精神文明起到重要的作用。为了强调"爱社会主义"的重要，建议将新宪法修改草案第二十二条中"国家提倡爱祖国、爱人民、爱劳动、爱科学、爱社会主义的公德"这句话，改为"国家提倡爱祖国、爱人民、爱社会主义、爱劳动、爱科学的公德"。

为了建设社会主义精神文明，为了培养人们的共产主义道德，新的宪法修改草案还规定，要"在人民中进行爱国主义、集体主义和国际主义、共产主义的思想道德教育，反对资本主义思想、封建残余思想和其他腐朽思想的影响"。这是一个问题的两个方面，是缺一不可的。进行爱国主义、集体主义和国际主义、共产主义的思想道德教育，确实十分重要。这一点，列宁已经一再指出。他说，必须反对那种崇拜自发性的有害理论。同时，在加强共产主义的思想道德教育的同时，必须反对各种错误思想的影响。毛泽东同志在《新民主主义论》中谈到新民主主义的文化时曾经指出，在旧中国，有帝国主义的、资产阶级的、封建阶级的文化，指出："这类反动文化是替帝国主义和封建阶级服务的，是应该被打倒的东西。不把这种东西打倒，什么新文化都是建立不起来的。不破不立，不塞不流，不止不行，它们之间的斗争是生死斗争。"毛泽东同志的这段话，在今天还有它的现实意义。很显然，如果不"反对资本主义思想、封建残余思想和其他腐朽思想的影响"，就不可能形成人们的爱国主义、集体主义、国际主义、共产主义的思想道德品质。新的宪法修改草案的这一规定，有极其重要的深刻的现实意义，既符合当前的实际，又有着很重大的指导意义。

社会公德与加强"公心"教育[*]

党的十四届六中全会指出，在全面加强社会主义精神文明建设特别在加强道德建设中，要"大力倡导以文明礼貌、助人为乐、爱护公物、保护环境、遵纪守法为主要内容的社会公德"的教育，提高人们的思想道德素质，以便能够形成团结互助、平等友爱和共同前进的新型的人际关系。我认为，在加强社会公德的教育中，很好地树立和培养人们的"公心"，有着特别重要的意义。

什么是"公心"？概括地说，在社会主义社会中、"公心"也就是对人民利益、集体利益和社会利益的关心。一个有"公心"的人，他总是时时处处想着社会的公共利益，想着人民和集体的利益，在社会公共生活中，遵守他所应当遵守的道德。社会主义社会是以整个社会和广大人民群众的共同富裕为最终目的的，因此，能否树立起对人民利益、集体利益和社会利益的关心，是关系到我们的社会主义能否实现的根本要求，也是我们在道德建设特别是在社会公德建设上应当十分注意的一个问题。江泽民同志在党的十五大报告中强调，要"深入持久地开展以为人民服务为核心、集体主义为原则的社会主义道德教育"，这里所说的"以为人民服务为核心、集体主义为原则的社会主义道德教育"，也可以说就是"公心"的教育。

---

[*] 原载《精神文明建设》，1998（1）。

社会公德与加强"公心"教育

为了加强社会公德的建设,我们必须从思想上提高人们对履行公德的自觉性,必须使广大人民群众树立起关心社会、关心他人的责任意识,这也就是说,要树立人们的"公心"。为了更好地认识和理解这一问题,我们可以从社会公德的五个方面,来看看树立"公心"在社会公德建设中的作用。

文明礼貌是社会公德的一个重要内容。在文明礼貌这一道德要求中,首先要求的就是要尊重社会,尊重集体,尊重他人,要使自己的一切言论和行为,都能够不影响到他人的幸福,都能够符合文明和礼让的要求,如遵守社会秩序,给老弱病残让座,上下车排队,不争前抢先,不随地吐痰,不乱扔垃圾等。这也就是说,一个人只有有了"公心",他才能使自己的思想和行为符合文明礼貌的要求。

助人为乐是社会公德的另一个重要内容。为了做到助人为乐,就必须要有关心他人、爱护他人和同情他人的思想,就必须要有一种"将心比心"、"推己及人"、"己所不欲,勿施于人"、"己欲立而立人,己欲达而达人"的态度,并且能够达到一种以他人的快乐为快乐、以他人的痛苦为痛苦的崇高的思想境界,也就是说,要有一种"公心"。一个没有公心的人,是无论如何也不可能以"助人"为"乐"的。

"公心"对于爱护公物这一社会公德来说,有着更为重要的意义。在我国当前的社会生活中,出现了种种破坏公物、不爱护公物的现象,这是值得我们认真重视的。一些人甚至损公肥私,大量地盗窃公家的财物。一些人私心膨胀,在他们看来,只有私人的东西才是最宝贵的,而一切公家的东西,都是可以任意化为己有的,甚至是可以随便毁坏的。在很多公共场所中,一些专门为了方便群众而设置的坐椅、坐凳,一些公用的电话亭,甚至马路旁边的下水道上边的井盖,也经常被一些人盗走。国家制造一个井盖,常常要花费一二百元的费用,而盗卖井盖的人,把井盖砸烂后当废铁卖,只能获得一二元钱的收入。为了个人的一点私利,竟然如此地不择手段,这又有什么社会公德可言呢?更加值得注意的是,在盗走了井盖之后,往往会产生一些意想不到的严重后果。很多人都知道,在西安,就曾经发生过一个女孩掉进了下水道而淹死在里面的事故。偷盗井盖的情况,在许多大城市中都不断出现,而且屡禁不止,这种情况,不是很值得人们深思吗?我们清楚地看到,在种种不讲社会公德、不爱护公物的背后,都同一些人缺少"公心",甚至毫无

"公心"有重要关系。

保护环境作为社会公德的一个重要要求,从表面上来看,好像只是一个人同自然、人同环境的关系问题,但从实质上来看,它仍然是一个人同人的关系的问题,其核心则仍然是一个人怎样对待他人、对待社会、对待公共利益的责任心的问题,也就是说,是一个"公心"的问题。在我们的社会中,有的人只图个人方便,随意践踏草坪、乱扔垃圾等等,一些人只顾眼前利益而不顾长远利益,为了获得暂时的利益而不惜破坏我们的环境,从而对我们的环境造成严重污染等等。从道德上看,主要是一种自私自利甚至损人利己的思想所导致的。在有些人看来,日常生活中的践踏草坪、乱扔垃圾等不良行为,只是一投足、一举手的一种偶然的行为,并不包含着道德的问题。其实,在这种偶然的行动中,却蕴藏着一种缺乏"公心",甚至没有"公心"的更为深刻的原因。

遵纪守法是社会公德中一个同法制建设和规章制度建设有关的问题,它有着一定的强制作用。但是,从社会公德方面来看,它要求人们对于社会的法律和纪律,对于有关方面的行政规章制度,能够从思想上自觉地加以遵守。我们知道,社会的法律、纪律和各种行政规章制度,都体现着社会的公共利益,体现着维护社会公共秩序的要求。一个人能否做到遵纪守法、遵守社会的各项规章制度,都同一个人的"公心",即一个人的为社会利益、为他人幸福着想的思想有着密切的关系。从一个人的思想道德素质来看,他愈是能够关心集体和国家的利益,他就愈能够自觉地遵纪守法,而一切破坏公共生活规则的违法乱纪行为,也都是由于自私自利、损人利己的思想所造成的。

以上的分析说明,在加强精神文明建设特别是加强社会公德的建设中,加强"公心"教育,是有着特殊重要意义的。

为什么在现实生活中,我们要特别强调"公心"呢?

我们可以看到,我国实行改革开放以来,随着市场经济的发展,一些人在拜金主义、享乐主义和个人主义的腐朽思想的影响下,把个人的私利看成是生活的唯一动力。对于他们来说,什么人民的利益、集体的利益、社会的利益、公共的利益,都只是一种不实际的虚幻的东西,最多也只能是一个可以用来获取个人私利的幌子。这些人所奉行的人生信条就是,凡是对自己有利的,就是他应当去做的;不论什么事情,只要

社会公德与加强"公心"教育

他认为是对自己不利的,他就绝不去做。一切以个人为中心,以一己的私利为半径,不断地、重复地画圆,这就是一些人的人生观。尽管这些人只是少数,但是,他们违反社会公德的自私自利的不道德的思想和行为,却在社会上产生着很坏的影响。正是在这种不良思想的影响下,社会上种种不关心公共利益、不注重社会公德的情况,也就屡见不鲜了。

加强社会主义精神文明建设特别是加强社会公德建设,是一个需要从许多方面进行工作的复杂的系统工程。加强社会公德建设,需要从法制建设、规章制度建设、奖赏激励工作、社会舆论监督、广泛宣传教育等多方面着手,但是,从根本上来说,培育"公心"问题,不能不说是一个十分重要的问题。因此,在精神文明建设特别是加强社会公德的建设中,我们应当抓住"公心"这个十分重要的环节,大力开展树立公心、培育公心、弘扬公心的宣传和教育活动,不断地提高广大人民群众的思想道德素质,从而为社会公德建设打下一个良好的思想基础。树立公心、培育公心和弘扬公心,是弘扬社会主义主旋律的一个重要内容,是提高人民群众道德素质的一个不可缺少的方面,只要人们的"公心"能够不断地树立、巩固和发展起来,我们的精神文明建设,特别是社会公德建设,就一定能够取得很好的成效。

最后,我们还应当在全社会树立不讲社会公德可耻的社会舆论。现在有些人,不但不以违反社会公德为耻,反而以践踏社会公德为荣。这种情况之所以产生,对于一些人来说是"无知",对于有些人来说则是"无耻"。为此,在道德教育中,要大力强调一个人的羞耻心,也就是中国传统道德中所说的要"知耻"。明末清初的著名思想家唐甄在他所著的《潜书·贞隐》中说:"人之情:道德不如人,则不知耻;势位不如人,则耻之。"确实,在奴隶社会和封建社会中,"权力"和"官爵"在人们心目中占有重要的地位,人们往往以"势位"不如人而羞耻,而不以道德不如人为可耻;在资本主义社会中,"金钱"成为一些人追求的唯一目的,因此,对于这些人来说,没有金钱是可耻的,有金钱是光荣的。他们不知道也不可能知道,道德不如人才是真正可耻的。应当看到,在我国当前的社会中,仍然有一些人,把金钱和权力当作最值得追求的东西,因而就以没有或缺少"金钱"、"权力"为可耻,而不以没有或缺少道德为可耻。正是由于这种原因,一些人不但不以违反社会公德为可耻,甚至以敢于违反社会公德而自鸣得意。我们可以想象,对于本来应当羞耻的事情不以为耻，对于这些人来说，又怎么能够希望他们自觉地遵守社会公德呢？正像战国时的思想家孟子所说的："人不可以无耻。无耻之耻，无耻矣。"这里的意思是说，做一个人，不可以没有羞耻之心，做了羞耻的事而自己仍不知道"羞耻"，那就是真正的无耻了。由此可见，加强社会公德的教育，必须强化违反社会公德是十分可耻的观念，充分运用大众传播媒介在社会舆论方面的能动作用，形成人们在履行社会公德中的"羞耻之心"，以便使我们的社会公德建设，能够收到更好的效果。

第六编

职业道德总论

论职业道德[*]

党的十二大报告指出：社会主义精神文明建设的重要内容之一，就是"在各行各业加强职业责任、职业道德、职业纪律的教育"。可以预料，随着建设社会主义精神文明活动的深入开展，职业道德必将发挥越来越重要的作用。

职业道德是同人们的职业活动紧密联系的、具有自身职业特征的道德准则和规范。由于从事某种特定职业的人们有着共同的劳动方式，经受着共同的职业训练，因而往往具有共同的职业兴趣、爱好、习惯和心理传统，结成某些特殊关系，形成特殊的职业责任和职业纪律，从而产生特殊的行为规范和道德要求。恩格斯在《路德维希·费尔巴哈和德国古典哲学的终结》中曾经指出，在社会生活中，"实际上，每一个阶级，甚至每一个行业，都各有各的道德"[①]。这里所说的"每一个行业"的道德，就是职业道德。

从历史上来看，随着社会分工的发展，职业道德在奴隶社会就已产生了。例如，古希腊的著名医师希波克拉底（约公元前460—前377）很早就提出过医德的问题。他说："我一定尽我的能力和思考来医治病人，而绝不损害他们。……无论我走进谁的家庭，均以患者的福利为前

---

[*] 原载《红旗》，1983（4）。

[①] 《马克思恩格斯选集》，1版，第4卷，236页。

提,务期不陷于腐败和堕落。"到封建社会,职业道德有了进一步的发展。例如,我国唐代著名的医学家孙思邈在他的《千金方》中,就有《大医习业》、《大医精诚》两篇,精辟地阐述了医生应具有的知识和品德。他认为一个品德高尚的医生,绝不应以自己的技术专长去谋取私利,不论富贵贫贱、老幼美丑,只要是病人,都应该一视同仁。到了资本主义社会以后,人类的分工越来越细,职业道德越来越具有多样性。

职业道德的重要特征或要求,就是人们常说的"热爱本职"和"忠于职守"。这两个方面既互相联系,又各有所侧重。所谓热爱本职,就是热爱自己所从事的职业,维护本职业的利益,在技术上精益求精,力求掌握最好的职业技能。所谓忠于职守,就是要自觉地意识到自己从事的职业对社会、对他人应履行的义务,具有高度的职业责任感。我们知道,道德的主要职能是调整人与人之间的关系。一般来说,职业道德要调整两个方面的关系,一是从事同一职业人们的内部的关系,一是他们同所接触的对象之间的关系。从历史上来看,各种职业集团为了维护自己的利益,为了维护自己的职业信誉和职业尊严,不但要设法制定和巩固某些职业道德规范,以调整本职业集团内部的相互关系,而且要注意去满足社会各个方面对本职业的要求,即通过自己的职业活动来调整本职业同社会各方面的关系。例如,一个医生,不但要热爱自己的职业,努力提高医疗技术,还要有对患者的高度责任心。不论对什么人,医生都要发扬救死扶伤的精神,尽最大努力来解除病人痛苦。应该承认,人类在职业道德方面所做的努力,对整个道德的发展产生了积极的影响,有助于道德的进步。

但是,历史唯物主义认为,一切道德,归根到底,都是社会经济状况的产物,任何一个社会的任何一种职业道德,都是该社会经济、政治的反映,受该社会统治阶级的政治思想所制约。正像恩格斯所说的:"人们自觉地或不自觉地,归根到底总是从他们阶级地位所依据的实际关系中——从他们进行生产和交换的经济关系中,吸取自己的道德观念。"① 在私有制社会中,由于生产资料是私有的,政权是由剥削阶级所掌握的,利己主义的道德原则在社会上占据着统治地位,所以,各种职业道德不能不受到剥削阶级思想的影响,带着不同程度的小团体主义

---

① 《马克思恩格斯选集》,1版,第3卷,133页。

和行会主义的烙印。无产阶级夺取政权以后，建立了公有制经济基础上的新型的社会主义社会，才使职业道德发生了根本性的变化。社会主义社会的职业道德，一方面是历史上长期形成的职业道德的继续，另一方面又和私有制条件下的各种职业道德有着本质的区别。

社会主义社会的职业道德，是建立在社会主义公有制基础之上的。社会主义社会消除了人与人之间剥削与被剥削、雇佣与被雇佣的关系，摒弃了"人人为自己，上帝为大家"的利己主义原则，在根本上使职业利益同整个社会的根本利益一致起来，从而建立了人与人之间同志式的互助合作的新型关系。在社会主义社会里，各种职业都是整个社会主义事业的一个有机的组成部分，因此，各行各业可以形成普遍的道德要求，其显著的特点，就是为人民服务。在社会主义社会里，对于从事各种职业的人来说，不论是热爱本职或者是忠于职守，都应该把为人民服务作为职业工作的出发点，并以能否满足人民的需要作为自己所从事的工作的目的。例如，社会主义社会的商业道德，强调商业工作人员要诚信无欺，对顾客主动、热情、耐心、周到，急顾客之所急，等等。所有这一切，绝不只是为了更多地招徕顾客、增加利润，也不是为了狭隘的职业利益或个人的荣誉，而是要为人民服务。社会主义社会的文艺工作者，对自己的技艺精益求精，既不应该是为了名利，也不应该是为艺术而艺术，而是要力求满足人民的精神和文化的需要。由此可见，社会主义社会的职业道德，把从事各种职业的人的利益同广大人民群众的利益有机地统一起来，使职业利益服从人民的利益，从而使职业道德在调整人与人之间的关系上，发挥了历史上前所未有的更加重要的作用。

社会主义社会的职业道德在全社会的建立和普及，对提高整个社会的道德水平，改变社会风气，建立新型的人与人之间的关系，对培养"有理想、有道德、有文化、有纪律"的一代新人，都有十分重要的意义。

首先，职业道德是每一个人在自己的职业生活中时时刻刻都要遵守的。集体主义思想，全心全意为人民，爱护社会主义公共财产等等，这些道德原则和规范只有贯彻到人们的职业道德中，才能更加有效地发挥作用。《全国职工守则》强调"热爱本职、学赶先进、提高质量、讲求效率"，《首都科技工作者科学道德规范》强调"勇于探索、敢于攻坚、不畏艰险、锲而不舍，为追求科学真理而奋斗终生"。很明显，提倡和建立这样的职业道德，有利于提高广大干部和群众的共产主义道德水平。因此，要做遵守共产主义道德的模范，很重要的一条，就是要做遵守职业道德的模范。

其次，社会主义社会的各种职业，都同广大群众的生活、思想息息相关。如果缺乏应有的职业道德，缺乏必要的职业责任心，对自己的本职工作不负责任，就必然会在自己的工作中给人们带来危害，以至造成各种社会矛盾，污染社会空气。相反，如果具有高尚的职业道德情操和思想作风，就能够直接地影响别人，教育别人，使人们在情感上受到激励，品质上受到熏陶。这就必然有利于建立起团结一致、友爱互助、共同奋斗、共同前进的人与人之间的新型关系，有利于对社会风气的改造。

社会主义社会的职业道德，是在公有制经济基础上建立的一种崭新的道德，因此，它不像旧的职业道德那样可以自发形成，而是在马克思主义的教育下，通过社会主义社会中有觉悟的成员的努力建立起来的。列宁曾经指出，社会主义、共产主义的意识，不能自发产生，必须经过思想的教育或"灌输"。在这个意义上，我们同样可以说，没有共产主义思想的教育，也就不可能形成和建立社会主义社会的职业道德。由于旧中国的职业分工受着等级制度的影响，人们总是把各种职业分为高低贵贱，并以此为标准来区分人们在社会中的地位和身份。应该看到，旧社会的这些影响，直到今天还没有完全肃清，还不同程度地在一些人的头脑中发生作用。因此，加强对广大群众的共产主义思想教育，使他们认清社会主义职业的性质和特点，了解本职业在社会主义社会中的地位和职责，是十分重要的。在社会主义社会中，每个人所从事的职业，尽管在工资待遇、劳动条件等方面，还不可避免地存在着某些差别，但它们都是建设社会主义所必需的。从事各种职业的人们，都只有分工的不同，并无高低贵贱之分。应当使从事各种职业的人都懂得，特别要使那些从事在旧社会被人看不起的职业的人们懂得，在社会主义社会里，各种职业都是为人民服务，都是光荣的；各行各业都是社会主义建设事业的一部分，都是与祖国的前途、人民的利益和现代化建设密切相关的。个人只要把自己的理想、志愿和聪明才智同为人民服务、为社会主义现代化建设做贡献的职业实践结合起来，就能使自己的生活变得丰富、充实和高尚。

当前，有些人由于受到旧意识、旧传统和剥削阶级职业观的影响，对自己所从事的职业缺乏正确的认识，因而不能充分发挥积极性。对某些职业，有的人极力设法逃避，即使不得已而为之，也觉得低人一等，羞于见人。与此同时，我们还要看到，由于受旧社会遗留下来的剥削阶级思想的影响，各种职业都有少数不遵守职业道德的人，他们利用手中掌握的一部分职权谋取私利，严重地损害了人民群众的利益。基于上述情况，我们的职业教育，不仅要注意职业知识、技术的传授，而且要特别注意加强职业道德的教育，把职业道德教育放在首要的地位。也就是说，帮助人们，特别是帮助青年认识他们所从事的职业的意义，培养他们热爱本职工作的情感和顽强的创业精神，使他们遵守、维护和发展职业道德。至于对那些严重破坏职业道德达到了触犯法律的人，必须绳之以法。只有这样，才能保障社会主义职业道德的健康发展。

加强职业道德的教育，已经成为建设社会主义精神文明的迫切要求，成为我们时代精神的需要。已经在全国开展的"五讲四美三热爱"活动，正在向纵深发展。如果各行各业的人们都能够进一步提高遵守职业道德的自觉性，那么，我国的社会主义精神文明建设必将提高到一个更高的水平。

职业道德在社会主义精神文明建设中的地位和作用[*]

一、精神文明在"四化"建设中的作用

社会主义精神文明建设，是社会主义的重要特征，是社会主义制度优越性的表现。过去，我们说到社会主义的特征、本质或基本特点，比较多的是强调剥削阶级制度的被推翻、生产资料公有制的建立和国民经济有计划按比例的发展，以及在分配方面的各尽所能、按劳分配。这就是说，看一个社会是不是社会主义的，或者说区分社会主义之所以同资本主义不同，或者更明确地说，社会主义之所以比资本主义优越，主要是以上述几个方面为标准。这个标准也可以说是一个评价标准，是我们观察世界其他各国和我国社会是不是社会主义的一个标准。从党的十二大开始，我们又增加了一条，即社会主义精神文明建设。

把社会主义精神文明建设作为社会主义的一个基本的、重要的特征，它的意义是极为重要的，它确实可以说是对马克思主义理论的一个创造性的发展，它不仅在理论上，而且在实践上，都是有重要意义的。

一个社会，除了剥削阶级被推翻和以公有制经济为主体，国民经济

---

[*] 原载《职业道德十二讲》，北京，文化艺术出版社，1987。

职业道德在社会主义精神文明建设中的地位和作用

有计划发展和按劳分配外，如果没有社会主义的精神文明，就不可能最终建设成为社会主义的社会，甚至它可能走上邪路，走上与社会主义背道而驰的资本主义社会。由此可见，社会主义精神文明绝不是一个可有可无的东西，因为很清楚，如果忽视在共产主义思想指导下在全社会建设社会主义精神文明这个伟大的任务，人们对社会主义的理解就会陷入片面性，就会使人们的注意力仅仅限于物质文明的建设，甚至仅仅限于物质利益的追求。在当前，为了建设有中国特色社会主义，我们必须大力发展生产力。与此同时，我们还必须反对那种只从满足自己的私欲和利己心出发去从事我们的"四化"建设，那样，我们的社会主义社会就会失去理想和目标，失去精神的动力和战斗的意志，就不能抵制各种腐化因素的侵袭，从而就有可能迷失方向，甚至会走上畸形发展和变质的邪路。确实，这并不是危言耸听，而是从当前国内外活生生的事实中得出的结论。

由此可见，我们现在讲四个坚持，讲坚持社会主义道路，坚持人民民主专政，坚持中国共产党的领导，坚持马克思列宁主义、毛泽东思想，其中一个重要的问题，就是要坚持社会主义道路、社会主义方向，要坚持建设社会主义精神文明，如果我们没有建设起社会主义的精神文明，如果人们只是去追求物质利益，如果资产阶级的拜金主义和一切向钱看的思想腐蚀我们的队伍，我们是不能坚持社会主义道路的。

最近几年来，面对我国当前的社会风气，不少人非常关心我们国家的精神文明建设问题。我国社会主义四个现代化的建设，最终能不能在建设高度物质文明的同时，建设起高度的精神文明？能不能随着经济建设的发展，也能使我国人民在共产主义和社会主义的道德阶梯上不断向上攀登？能不能使我国人民在物质生活水平不断增长的情况下，使人们为集体、为国家的集体主义思想更加牢固？能不能在学习西方先进技术的同时，使我国人民的自尊心、自信心得到提高？在看到资本主义的技术发展时，能不能坚定我们的社会主义制度和社会主义道路的信心？这一切问题，确实是我们每个关心我国命运的人所应当经常思考的。

党中央为什么要提出坚持四项基本原则、反对资产阶级自由化？归根到底，就是由于资产阶级自由化思想的泛滥，主要是在否定我们国家的社会主义道路，改变我们的社会主义制度，使我们的"四化"建设迷失方向，滑向资本主义的轨道。现在我国正实行着对外开放政策，随着外国的先进科学技术进入中国，资产阶级的意识形态也通过各种渠道传入我国。资产阶级的意识形态，不是说没有可以借鉴和启发的，但我们应该看到，西方的资本主义国家在把它们的先进技术输入中国之后，总是要想尽办法来鼓励、启发、支持、诱导我们国家的一些人，希望通过他们，使我们的社会主义国家也实行自由化，希望我们的制度也能改变成像他们那样的制度。因为，在他们看来，如果不改变我们的制度，用他们的科学技术所武装起来的社会主义国家，将来会和他们发生对抗，会对他们产生威胁。因此，从世界范围内，我们也要认识到，只要我们实行开放政策，不管国内情况如何，在国际范围内，必定会有资产阶级自由化的思想侵袭进来。为了保证社会主义道路、社会主义方向，必须要在一个相当长的时期内，开展反对资产阶级自由化的斗争。

应当看到，在改革开放中，西方各种思潮、各种伦理道德观点，甚至一些极端个人主义、性自由、性解放的观点，也都大量涌进，有的人甚至提出全盘西化，认为不但科学技术应当西化，就是伦理道德也应当西化，这当然是不正确的。邓小平同志曾经指出："经济方面我们采取两手政策，既要开放，又不能盲目地无计划无选择地引进，更不能不对资本主义的腐蚀性影响进行坚决的抵制和斗争。为什么在文化范围内的交流，反倒可以让资本主义文化中对我们有害的东西畅行无阻呢？我们要向资本主义发达国家学习先进的科学、技术、经营管理方法以及其他一切对我们有益的知识和文化，闭关自守、故步自封是愚蠢的。但是，属于文化领域的东西，一定要用马克思主义对它们的思想内容和表现方法进行分析、鉴别和批判。"

二、道德在社会主义精神文明建设中的重要意义

道德是人和人之间的行为规范，是在人类社会的发展中、在人际关系中所形成的各种行为关系中的应当与不应当、正确与错误、正义与非正义、善与恶等的准则体系。它对维护人类社会的不断向前发展，促进人类社会进步，发挥人的积极能动作用，改造人类自身和改造整个社会，都有重要作用。西方有些思想家认为，人之所以异于禽兽，主要是由于人有理智。中国有些思想家则认为，人之所以异于禽兽，主要是因

职业道德在社会主义精神文明建设中的地位和作用

为人有道德。孟轲最早认为，在人类刚刚脱离动物界之时，虽然能"饱食暖衣"，但由于"逸居而无教，则近于禽兽"。后来，圣人为了使人类彻底摆脱动物界，就"使契为司徒，教以人伦：父子有亲、君臣有义、夫妇有别、长幼有序、朋友有信"等道德准则，即人和人的"五伦"关系，正是因为"五伦"这种人和人之间的道德关系，人类才脱离了动物界。从《荀子》一书中，我们可以看到，大约在当时，在思想家中间，曾对"人之所以为人"进行过讨论。按照我们今天的话说，就是人的本质问题。有一种意见认为，人同禽兽的区别，就在于"二足而无毛"，而禽兽则是二足有毛或四足有毛。荀子说："然则人之所以为人者，非特以二足而无毛也，以其有辨也。""辨莫大于分，分莫大于礼，礼莫大于圣王。"荀子所说的"分"，有两种意思，一是等级制度，即封建的贵贱次序；一是社会中各种不同职业的人的不同分工。荀子还进一步区分矿物、植物、动物直到人的区别。荀子说："水火有气而无生，草木有生而无知，禽兽有知而无义，人有气、有生、有知亦且有义，故最为天下贵也。"义，就是道德原则。正因为人和人之间有道德原则和规范来约束，人类社会才能不断向前发展，所以人才成为万物之灵。在荀子看来，在人类社会初期的很长时期内，人类主要是靠道德来调整人和人之间的关系的，人类社会在当时也只有依靠道德才不断向前发展的。当然，从历史唯物主义理论出发，人类脱离动物界主要是因劳动。在原始社会，人和人之间的关系主要由道德来调整，只是到了阶级社会出现之后，人们才靠政治和法律手段，当然同时也还要依靠道德。即使如此，我们也绝不可忽视道德的作用。

当前的社会风气，应该说，不很理想，很值得我们注意。公而忘私、关心集体、舍己救人、维护国家利益的人，确实很多；同时，也应当看到，投机取巧、争名争利、以权谋私、贪污腐化、损害集体的思想和行为，也确实值得我们注意。有少数人，每天想的、说的、做的，主要是个人怎么样可以弄到更多的钱，可以有更舒适的享受等。有些人的贪欲、私心，像决了堤的洪水似的，一泻千里，不可收拾。在这种情况下，有几种态度：一种是，认为道德水平下降，无可挽回，持一种消极悲观态度；一种是，只相信法制的力量，认为只要依靠法制教育和法律惩罚，就可以改变当前社会的风气。但现实生活说明，只是强调党纪国法，强调外在的约束，还是不能完全解决问题的。在我国过去历史上，就有过法治和德治哪一个更为重要的辩论，看起来，任何片面性都是不正确的。我国古代的思想家孔丘曾说过："道之以政，齐之以刑，民免而无耻；道之以德，齐之以礼，有耻且格。"这就是说，要治理好国家，要使社会风气好，只靠政治法律等专政机构进行强制是不够的，因为尽管老百姓害怕惩罚而不敢犯罪，但他们并未认识到犯罪是可耻的。因此，只要法律管束不到，或者可以钻法律空子，或者犯罪后可以逃避法律惩罚，犯罪的可能性就是存在的。只有用道德原则来指导他们，用道德规范去约束他们，人们不但不敢犯罪，而且有了羞耻之心，以后就再也不会去犯罪了。当然，孔丘的话，是为了巩固剥削阶级的统治而说的，但他的话中包含着某些合理的因素。从我们国家的现实情况看，我们也可以好好地想一想，这几年抓社会风气的转变，主要是重视了两个方面，即国法和党纪。对整党有不少人反映，成效不够理想。我们对法律教育和法律惩罚，应当说是很认真的，效果也是有的，但为什么社会风气没有明显好转呢？我想，原因当然很多（党风也是一个原因），但不重视道德教育，对精神文明建设重视不够，应当说也是一个很重要的原因。

十二大到现在，已将近五年了，党的十三次代表大会也将在今年召开。党中央曾下决心要在即将过去的这五年内实现社会风气和党风的根本好转，大抓精神文明建设，这是我们每一个党员都十分关心的问题。现在的社会风气，究竟比过去好了多少，有没有达到根本好转的目的，在党风好转和社会风气好转的努力中，我们应当从什么地方抓起，应该说，道德教育，特别是职业道德的教育，是一个重要的方面。

三、职业道德在建设社会主义精神文明中的重要作用

从最近几年来的精神文明建设和理想道德教育来看，不够重视是一个问题，但是，也还有一些地区或单位，虽然重视了，但成效不理想，其原因何在呢？除了上述诸方面的问题外，也还有一个道德教育从什么地方入手的问题。或者说，在精神文明建设中，加强道德教育，应首先抓住哪一个比较重要的环节或突破口。列宁曾经指出，不论从事什么工作，都必须找到整个链条上的一个中心环节，抓住这个环节，整个的环

职业道德在社会主义精神文明建设中的地位和作用

节才能够带动起来。我觉得，在抓精神文明建设中，抓职业道德可以说就是抓住了一个突破口。

去年，在武汉曾召开过一次城市精神文明建设战略讨论会，其中一个重要问题，就是想研究一下，城市精神文明建设的突破口是什么。有的同志认为抓共建文明单位是突破口，有的认为应狠抓三通（智力、文化流通，商品、物质文明流通，城乡、市区内外的流通）等。其中有的同志也提出了从职业道德入手的问题。我在那次会上作了一个发言，中心思想就是以职业道德为突破口，进而使理想道德教育以及社会主义精神文明建设能够有更好的发展。我的这个想法，是从几年来国内的实践发展，从我国的道德的实际得出来的。党的十二大提出，"在各行各业加强职业责任、职业道德、职业纪律的教育"，"每个公民都应该遵守公民义务、社会主义公德和职业道德"。十二届六中全会又提出，"在各行各业中，要大力加强职业道德建设"。最近，中央纪律检查委员会又一次提出对党员加强职业道德的教育。这一切都说明了职业道德教育在当前精神文明和理想道德教育中的重要意义。我们现在再进一步从我国的实际生活和理论上来分析，为什么说职业道德是建设社会主义精神文明中可以选择的一个突破口，或者说，从整个精神文明的战略来考虑，为什么说，只要抓住了职业道德建设，就能进一步提高整个社会的道德水平，大大改善我们的社会风气？

（一）职业道德具体体现了共产主义道德和社会主义道德的内容，并使一般的道德要求转化为每一个人的具体的行为准则，容易为人们所实行。职业道德，一方面是道德要求的具体化；另一方面，一种职业道德的内容，又广泛包括了社会道德的许多规范和各种不同的层次。我们的道德原则和规范，在许多伦理学和道德教育的书中，都已经讲到了，如集体主义原则、个人利益应当服从集体利益的原则、全心全意为人民服务、关心人爱护人等。但是，由于社会生活中的人们，都是在职业活动中发生关系的（职业道德主要调节着人和人之间的两方面的关系：职业工作者与职业对象之间的关系，职业工作者之间的关系），一般来说，社会生活中的人不是一个孤零零的、无职业、无工作的人。由于人们的职业不同，虽然同是为人们服务，同是个人利益服从集体利益，同是关心人和爱护人，但对于处于不同职业的工作者来说，却有着不同的内容。如爱护公共财物是一条很重要的社会公德，但是在各种不同的职业中，它的要求又是各不相同的。要反对浪费，开展"双增双节"，都必须根据各行各业的具体情况，开展职业道德教育。医生有医生的道德，对患者高度负责，是医德的重要内容之一。一般说，应对病人诚实，但在古代希腊和古代中国，都有对病人的疾病保守秘密的规定：在医疗活动中，无论看到什么或听到什么，凡是不应该宣扬的都应视为秘密，绝不外传；在必要的情况下，如果说出来就不利于疾病的治疗，可以对病人隐瞒病情。但是，在商业道德或其他许多职业道德中，我们却又要强调诚实等等。因此，同一个道德原则，在不同职业中怎么运用，也只有在职业道德中才能具体化。所以我们可以说，职业道德是以更具体化的形式、更直接的方法，体现出社会道德（即共产主义道德和社会主义道德）的要求。职业道德的发展，反映了整个社会道德的发展，在现代社会，没有发达的职业道德，社会道德几乎等于不着实际的空谈。

（二）职业道德具有特别的理论与实践相结合的特点，是行动中的道德，是道德原则、规范同行动的结合，是道德的知和行的统一。首先，职业道德不是理论思维的产物，是在职业实践中形成的，各种不同的职业，究竟应有何种职业道德，是依据对本职业在实践中各种责任、义务和要求进行综合归纳而形成的。其次，随着社会的发展，随着实践的发展，职业道德也发生着迅速的变化，出现许多新的职业规范。如医学中的安乐死、遗传基因、器官移植等，对医生的职业道德提出了新的要求。职业道德，相对来说，它比较快地适应实践的发展，在人们形成新的职业义务、职业责任感和职业良心时，就要改变各种旧有的职业规范，建立新的职业规范。

（三）职业道德对改善社会风气有重要作用。为什么说抓紧职业道德的教育，能够更好地改善社会风气？所谓社会风气，主要指在某一个特定的时期内，在整个社会中，由大多数人的思想、言论、行为、情感以及舆论所形成的一种人和人之间的客观的关系。社会风气的内涵有许多方面，但主要的内容之一，是人们的道德行为、道德评价和道德舆论。社会风气的形成、发展、变化，受不同社会的经济、政治、法律、道德的制约和影响。社会风气是在人和人的相互关系中形成的。经济关系对社会风气的形成，有特别的制约作用，政治的清明与腐败，当然也有着重要关系。对广大人民群众来说，自觉地使人和人之间的崇高的道德情操传播开来，相互感染，也是影响以至改变社会风气的一个重要方

职业道德在社会主义精神文明建设中的地位和作用

面。从伦理学上来说，也就是所谓道德感情的传递作用。职业道德，特别是那些崇高的职业道德行为，能使人们受到感染，产生共鸣，产生一种效应，形成一种激情和力量，以至会转化成对人的鼓励和鞭策。这几年来，许多激动人心的感人事迹的报告，曾发生过很好的作用。第四军医大学的张华，就是我们熟知的例子之一。但是，张华的事迹，很多人只是从报道中看到，还不是自己亲身的感受。如果整个社会的职业工作者，都能有高尚的职业道德，就会使更多的人更直接、更经常地体验到这种崇高道德的感人的力量，就会对我们的社会风气发生重要的影响。高尚的道德感情，可以通过人和人之间的关系，把这种感情传递给自己的职业对象，从而使自己的职业对象感到心情愉快、内心舒畅、精神振奋，并把这种感情化为自己的行为，同时再传递给其他的职业工作者。例如一个党政干部，如果能真正发扬全心全意为人民服务的精神，公正无私、光明磊落地去为群众办事，为群众解除痛苦，帮助群众克服困难，就一定会感动群众，并把这种感动化为一种力量，体现在自己的行动中。一个医生，如果从干部的实际行动中受到了启迪，就会转化为一种力量，在自己的工作中发扬救死扶伤的人道主义精神。如果这个医生的病人是教师，这个教师也会从医生遵守职业道德的模范行为中受到启迪，忠诚党的教育事业，精心培育自己的学生……这种感情，可以从多方面的相互交叉中发生感化作用，净化人们的灵魂，提高人们的情操，从而有利于社会风气的变化。由此可见，职业道德确实是社会风气好坏的试金石。

同样，如果某些从业人员违反职业道德，以权谋私、以业谋私、弄虚作假、欺上瞒下、损人利己、损公肥私……往往使许多在和他们发生关系中受到伤害的人，受到影响，受到感染，甚至会产生一种报复心理，故意把气撒到别人身上，形成一种恶性循环。一个社会的职业道德水平愈低，社会风气就愈不好；社会风气愈不好，道德水平就愈低。一个人受了气之后，总要发泄，甚至报复别人，有时甚至报复与自己无关的人。特别是那些同群众接触多的所谓窗口行业，自己受了气，就往往向顾客身上发泄，顾客是个职业工作者，同样加以传递。据一个调查报告说，受了售货员的气以后顾客有如下反应：立即同售货员吵的有26人，占29%；不买东西走了的，有72人，占80%多；回家发火的有12人；三天都不高兴的有15人，占16%；有的受气后甚至回家生病，还有上班时出事故的。

《中国青年报》1987年5月15日登载了一条有关职业道德的新闻："4月26日下午4时半，我们在武汉市洪山区江北文化用品服务部内，目睹了一桩怪现象。一个年约30岁的男青年，选好两把电吉他后付现金490余元，当营业员开发票时，买者要求只开一把，而价格却要写成两把的合计数。开始，柜台内三名营业员（2女1男）有些犹豫，男营业员还说：'这不符合规定。'这时，买者拿出一沓红材料纸，声明自己是外地来武汉采购的，日后保证不会来找麻烦。他还大言不惭地交底道：'想留下一把私人用，请帮帮忙。'边说边掏出一支香烟递给男营业员。于是，营业员们帮买者想出了'好主意'——发票分两次填写，商店留存的一联：电吉他2把，单价240余元，合计490余元；而买者拿走的另一联：电吉他1把，单价和合计均为490余元。事后，笔者了解到，这位购买电吉他的青年的工作单位是湖北鄂城钢铁厂。我们认为他的所作所为是错误的，希望他能尽快改过。同时，商店营业员也有不可推卸的责任，为了追求销售额，他们为存心占公家便宜的人提供了方便。不知道他们的职业道德到哪里去了！"这个例子，对我们研究职业道德，是有重要启发的。一个采购员，不但不讲职业道德，而且还进行一种违法的活动。同样，售货员的行为也不仅是一个不讲职业道德的问题，应该说也是一种不合法的行为。对我们来说，重要的是，这种行为，对我们的社会风气起了很坏的作用。因此，从这一事例可以看出，关键还是人的素质、人的品德和整个社会的职业道德。当然，我们也绝不能忽视法律的重要，对于那些不但违反了道德而且违犯了法律的人，一定要由法律制裁，但在强调法律制裁的同时，我们一定要加强职业道德的教育，注意人的素质，特别是道德品质的培养。

这里还可以举一个例子，来说明在社会风气中感情传递的作用。前些时（1986年10月），《中国法制报》还登载了老农民汪德泉看到河北省任丘县天麻学习班招生，规定学费45元，学期5天。他跑了千里路，花了100多元路费，去了后，学了两个小时，带了一包天麻种子回家，培育发芽后，原来是假的。以后，他又去学栽培一种新鲜水果的种子，又受了骗，买回的种子，根本不是一种新鲜水果。这时，他想出了也去登广告的方法，说有"超级辣椒种"，"亩产可达3万斤，成熟早，市场价格高，不择土壤，均可种植，每份种子15元。可种5~6分地"。广

职业道德在社会主义精神文明建设中的地位和作用

告登出后，4个月内，就有17个省市自治区的人汇款3 034元，后来终因受到揭发，不但被没收了赃款，并处以500元的罚款。当然，这是极端的例子，一般人并不一定都学着去骗人、去偷人，但至少会引起受害者的不满，影响他们的情绪，无助于启发他们的更好地为人民服务的精神。一个社会的风气，既是在上层的倡导之下，又是在人们彼此的影响和感化之下不断发展、变化的，在这种变化发展中，职业道德有重要的作用。

四、大力加强党政干部职业道德的重要意义

在加强职业道德，以职业道德为突破口来改变社会风气，建设社会主义精神文明中，正像党的十二届六中全会所指出的，有两个方面的职业道德，应该特别引起我们注意，是必须大力加强的。全会决议指出："在我们社会的各行各业，都要大力加强职业道德建设。首先是党和国家机关的干部，要公正廉洁，忠诚积极，全心全意为人民服务，反对官僚主义、弄虚作假、利用职权谋取私利。还要加强那些直接为广大群众日常生活服务的部门的职业道德建设。"所谓"直接为广大群众日常生活服务的部门"，就是我们所说的"窗口"。现在，许多地方讲职业道德，较多地讲"窗口"，其实，党政干部的职业道德，对于全社会的精神文明建设，作用是更为重要的。

对于任何一个社会来说，统治阶级的职业道德，对整个社会的职业道德，有着特别重要的作用。按照我们现在的情况，就是说国家各级干部的职业道德，尤其是党员干部的职业道德，对整个社会风气的好坏，有决定性的影响。干部道德，有的书上叫政治工作者的道德，也有的叫政治道德。最近，《光明日报》上的一篇文章，称其为机关干部职业道德，也可以叫"官德"。从狭义上说，干部主要是党和国家各级的工作人员；从广义上说，它的范围就更宽了。我想，一般来说，我们所说的干部职业道德，主要是从狭义的方面来说的。春秋时代的孔丘曾经说过："君子之德风，小人之德草，草上之风必偃。"意思是说，统治者自身的道德，就像风一样，而老百姓的道德，就像草一样，风刮过来之后，草就必然顺着风倒下去，这就会形成一种社会风俗，又叫社会风尚

或社会风气。《管子》一书中也说："君之在国都也，若心之在身体也。道德定于上，则百姓化于下矣。"这里，还特别强调了封建社会的最高统治者的道德作用，认为只要统治阶级能够有崇高的道德，百姓自然会受到感化。《颜氏家训》中说："夫风化者，自上而行于下者也，自先而施于后者也。"正是由于这种原因，我国古代的思想家，又特别强调领导者的以身作则的作用。孔丘说："政者正也，子帅以正，孰敢不正？"又说："其身正，不令而行；其身不正，虽令不从。"这里更明确地说明，只要统治阶级的最高领导层能够有高尚的道德，整个社会风气就会好转。

为什么说国家各级干部的道德，对整个社会风气有如此重要的作用呢？为了说明这一问题，我们还必须从"干部"这一职业的自身的特殊性来研究。

职业道德，是社会发展过程中职业分工后所出现的特殊道德。各种不同的职业，都有着互相有别的职业特点、职业对象，并形成自身的职业责任、职业良心、职业纪律，概括起来，这就是我们所说的职业道德。

政治工作者的职业有什么特点呢？在旧社会，统治者对广大劳动人民是一种统治关系，掌握着极大的权力。社会主义社会的国家干部，主要是代表人民管理国家，为人民服务，做人民的公仆，但同样也掌握着"管理"或"领导"的权力。这种权力，既是为人民服务的，又包含着拥有和行使各种不同的管理的权力，职位越高，权力越大，因为他不同程度地代表着人民和国家来行使这种权力。这种权力可以强有力地影响到被管理人员的个人利益、级别、地位、荣誉和幸福，因此，握有这种权力的个人的品德、情操、思想、作风和爱好，对其他人都有一种"引导"的作用。因为，领导者对下级人员的看法，总是以自己的好恶为标准的，所以，也就有所谓投其所好的问题。在我国历史上，很多思想家都看到了这一点。《墨子·兼爱》中一连举了三个事例，来说明统治者对被治者的这种作用。一个是说晋文公"好士之恶衣，故文公之臣，皆牂羊之裘，韦以带剑，练帛之冠，入以见于君，出以践于朝"。另一个是楚灵王"好士细腰，故灵王之臣，皆以一饭为节，胁息然后带，扶墙然后起。比期年，朝有黧黑之色"。为什么会这样呢？是因为"君说之，故臣能之也"。第三个例子是，"昔越王句践好士之勇，教驯其臣"，一次,"焚舟失火,试其士曰:'越国之宝尽在此。'越王亲自鼓其士而进之,士闻鼓音,破碎乱行,蹈火而死者左右百人有余,越王击金而退之"。这三个事例,都是说的"上好之",则下必为之的道理。

五、进一步加强职业道德教育的措施

我国的社会主义精神文明建设,从提出到现在,已经五年了。当然,从我们的工作上来看,确实有一个重视不够的问题,正像邓小平同志1985年9月在中国共产党全国代表会议上的讲话所指出的:"社会主义精神文明建设,很早就提出了。中央、地方和军队都做了不少工作,特别是群众中涌现了一大批先进人物,影响很好。不过就全国来看,至今效果还不够理想。主要是全党没有认真重视。……这几年生产是上去了,但是资本主义和封建主义的流毒还没有减少到可能的最低限度,甚至解放后绝迹已久的一些坏事也在复活。我们再不下大的决心迅速改变这种情况,社会主义的优越性怎么能全面地发挥出来?我们又怎么能充分有效地教育我们的人民和后代?不加强精神文明的建设,物质文明的建设也要受破坏,走弯路。光靠物质条件,我们的革命和建设都不可能胜利。"这是问题的一个方面。这里,可以从主观原因和客观原因两方面看。客观上,我国生产力的落后、发展经济任务的艰巨、改革经济的困难,使我们不得不以主要注意力和最高的兴趣,尽最大努力去复兴我们的经济,这种努力,几乎占去了我们的大部分或者主要力量,以至于几乎没有余暇去考虑社会主义精神文明的建设问题。但是,也应当承认,我们这几年,也还是进行了相当多的关于共产主义理想道德以及有关职业责任、职业道德和职业纪律的教育,但为什么没有收到理想的效果呢?

这一次,我们进行职业道德教育,会不会仍然像以前一样,不能收到较好的效果呢?据说,有的单位制定的职业道德,不但写在纸上,贴到墙上,而且有的还印到身上,但是,照样仍然不能实行。那么,到底应当如何做呢?

(一)大力加强对职业道德的重要意义的宣传教育,提高认识,形成强大的舆论,以推动各行各业的职业道德的提高。特别要注意宣传突出的有高尚职业道德的典型事例，启发人们向先进的职业道德的楷模学习。最近，报纸上又开始宣传雷锋精神，这确实是很必要的。要针对人们的思想，培养人们的职业道德的自觉性，对有崇高道德行为的人，不能把他们看作"傻子"，而应当看作一种崇高的思想情操，看作一种高级的精神需要。

（二）强调每一个人要以身作则，抵制不良的社会风气，向别人传递崇高的道德感情。在当前，在有些地方，确实出现了不少庸俗、腐朽的坏风气，请客送礼、行贿受贿、结帮拉派、相互包庇、以权谋私、挥霍浪费、占公家便宜、挖集体墙脚等等，对于这种情况，有些人往往采取随波逐流的态度。能不能一遇到这种情况，就进行抵制？隋末唐初，有一个思想家叫王通，在当时的社会风气下，不少人都追名逐利，不愿为国家效劳。他的学生问他，在一些人都追逐私利、不顾国家社会利益的情况下，应当如何？他答复，要"舍其所争，取其所弃"。我们每一个人，应当有这样一个坚定的信念，即我们的社会风气必然会好转的。我们要求自己，等到党风和社会风气好转的那一天，我们能问心无愧，能对自己说，在当时那种以权谋私、请客送礼、占公家便宜和吃喝成风的时候，我自己是忠于职守、光明磊落、不谋私利和公正无私的。这就是我们对自己应有的要求。

（三）还有一个值得注意的问题，就是我们在人事、管理方面采取的措施、制度和办法，对我们职业道德的提高、社会风气的改变，也有重要的影响。一个有道德的行为，一般来说，都是一种对自己来说多多少少的献身。道德不是要占别人的便宜，而是要对别人、对社会做出贡献，一个人要想有道德，就要不怕吃亏。在人和人的关系中，为了使人类的社会能够发展下去，必须要有人们的献身精神，如果没有牺牲精神，没有照顾他人的思想，没有关心集体的观念，人类甚至不可能脱离动物界。所以，康德说过一句名言，道德之所以有那么崇高的美名，就是因为它伴随着巨大的牺牲。普列汉诺夫也说，道德总是以或多或少的自我牺牲为前提的。正是在这个意义上，雷锋说："有些人说我是'傻子'，是不对的。我要做一个有利于人民、有利于国家的人。如果说这是'傻子'，那我是甘心愿意做这样的傻子的。革命需要这样的'傻子'，建设也需要这样的'傻子'。"但是，本人愿意吃亏、愿意牺牲个人利益、愿意照顾他人、吃亏当"傻子"是一回事，作为组织、作为领导、作为集体，却要注意，不能老是让一个人吃亏，尤其要注意的是，不能使那些自私自利的人、一心追求名利的人趁机占到便宜。在分配工作中，作为个人，风格要高，不论是评薪、调级、提拔干部、分配房屋、授予职称、爱人调动等等，一方面，要教育人们发扬风格；另一方面，组织和集体要力求公平，要维护那些有高尚道德的人的正当的个人利益。这几年，听到不少议论，似乎谁发扬风格，谁讲究职业道德，他的正当的个人利益也往往因而得不到最起码的保证；相反，有少数计较个人名利的人，却往往得到了照顾。譬如，拿干部政策来说，本来应该是德才兼备，但是，那些讲究职业道德、关心他人、关心集体的人，却往往得不到提拔，而那些只重业务、只重技术、追求名利的人，却往往在各个方面，得到了许多好处。有的人因为注意职业道德，先人后己，他的房子、职称、爱人，在很长时间内得不到解决，而在他不得不为自己的利益去争取时，才终于得到了解决。这样就造成了一种错觉，认为只有去争，才能得到个人的正当利益。这种情况是应当避免的。

所以，我们认为，在加强职业道德中必须加强党政干部的职业道德，最重要的原因，就是因为，党政干部的职业道德，同其他各行各业的职业道德有重要的关系，甚至可以说，它制约着、影响着甚至决定着其他行业的职业道德。只有大力加强广大干部的职业道德，才能带动和促进各行各业的职业道德，更好地提高全民的道德水平。因此，党和政府的干部，应该成为履行职业道德的模范，做全国职业道德的表率。作为党和国家的干部，要想使全社会的职业道德水平提高，必须以身作则。

论社会主义初级阶段职业道德建设[*]

这次会议，经过代表们几天的认真讨论，我想是不是有这样一些基本问题，大家已经取得了一致或比较一致的看法。这就是，我们的社会主义道德及职业道德建设，必须遵循党的十三大所提出的社会主义初级阶段的基本路线、社会主义初级阶段的基本理论和社会主义精神文明建设的总方针，并以此作为基本的指导思想和理论基础。我们的伦理学和社会主义初级阶段的职业道德建设，必须为我国的社会主义的经济建设这个中心服务，为发展社会主义社会生产力服务。在道德建设的意义上，我们在伦理学及社会主义职业道德建设上，必须坚持两个基本点，就是要使伦理学及职业道德的建设，既坚持社会主义的思想体系，又坚持改革，坚持从我国社会主义初级阶段实际出发，建立与我国社会主义初级阶段的发展要求相适应的、有中国特色的马克思主义伦理学和社会主义的职业道德。在社会主义初级阶段进行伦理学和职业道德研究，必须从我国的国情出发，从发展社会主义生产力的要求出发，从深化社会主义改革的要求出发。我们必须面对现实，把理想性与现实性有机地结合起来，使理想真正变成建设社会主义现代化和促进社会主义改革的现实和实践。我们的伦理学及职业道德建设还必须面向实际，从生动的社会实践源泉中汲取丰富的营养，总结社会主义伦理建设的基本经验，并

---

[*] 原载《学习与实践》，1988（4）。

且发展具有中国特色的马克思主义伦理学和社会主义职业道德建设。我们一致或比较一致地认识到这次会议所取得的初步成果，还只是一个良好的开端，而更艰难的理论建树，还有待我们更进一步进行深入的社会调查和理论研究去解决。

代表们在讨论中，也还提出了许多有待深入研究和探讨的问题。现在只把一些主要问题说一说，供大家集中思考。这些问题是：

一、社会主义初级阶段既然是一个不可逾越的发展阶段，而且又有一个几十年或近百年的发展时期，那么，与这一阶段相适应，是不是也有一个特殊的道德发展阶段，并有相应的道德要求，这些要求是什么？它们同共产主义、社会主义道德体系是什么关系？

二、社会主义初级阶段存在着以社会主义公有制为主体的多种经济成分，那么，是不是也存在着多种不同内容的道德要求？

三、社会主义初级阶段还存在以按劳分配为主体的多种分配制度，也包括法律允许范围的雇工剥削的存在，那么，对这种雇工剥削行为应该作怎样的道德评价？

四、在社会主义初级阶段，在道德领域是不是也还存在社会主义与非社会主义，以至反社会主义两种道德的斗争？

五、社会主义发展的生产力标准与道德标准究竟是什么关系？

六、我国社会主义初级阶段的民族精神及企业精神应该是什么？

七、社会主义初级阶段的商品经济与资本主义的商品经济究竟有哪些异同？我们在发展社会主义商品经济时，从道德及职业道德方面，究竟应该扬弃旧道德的哪些东西？商品经济的必需的经济活动同道德要求之间又有什么关系？

八、社会主义的商品经济，是不是也会有多种不同的形式？因此，在道德观念上是不是也会有多种观念形态的发生？

九、社会主义商品经济的道德观念究竟应该是以个人本位为基础，还是应以集体本位为基础？如何认识在社会主义商品经济条件下，个人利益和集体利益的辩证统一关系？

十、适应社会主义生产力发展的要求，我们培育"四有"新人，在人的素质方面，究竟应该有哪些基本的要求？

十一、社会主义初级阶段职业道德的理论是不是也应有它相对独立的理论体系？

十二、社会主义初级阶段职业道德的内在机制是什么？

十三、在社会主义初级阶段，在职业道德中，是不是会发生目的与手段的不一致，即目的是高尚的，手段是卑劣的，应该如何认识和调节这种情况的发生？

十四、社会主义初级阶段的职业道德建设的系统工程应该包括哪些内容？道德评价与教育在系统工程中究竟具有什么样的地位和作用？

十五、社会主义初级阶段职业道德建设究竟应该把握哪些基本环节？职业道德建设的突破口在哪里？

十六、干部道德在社会主义初级阶段是不是也会有不同层次的要求，还是只应有一个共产主义道德的要求？该如何建设干部道德？干部道德的起点是不是应该高于一般职业道德的起点？

十七、职业道德建设在深化改革中发挥其功能，依据不同行业的要求，究竟能否确立或应有哪些定性及定量的指标？

十八、社会主义初级阶段的职业道德建设究竟应该由哪一个实体职能部门从事专门的组织和协调工作？

十九、社会主义初级阶段的职业道德建设如何才能把外在要求变成人们的自觉责任及信念，即如何建树人们的职业人格、职业良心？

二十、社会主义初级阶段职业道德建设是不是也应附设某些必要的奖惩制度？又怎样与道德的高尚性相协调？

以上这些问题的提出，反映了与会代表们讨论问题的认真态度和对问题思考的深度，当然，要从理论与实践的结合上，真正清楚阐明这些问题，也还有一定的难度。我希望到会的同志，共同努力，通过社会调查和深入的理论研究，能够在不长的时间内，写出这方面的论文，以发展马克思主义的伦理学和职业伦理学。

我在这里就主要的几个问题说说我自己的想法，供同志们在深入研究时作参考，也作为我的一个发言吧。

第一个问题想讲讲社会主义初级阶段职业道德建设在整个社会主义道德生活中的作用和意义。

对这个问题，我上一次在开幕式的讲话中曾提到，它是进行社会主义初级阶段道德建设的突破口。同志们在讨论中有同意这个说法的，也有不赞成这个说法的，我想进一步说说我的想法。这个问题，其一，从理论上讲，大家知道，马克思主义既然认为生产实践是人民最基本的社会实践活动,那么,从人们的道德生活来看,与生产活动关系最密切的人们道德生活中的职业道德,当然也会具有最重要的地位和作用,人们的职业生活是社会生活的主体部分,职业也就具有突出和重要的地位。这是十分明显的。最近几年来,把精神文明建设作为社会主义社会的一个特征提出以后,经过长时间的思考,我形成了一个想法:精神文明建设,应当以共产主义和社会主义的道德建设为重点;道德建设,则应以职业道德为重点;职业道德又应以党政干部的职业道德和那些为大多数人服务的行业的道德为重点。对党政干部和为大多数人服务的行业的职业道德来说,则党政干部的职业道德又具有更为重要的意义。其二,社会主义初级阶段的主要任务是发展社会生产力,而要适应发展社会主义社会生产力的要求,最重要的也是首先需要抓好职业道德建设。其三,随着社会主义改革的深化,也必然要带来人们在职业利益方面的某些变动,因此,首先抓住职业道德建设这个环节,以妥善调解这些关系,实际也是改革对社会主义初级阶段道德建设的要求。其四,我认为搞好社会主义职业道德建设也是使社会风气根本好转的一个重要环节。这个问题就简单说这些。

  第二个问题是想讲一讲社会主义初级阶段职业道德建设的特点。它包括这样两个基本点:一是这种道德建设是社会主义思想体系范围内的建设,它理应坚持社会主义的集体主义原则,而不同于个人主义或利己主义的思想体系。在社会主义初级阶段,共产主义道德原则也还应当在全社会认真提倡。我们固然不能在当前要求所有人都达到共产主义道德觉悟,但是我们仍然应当宣传和提倡这种对大多数人来说带有理想性质的共产主义道德,并依靠那些在当前虽然是少数但已经具有共产主义觉悟的人的榜样力量,引导和提高其他层次的人们沿着社会主义道德阶梯迈步,向最高层次攀登。二是从我国社会主义初级阶段的实际即国情出发,来建设我国现实的道德生活。例如,在我国的社会主义初级阶段,既然还存在着以社会主义公有制为主体的多种经济成分和以按劳分配为主体的多种分配制度,我们在道德建设上,在调解人们的利益关系时,也就不能不注意道德的层次性,注意维护社会主义整体利益时,也同时需要保障正当的个人利益。因此,我们的道德原则也只能是兼顾国家、集体、个人三者利益相结合的集体主义。保障正当个人利益,在现阶段既是生产力发展的要求,也是社会主义整体利益发展的要求。这里,必须指出,保障正当的个人利益与集体主义并不是对立的,而且是相辅相成的。当然,二者之间仍有区别。因而,在保障正当的个人利益时,我们还需要对这种个人利益作出向高境界发展的指导和教育。另外,由于还存在多种经济成分以及多种分配制度,以及实行对外开放的政策,我们在社会道德生活中也需要继续深入批判封建主义和资本主义的腐朽道德,并且同小生产的落后保守的平均主义思想进行必要的斗争。除了我讲的这个根本特点之外,当然,在社会主义初级阶段的道德及职业道德建设中,也还存在如我在上次开幕式上所说的多层次的特点,还有如不少同志在文章中所说的过渡性、转折性、批判性、继承性等等特点。但是,正像许多同志都已指出的,我们必须正确地理解道德对社会的导向作用,正确理解道德的现实性和理想性的辩证统一。

第三个问题我想说说生产力标准与道德标准的关系。党的十三大文件所说的生产力标准,我理解它的意思也就是说生产力的发展归根到底是社会改革的根本动力,而一切上层建筑和社会意识形态,只有适合生产力的发展才是合理的。从这个意义上说,我认为生产力标准当然也应该成为衡量我们的道德是不是合理的标准。这是从社会道德生活发展的根本规律的意义上去说的。我们的道德建设从根本上说,只有有利于社会主义社会的生产力的发展,它才是合理的。但这不等于说生产力的标准就是道德标准,这是因为生产力标准只是社会道德生活的发展法则,而社会生产力发展在什么阶段上,需要人们具有哪些道德素质才能有效地促成生产力的发展,这还需要人们去具体总结,具体概括,约定或规定具体的标准。例如我国现行宪法所确立的社会道德标准就是:"爱祖国、爱人民、爱劳动、爱科学、爱社会主义。"人们的道德素质有这"五爱",就能够有效地促进我国现阶段生产力的发展。同时,对于生产力标准我们又不能简单就理解为生产力水平高道德水平也自然而然高,因为生产力对道德的推动和决定作用也还要通过生产关系起作用,并且也还要通过道德生活自身的机制才能有效促成社会道德生活的进步。例如在资本主义社会,生产力的发展在本质上会造成资本与雇佣劳动之间的对立加剧,就并不能直接决定社会道德生活的进步,然而,在我国已经确立了社会主义根本制度的情况下,生产力的发展对于促进社会道德生活的进步,当然就会具有更直接的意义。但是即使在这种情况下,社会道德生活的进步也还需要通过自身机制的作用,才能变成现实。再则，道德标准所要调解的是一定利益对于人们与社会之有益或有害的价值趋向问题，从这个意义上说，社会生产力的发展，紧接着也还会有一个调解其价值趋向的问题，也即有一个价值导向的问题，而道德标准这一价值导向的功能也是不能由生产力发展水平的高低简单取代的。所以，生产力标准固然是道德生活的发展法则，然而却又不可以用生产力标准代替或取代道德标准。

第四个问题我想讲一讲社会主义商品经济的发展与职业道德建设的关系。社会主义制度的建立可以越过资本主义关系的阶段，但是，生产力的发展又不能越过商品经济发展的阶段。这就使我国社会主义制度建立以后，便存在一个在初级阶段发展商品经济的问题。所以，商品经济的发展是生产力发展的一个必经阶段。由于商品经济发展的客观存在和需要，在人们的社会生活中当然也不可避免地会有职业赢利与竞争的问题发生。赢利是一种经济活动，竞争也是一种社会经济生活的现实表现，由职业赢利与竞争的现实向道德所提出的要求，以及道德所能调解的只是这种赢利与竞争的价值趋向，赢利与竞争在我们的现实生活，都有可能发生有益于或有害于发展社会主义社会的生产力，以及有益于人民或有害于人民利益的趋向。因此，我们在道德调解中，就应当鼓励人们正当的竞争，而防止、谴责和克服由于赢利而坑害服务对象，以及由于竞争而造成人际关系陷于对立或对抗的倾向。如何使职业赢利及竞争的优胜劣汰有利于全社会的进一步发展，我们既不能只重义轻利，否认利益的重要，更不能见利忘义。我们需要同时考虑义、利两个方面，在建设社会主义物质文明的同时，也一定要搞好社会主义精神文明的建设，我认为这始终是我们道德建设所要考虑的重点。

第五个问题，也就是最后一个问题，我还要说一说深化改革和社会主义初级阶段职业道德建设的关系。社会主义改革，生产力的发展，物质财富的增加，人民生活的富裕，都将是社会道德生活及职业道德建设和发展的动力。同时，我们建设适合于社会主义生产力发展要求的道德及职业道德，也将一定能够起到有效促进改革的作用。我们对于当前社会上的消极现象，应当怎样看待？我觉得主要是小生产者的狭隘眼界、保守思想和剥削阶级腐朽思想造成的，我们应该克服小生产者的狭隘眼界和保守习气，抵制封建主义和资本主义腐朽思想，振奋起全国各族人民献身于现代化事业的巨大热情和创造精神。只要我们重视精神文明建设，重视道德建设，改革一定会有效促进社会主义道德向着更加现实和完善的方向发展。我认为，在改革中进行道德建设的积极态度，应该是努力建设适应社会主义改革要求的道德，即自力更生，艰苦创业，把我们的国家建设成为一个富强、民主和文明的社会主义国家的民族精神和道德精神。由于我国深化改革主要是深化城市改革和政治体制的改革，因此，职业道德建设的重点，是不是也应该以干部道德和职工道德建设为重点，并扩展其影响，这也是我对改革与职业道德建设的一点想法。

加强职业道德教育,促进精神文明建设*

一、加强职业道德教育是加强精神文明建设的重要环节

社会主义精神文明建设,包括两个重要的方面,一是教育、文化和科学技术,二是思想道德和社会风气。一般来说,思想道德和社会风气的改善,在精神文明建设中居于重要的核心地位。只有加强了思想道德建设,提高了人民群众的觉悟,树立了社会主义的理想、信念和正确的价值观,才能够使我国的社会主义精神文明建设真正得到加强。

社会的职业道德建设,在整个精神文明建设中占据着重要地位,是加强精神文明建设的一个重要环节。或者说,在精神文明建设中,职业道德建设是一个重要的突破口。抓好了职业道德建设,就能够推动、带动整个精神文明建设的开展。党的十四大所提出的"精神文明重在建设"这一指导思想中,就包含了加强各行各业的职业道德建设的要求。

社会主义职业道德是人类历史上职业道德发展的新阶段,它克服了资本主义社会职业道德的阶级局限,强调了一切职业活动最终都是为满

---

* 原载《企业管理》,1994(4)。

足广大人民的利益,都是为了建设有中国特色社会主义。资本主义社会各行各业的职业道德,尽管也强调要"忠于职守"、"献身事业"等,但它们的职业道德,归根到底,都是同私有制相联系的,都是为私有制经济服务的,在个人利益和他人利益、社会利益之间,往往形成无法解决的矛盾。社会主义职业道德,是建立在以公有制为主体的经济基础之上的新型的职业道德,是以社会主义的道德原则为指导、以人们的职业实践活动为基础而形成的社会主义道德总体中的一个组成部分。一般来说,社会主义职业道德总是力求调整不同职业成员之间的矛盾,增进人与人之间的团结,促使职业成员的利益同社会利益和国家利益协调一致,从而形成关心他人、关心社会的良好风尚,并进一步形成人和人之间友好、信任、谅解、合作、团结互助的氛围,形成企业、集体和社会的凝聚力和向心力。正是由于职业道德有着上述特点,所以,加强职业道德建设,就能够对社会主义精神文明建设发挥重要作用。

二、在加强职业道德建设中,要坚持集体主义道德原则,弘扬社会主义社会的主旋律

在加强社会主义精神文明特别是加强社会主义思想道德建设中,最重要的就是要坚持集体主义道德原则,弘扬社会主义社会的主旋律。1992年10月,江泽民同志在上海视察时,明确提出要加强精神文明建设,并突出强调:"爱国主义、社会主义和集体主义应当成为我们社会的主旋律。"党的十四大和江泽民同志的报告,都一再强调爱国主义、社会主义和集体主义的宣传教育对我国思想道德建设的重要意义。但是,在道德建设领域,还有不少同志,对集体主义道德原则能不能和应当不应当成为我国当前社会主义初级阶段的主旋律,存在着这样那样的疑虑,因而也就不可能真正自觉地、积极地去宣传和弘扬爱国主义、社会主义、集体主义这一主旋律。这些同志认为,既然我国当前还处在社会主义的初级阶段,还存在着多种经济成分,就必然体现着多种利益,集体主义又怎么能成为各种利益集团所共有的道德原则?有的同志甚至认为,既然是多种经济成分和多种利益集团并存,在价值导向上,也就必然是多元的。应当说,这些认识是不符合加强社会主义精神文明建

设、弘扬集体主义原则的一种错误思想，应当加以澄清。

我国正在建设社会主义市场经济体制，这一体制要求我们必须坚持以公有制为主体和多种经济成分共同发展的方针。这就是说，一方面，我们必须坚持以公有制为主体，从而保证我国经济的发展，最终避免两极分化，达到共同富裕这一根本目的；另一方面，为了解放生产力，发展生产力，我们还必须使个体经济、私营经济、公私合营以及外资企业等共同发展，支持改革开放。

社会发展规律是客观的、必然的。多种经济成分的存在，多种利益主体的存在及其发展，就必然要在思想看法、价值观念、道德原则和意识形态方面反映出来，要它们不反映是不可能的，也是不符合历史唯物主义基本原理的。此外，我们还应当清醒地看到，随着各种经济成分的发展及其利益主体的出现，作为一种力量，各种利益主体又必然会不断地要求扩大自己的影响，以便在经济上、政治上强化自己的地位和作用。因此，在当前社会主义的初级阶段，在多种经济成分共同发展的相当长的时期内，必然会有与之相应的各种各样的价值观、人生观和道德观的出现，这是正常的，是我们发展商品经济和建立社会主义市场经济体制过程中必然出现的。这也就是说，在当前的社会主义初级阶段内，人们的价值取向必然是多元的，这种多元的价值取向，是同我们当前的经济发展状况相适应的。道理很显然，不同的价值观、道德观和人生观，归根到底，是从不同的利益关系中产生的，是各种不同利益主体在思想意识领域中坚持自己的利益要求的反映。看不到这一点，或者过早地想消灭这些思想，或者粗暴地对待这些思想，都是不符合马克思主义的历史唯物主义原理的。

我们承认并允许多种经济成分的存在和发展，承认它们的道德观、价值观的出现是不可避免的，但同时我们也必须在经济上确立和保持公有制经济的主体地位，必须要消灭剥削，消除两极分化，从而最后达到共同富裕的目的，因而就必须在意识形态方面坚持社会主义道德观、价值观的指导地位。这就是我们所说的，在社会主义初级阶段，尽管价值取向可以是多元的，但社会的价值导向，必须是一元的。统治阶级的意识形态，从来都不可能自然而然地居于统治地位，而必然是有组织、有目的地进行宣传和教育的结果。在我们目前的形势下，占统治地位的意识形态，只能是反映以工人阶级为代表的广大劳动人民利益的社会主义意识形态，这也是不可动摇的、必然的。

在当前应该特别强调的是，我们绝不能因为允许多种经济成分发展，就否定社会主义意识形态的导向作用，听任各种资产阶级的价值观念和腐朽的生活方式来腐蚀我们的广大劳动者。确实，在某些现行经济政策和法律规定中，还允许甚至鼓励某些从个人私利、个人欲望出发的行为，但是从思想意识上来看，又必须要不断地对他们加以教育，使他们的行为严格地限制在一定的范围之内。因此，在我们的职业道德教育中，必须坚持同一切不符合广大劳动人民利益的种种错误的思想和行为、一切腐朽的生活方式、一切剥削阶级的意识做不调和的斗争，从而使广大职业工作者能够养成良好的职业道德品质。

在市场经济条件下加强
职业道德教育的重要意义*

随着社会主义现代化建设的发展和社会主义市场经济体制的建立，加强职业道德教育，越来越处于十分重要的地位。党的十四大报告中指出："各行各业都要重视职业道德建设，逐步形成适合自身特点的职业道德规范。"并把职业道德建设看作社会主义精神文明的一个重要方面。这是有非常重要的现实意义的。

在发展社会主义市场经济的条件下，在向社会主义市场经济体制转变的过程中，对职业道德建设，提出了一些值得注意的新情况、新问题和新要求。为了促进市场经济的发展，我们应当树立符合社会主义市场经济要求的竞争意识、质量意识和服务意识。正确的竞争意识，不但能促使企业获得经济效益，而且能够使国家更加富裕，使人际关系更加和谐。越是发展市场经济，越要求人们增强质量意识和服务意识，以便市场经济能够按照社会主义的方向，健康地向前发展。另外，由于拜金主义、极端个人主义和享乐主义思想的影响，一些人只顾自己谋利而不顾他人和社会的利益，从而出现了一些不良的职业道德现象。更值得高度注意的是，一些党政干部、企业领导、执法部门的工作人员等，以权谋私，用权力同金钱作交换，从而使人与人之间的相互关系，产生了种种被扭曲的不正常的情况。这种腐败现象的存在，引起广大党员和群众的

---

* 原载《中国职业技术教育》，1995（2）。

不满，为人民所深恶痛绝。目前，道德水平下降、社会风气不正的问题，已经成为广大群众关心的热点，应当引起我们强烈的关注。

社会风气的好坏和人们道德水平的高低，对于一个社会的人际和谐、政治稳定和经济发展，都有着十分重要的意义。从历史的发展及其经验教训来看，凡是国家兴旺的时期，社会的道德风尚总是蒸蒸日上，国家利益、社会利益就会受到重视。也正是在这种社会条件下，政治才能稳定，经济才能发展。相反，每当社会出现道德滑坡、风气奢靡、人心自私和政治腐败的现象，总会给国家带来种种问题。如果不能及时纠正，任其发展下去，就必然会影响到社会的稳定和国家的长治久安。因此，历代社会的政治家和思想家都十分重视社会风气和道德水平的提高，十分重视社会各行各业的职业道德。

职业道德的提高，对一个社会的道德水平和社会风气，有重要的作用。在现代化的社会中，几乎每个成年人都从事一定的职业，都生活在一定的职业关系中，因而都必然同他人、同社会发生种种不同的职业关系。职业道德，就是要调整人和人在职业关系中的种种矛盾，规范人们在职业活动中的各种行为，倡导人们在职业交往中应当奉行的崇高思想，培养人们高尚的道德品质，形成和谐、团结、互助、友爱的人际关系。无论从事何种职业，热爱本职、忠于职守、为人民服务、对人民负责应是职业道德的共同要求。更重要的是，各种不同的职业，还应该根据自己职业的不同特点，根据自己职业活动中的不同情况，针对职业活动中与人民群众关系密切的各种问题，形成自己的道德规范，从而使每一个职业工作者都能自觉地履行自己所应担负的职业道德义务，提高自己的职业道德觉悟，促进人与人之间的和谐和团结。

"精神文明重在建设"，这是党的十四大所提出的把精神文明建设提高到一个新水平的重要任务。根据当前道德建设的情况和要求，我认为，"重在建设"的一个重要方面，就是要以加强职业道德建设为突破口，通过加强职业道德建设来促进社会主义精神文明的全面发展。可以肯定，如果我们的党政干部和执法部门的工作人员，能够做到为政清廉、大公无私、克己奉公；如果我们的一些具有垄断性行业的从业人员，能够以广大人民群众的利益为重，视人民群众的需要高于一切；如果我们的广大经济工作者，都能坚决地抵制拜金主义思想，诚实守信，先义后利，公平正直，那么，我们社会的道德风气必将会在短时期内得到明显的好转，从而更加有利于我国的政治稳定和经济繁荣，使我国的四个现代化建设能够沿着社会主义的方向更加健康地向前发展。

正是由于社会的各种职业活动都是相互联系的，各种职业之间就必然要发生密切的交往关系，相互影响。因而，以职业道德建设为突破口，以提高职业道德为契机，就能够形成一种强有力的辐射作用和感染力量。人和人之间的道德感情，不但是息息相通，而且是最容易引起对方共鸣的。孔子曾说过："政者正也，子帅以正，孰敢不正？"又说："其身正，不令而行；其身不正，虽令不从。"如果党政干部以及执法人员能够廉洁无私，就会对社会上其他人产生一种特殊的力量；医生都能够救死扶伤，尽力解除病人痛苦；商业人员都能够礼貌待人，服务热情，公平交易，童叟无欺；教师都能为人师表，教书育人……这样，每个人就会从不同方面得到许多道德上的关心和温暖，同时，又会把这些关心和温暖传给他人。正是通过这种相互关心、相互教育、相互激励和相互学习的不断发展和提高，我们的社会风气和道德风尚就会越来越好。

为了提高社会的职业道德水平，应当特别注意加强职业道德的教育，希望我们的传播媒介，能够在加强职业道德的宣传和教育方面，更积极地发挥作用。我国当前的各级各类职业学校的学生，是现代化建设的后备军，是各行各业的新生力量。国家教委最近颁布了《中等职业技术学校职业道德教学大纲》，并正式出版了中等职业技术学校政治课教材《职业道德》，这对于进一步加强我国的职业道德教育，对于落实"精神文明重在建设"的指导思想，具有很重要的意义。

职业道德建设是精神文明建设的重要组成部分[*]

精神文明重在建设,这是当前我们所取得的一个共识。加强职业道德教育,是精神文明建设的重要组成部分,我们应当提高职业道德在精神文明建设中重要地位的认识。

在建立社会主义市场经济体制的过程中,我们应当进一步明确,市场经济不仅仅是一种法制经济,而且还应当是一种道德经济。正像没有法制就不可能规范人们的经济行为一样,没有道德规范,同样不可能规范人们的经济行为。正像道德不是万能的一样,法律也不是万能的。法律不论怎样完备,总会有许多经济行为是法律所管不到的。道德更强调人们的自觉、人们的道德意识,或者说它更强调人们的羞耻之心和责任意识,更有利于人们自觉地不违犯法律。在强调市场经济是法制经济的同时,应当力求避免一种有意无意地忽视道德的片面性。历史的教训和现实的问题都告诉我们,我们必须达成一个共识,就是市场经济也必须是一种道德经济。由于社会主义的道德原则具有一种导向的性质,成为建设有中国特色社会主义的一种导向,因此,我们认为,社会主义市场经济更必须是一种受社会主义道德所规范的道德经济。

在建设有中国特色社会主义社会中,人和人的关系,既有市场关系,也有非市场关系;既有经济行为,又有非经济行为。一切从等价交

---

[*] 原载《人民日报》,1995-12-05。

职业道德建设是精神文明建设的重要组成部分

换原则出发的商品交换行为,都属于市场经济行为;而一切不是从等价交换原则出发的非商品交换行为,都属于非市场经济行为。在很多情况下,一个人的行为,往往既有市场关系的等价交换性质,又有社会主义社会中人和人之间的非等价交换的性质。因此,在建立市场经济过程中,我们既不能把非市场经济行为都看成是市场经济行为,更不能把市场经济行为的原则扩大到非市场经济行为中。如果把社会主义社会中个人同家庭、朋友、集体、国家、民族的关系,都当作市场关系,把这些关系中的行为,都看成是市场经济的等价交换行为,我们就会给人和人的一切关系都打上"等价交换"的印记。这样,个人是否能够得到实际利益,将成为我们行为选择的实际标准,金钱就可能成为人们追求的唯一目标。市场经济行为和非市场经济行为既有共同的道德准则,也有分属于不同领域的道德准则。因此,在建设有中国特色社会主义中,我们必须注意市场经济行为与非市场经济行为的区别,防止一种泛市场经济行为的错误理论。正确分清这两种不同行为的不同特点,是我们加强社会主义精神文明建设的一个重要方面。

在建设有中国特色社会主义中,从人和人的关系来看,不论在市场关系和非市场关系中,职业关系是一切人(除未成年人和已不能工作的老年人外)都必然要经历的一种最普遍、最重要的关系。一切职业活动,都体现着个人同他人、个人同社会、个人同国家之间的职业责任。对职业的敬业精神和责任意识,是最基本的做人之道,体现着一个人的"忠于职守"、"尽职尽责"的高尚品德,是一切事情取得成功的重要条件。在中华民族的优良传统中,一直就强调"敬业乐群"和"克己奉公"的精神,强调要"执事敬"、"与人忠",强调每个人在不同的社会岗位中,都应当尽己之力,把自己应当做的事情认真负责地做好。

职业道德建设,是社会主义精神文明建设的一个重要的组成部分。职业道德的加强,不仅能促使每个从业人员思想水平和道德水平的提高,从而达到对工作的精益求精和好上加好,而且能使整个社会主义社会中人和人之间的关系,更加和谐地向前发展。在人和人的职业关系中,每个人都将会感受到相互间的同志般的关心和照顾,感受到人对人的同情、爱护和献身精神,从而有利于人们的道德陶冶和整个社会风尚的改善。正是在这个意义上,我们认为,加强职业道德教育,培养高尚的职业道德品质,是加强精神文明建设的重要方面,是贯彻和落实精神文明重在建设这一要求的重要环节,是真正做到两手都要硬的有力措施。

在建设社会主义市场经济条件下,更应当加强职业道德的教育,培养人们忠于职守的责任意识。如果对于市场经济条件下出现的拜金主义、享乐主义和极端个人主义种种现象缺乏必要的警惕,如果人们自觉地或不自觉地把追求金钱当作人生追求的唯一目的,那么,为了追求金钱和享受就必然会对自己的工作采取敷衍塞责和马虎应付的态度,从而会使我们的工作受到严重的影响。我们是社会主义国家,在我们的个人对他人、对国家、对社会的关系中,尤其需要一种对人民事业的极端负责精神,一种对自己所担负工作的高度责任意识,通过每个人对国家、对社会的高度责任感,使我们的各项工作能够正常地、有序地进行和发展。

第七编

党员干部道德

发扬大公无私的精神[*]

我们党一贯教育全体党员要大公无私,并在人民群众中大力加以提倡。大公无私,是无产阶级的高尚品德。在党领导中国革命和建设的过程中,我们正是靠正确的政治方向,靠发扬大公无私、全心全意为人民服务、艰苦奋斗等崇高的革命精神,吸引和鼓舞了千千万万的人投身到革命斗争中来,历尽千辛万苦,忍受各种牺牲,取得一个又一个胜利。

具有无产阶级大公无私精神的人,总是把人民的利益和国家的利益看得高于一切,一事当前,首先为人民和国家的利益着想,对工作极端负责任,对同志对人民极端热忱。他们毫不利己专门利人,把使别人幸福当作自己的最大幸福,把维护集体利益看作最重要的天职。这样的人,就是毛泽东同志所赞扬的,是一个高尚的人,一个纯粹的人,一个有道德的人,一个脱离了低级趣味的人,一个有益于人民的人。

经过十年动乱,共产主义道德品质遭受到摧残。在一些干部和群众中,对于要不要提倡大公无私,怎样正确理解大公无私,如何划清公与私的界限等等,产生了一些混乱思想和糊涂认识。

有人说:"大公无私只是一种理想,在现实生活中做不到,不宜提倡。"这种说法,是把理想和现实对立起来了。按照马克思主义的观点,

---

[*] 原载《工人日报》,1981-01-28,以"本报特约评论员"名义发表,副题题为《再论提倡社会主义精神文明》。

理想是从现实中产生出来的,而理想又推动了现实斗争的发展。共产主义的道德是在无产阶级进行的实际革命斗争中形成的人类最高尚的道德,它体现在无产阶级先锋队共产党员的模范行动中,体现在许许多多全心全意为人民服务的先进战士的行动中,特别是体现在我们党的老一辈无产阶级革命家的光辉一生的实践中。在长期的革命斗争中,无数革命先烈流血牺牲,舍生取义,像革命烈士李大钊、林祥谦、方志敏等,不正是表现了大公无私这种崇高的精神境界吗?在社会主义建设事业中,公而忘私、一心为集体、刻苦钻研、埋头苦干的英雄模范也是层出不穷的,雷锋、王杰、孟泰、王进喜、焦裕禄就是他们中的杰出代表。至于在厂矿企业的生产劳动中,"以厂为家",甘当"老黄牛";在地震灾害中,不顾自己的亲人去抢救阶级兄弟;在与洪水搏斗中,勇敢保卫国家财产;在和歹徒搏斗中,不顾个人安危,英勇献身……这种公而忘私的无名英雄,又何止千千万万!把大公无私精神认为只是一种"理想"的境界,是在现实生活中不存在的东西,这种说法是不符合实际的。有些人还由此认为不能在人民群众中提倡大公无私的精神,显然也是不对的。当然,也不能把理想和现实完全等同起来。这种大公无私精神,对无产阶级的先进分子来说,我们应该这样要求他们,他们也应该这样要求自己,并且身体力行。对广大人民群众来说,我们应该进行宣传教育,大力提倡。随着思想政治工作的加强,党风和社会风气的改进,具有大公无私精神的人,一定会愈来愈多。

有人说,"提倡大公无私,是不要私,是'左'的口号"。这是一种误解,这里,要弄清"私"的概念是什么。从所有制来说,"私"可以是代表个人占有生产资料的私有制;从意识形态来说,"私"可以是代表剥削阶级个人主义和小生产的私有观念。在社会主义制度下,提倡大公无私,首先要划清个人的正当利益和个人主义的界限。我们提倡的大公无私,绝不是否定个人的正当物质利益。我们所说的"无私",更不是要人们不吃饭,不睡觉,不拿劳动应得的报酬。恰恰相反,党和国家一向关心和维护包括工人阶级在内的全体劳动人民的正当利益,包括各种情况的人们的切身利益,如女工、青工、老弱病残工人以及在不同条件下工作的劳动者的切身利益,如此等等。

可见,我们讲的大公无私,是要求人们不要有自私自利之心,不要做损人利己、损公肥私、唯利是图的事情。应当看到,个人主义和极端

发扬大公无私的精神

个人主义思想是千百年来形成的剥削阶级意识形态，至今仍然有较深的影响，要求人们一下子完全消除，也是不实际的。但是，这种思想如果不加克服，而任其发展下去，对党的事业，对个人的前途，都会造成极大的危害。在我们社会主义国家里，国家、集体与个人的利益是一致的。国家和集体的利益，正是全体人民现实的和长远利益的总和。我们党在制定方针政策的时候，总是要从广大群众的眼前利益和长远利益出发，力求做到兼顾国家、集体和个人利益。因此，怎么能说大公无私就是不要"私"，就是否认正当的个人利益呢？这和林彪、江青一伙所鼓吹的"精神万能"，否定劳动者的正当物质利益，根本没有一丝一毫的共同之处！那种把大公无私说成是"左"的口号，当然是不对的。

还有人认为，提倡大公无私同按经济规律办事是相矛盾的，主张为个人"斤斤计较"、"两两计较"。这种看法，混淆了两个不同领域的问题，偷换了截然相反的两个概念。其实，为个人"斤斤计较"、"两两计较"，同经济管理中的经济核算需要"斤斤计较"、"两两计较"，完全是两回事。从经济管理领域来讲，在工矿企业里搞经济核算，就是要严格按照科学管理的要求，精打细算，一丝不苟，实行"斤斤计较"、"两两计较"。否则，企业的经济核算就无从搞起，对职工群众的物质鼓励就失掉了科学根据。特别是搞金融财贸工作的人，更是要对公家的钱财"斤斤计较"、"两两计较"。但是，从思想境界来讲，我们还是要提倡大公无私，先人后己，发扬共产主义的风格，而不应该"斤斤计较"、"两两计较"。

我们要建设的社会主义国家，不但要有高度的物质文明，而且要有高度的精神文明。而精神文明中的一个重要内容，就是要使人民群众树立大公无私的思想和情操。当前，全党全国人民正在为国民经济的进一步调整而英勇奋斗，我们广大职工，要继承和发扬大公无私的革命精神，努力做一个具有社会主义精神文明的人，为"四化"宏伟事业作出更大的贡献。

共产党员应当有怎样的人生观*

在实行改革开放和发展社会主义市场经济条件下，共产党员应当怎样保持正确的人生观、价值观，已经成了现实生活中不可回避的一个重要而严肃的问题，每个有觉悟的共产党员，都应当认认真真地考虑这个问题。

在我国实行改革开放和发展社会主义市场经济的过程中，在经济领域必须重视和运用价值规律，讲等价交换、市场竞争，讲利润和效益原则等等，因而必将引起整个经济领域和社会领域的深刻变化。从人的素质和人生观方面看，既有积极的影响，也有消极的作用。从积极方面来谈，如正当的个人利益观念、开拓创新观念、效益观念、平等观念等等，如能在马克思主义的指导下加以发扬，就能使共产主义的人生观更加具有丰富的内容，更有时代的活力。从消极方面看，市场经济的等价交换、追求利润、自由竞争等等，又不可避免地会产生一些消极作用，冲击并影响着人们的思想，也直接影响到共产党员的人生观。在当前，特别值得注意的是极端个人主义、拜金主义和享乐主义对党员人生观的腐蚀。

极端个人主义，在等价交换、物质利益和经济竞争中滋生和蔓延，腐蚀着一些人的思想。对于共产党员的人生观来说，最重要的就是在

---

* 原载《党建》，1993（9）。

"为什么人"的问题上的"迷失方向"。如果一个共产党员，一切言论和行动，不是从"为人民服务"出发，不是从"为最大多数人的最大利益"出发，而是陷入为个人的私利和权力之中，那么，就必然会背离党的原则，背离党的宗旨，最终将蜕化变质，直到腐败堕落，离开党的组织。当前，一切非无产阶级思想对共产党员人生观的腐蚀，最危险的就是资产阶级个人主义思想。个人主义的滋生，必然要同大公无私、先公后私、国家利益、党的利益对立起来。如果个人的私利、个人的亲属的利益，成了一切行为的动机和出发点，就必然会从一般的个人主义发展到严重的个人主义，并由此诱发出自私自利、损公肥私以至贪污受贿、腐败堕落的种种现象。

等价交换原则，作为市场经济发展的一个原则，能促进经济的发展，但是，如果把这一原则不适当地渗入党的政治生活中，渗入人生意义和目的之中，就必然会形成以个人为中心、以个人私利为半径来对待和处理一切问题。在斤斤计较个人私利和争夺个人名利的思想下，又怎么可能为民族振兴、为"四化"建设、为共产主义而奋斗终生？在当前形势下，我们应当充分认识到个人主义对共产党员人生观侵蚀的严重后果，提高对个人主义腐蚀的高度警惕。

反对个人主义，同维护党员的正当的个人利益是一致的，二者要严格地区别开来。在社会生活中，特别是在分配领域中，共产党员必然有自己的正当个人利益，依靠诚实劳动和勤奋工作，他理所应当获得自己的报酬。从国家利益和党的利益出发的开拓创新、自强自主以及公平竞争的积极能动精神，应当受到鼓励。但是，正如江泽民同志所指出的："我们重视个人的利益，同时必须通过宣传教育，让群众尤其是青年懂得个人利益必须服从集体利益、国家利益的道理。""不能把个人利益、个人价值看得太重了，看得高于一切。共产党员和各级干部尤其要注意这一点，要经得起金钱、权力、美女的考验。"这就是说，在发展商品经济的情况下，我们重视个人利益，但坚决反对个人主义。

金钱至上或拜金主义思想，这几年来，在我国社会上有很大程度的滋长和泛滥。正像马克思所早已指出的，货币拜物教是同资本主义的商品生产紧密联系在一起的。在金钱万能的思想指导下，一切善恶、是非、美丑，都会被完全颠倒过来。恩格斯在《英国工人阶级状况》一书中曾说："在资产阶级看来，世界上没有一样东西不是为了金钱而存在的，连他们本身也不例外，因为他们活着就是为了赚钱，除了快快发财，他们不知道还有别的幸福，除了金钱的损失，也不知道还有别的痛苦。"除现金交易外，资产者不承认人和人之间还有别的关系，"甚至他和自己的老婆之间的联系百分之九十九也是表现在同样的'现钱交易'上"。货币作为商品的一般等价物，使一些人产生了对货币的盲目追求，甚至为了获取金钱而出卖人格、国格，丧失了共产主义的理想和信念，转变成了对金钱的贪婪的追求。从近年来大量违反党纪的案件中，可以看到，不少党员正是从追求金钱而走向堕落的。尤其值得注意的是，金钱和权力的交换，使我们党的肌体和国家的政治生活受到严重的腐蚀，给党和国家的事业造成难以估量的危害。

共产党员应该成为反对"金钱至上"的坚定战士，而绝不能成为金钱的俘虏。在我国社会主义初级阶段，金钱在社会中的作用是不可忽视的，但共产党员绝不能谋求任何的私利。在物质生活得到基本满足的情况下，共产党员要始终不渝地保持自己的党性，追求崇高的理想，为实现共产主义而奋斗。在发展商品经济的情况下，每日每时的、经常的、大量的考验，是来自金钱方面的引诱和腐蚀，头脑清醒地、坚决地抵制在各种情况下的金钱的诱惑，保持廉洁、清白、正直的作风，养成简朴的个人生活作风，这实在是保持共产党员共产主义人生观的一个重要条件，也是保持我们国家的政治清明的一个重要前提。

享乐主义是一种追求肉体感官欲望满足的人生观，这几年，在我国社会上也有不断发展的趋势。一些人把吃、喝、玩、乐当作人生唯一的目的，认为如果不能尽情地去满足自己的物质欲望的追求，生活就失去了意义。有的青年人，认为应当趁着年轻及时行乐，免得到以后后悔无穷。正是在这种风气影响下，比吃喝、比穿戴、比家具、比装饰、比享受、比阔气的庸俗习气，也不断蔓延。值得注意的是，在享乐主义的思想影响下，一些共产党员，也极力追求剥削阶级的腐朽生活方式，往往从追求低级的"感官的快乐"，发展到道德败坏、腐化堕落。我们绝不能把"追求享受"看作生活问题，而应当提高到能否坚持共产主义人生观的根本问题上来加以认识。我们主张在经济发展的同时，在劳动所得的基础上，适当地提高人民的物质生活水平，但我们反对脱离我们国家和个人的实际水平的高消费，更反对把"追求享受"作为人生的目的。共产党员的人生目的绝不能是个人的享乐,而只能是为人民服务。

随着改革开放和社会主义市场经济的不断扩大和深入发展,共产党员必须要根据党的宗旨,抵御当前社会上的个人主义、拜金主义和享乐主义的侵蚀,坚持共产主义的为人民服务的人生观。

首先,要认真学习建设有中国特色社会主义的理论,坚持一个中心、两个基本点,并以这个理论来武装我们的思想。要认识和明确我国经济体制改革的目标是建立社会主义市场经济体制,发展我国的生产力,使我国能够达到共同富裕的社会主义社会。每个党员,都必须为改革开放和社会主义现代化建设尽最大的努力。同时,每个党员必须保持党的纯洁性,保持共产党员所应具有的为人民服务的人生观。早在1941年,毛泽东同志就说:"严肃地坚决地保持共产党员的共产主义的纯洁性,和保护社会经济中的有益的资本主义成分,并使其有一个适当的发展,是我们在抗日和建设民主共和国时期不可缺一的任务。在这个时期内一部分共产党员被资产阶级所腐化,在党员中发生资本主义的思想,是可能的,我们必须和这种党内的腐化思想作斗争;但是不要把反对党内资本主义思想的斗争,错误地转移到社会经济方面,去反对资本主义的经济成分。我们必须明确地分清这种界限。中国共产党是在复杂的环境中工作,每个党员,特别是干部,必须锻炼自己成为懂得马克思主义策略的战士,片面地简单地看问题,是无法使革命胜利的。"毛泽东同志的这段话,直到今天,仍然有着重要意义。

其次,要充分认识在人生观方面腐蚀和反腐蚀斗争的严重性和重要性。在社会主义现代化过程中,我们应当清醒地看到,用资产阶级的人生观来影响、改变无产阶级的人生观,是敌对势力实施和平演变战略的一个重要内容。在加快改革开放和现代化建设的过程中,我们必须要警惕资产阶级腐朽的道德观、人生观对我们的侵蚀,警惕资产阶级生活方式从各方面对我们的诱惑。我们不少党员,在革命战争中始终坚持共产主义的信念,无愧于一个共产党员的光荣称号,但是,在资产阶级的个人私欲、权势、金钱、美女等引诱下,却往往打了败仗,自觉不自觉地背离了自己曾在党旗下宣誓的要坚持的共产主义信念。一个共产党员,如果丧失了对共产主义的理想信念,又怎么能坚持社会主义呢?

最后,为了保持共产主义的人生观,共产党员必须认识到不断地进行自我改造的重要性。共产主义人生观的形成,有一个过程,而且在现实的斗争中，还必然会遇到反复和曲折。勇于批评和自我批评，严于解剖自己，敢于改造自己的思想，是共产党员保持共产主义人生观的重要条件。周恩来同志对自我改造的认识，尤其值得我们每个党员学习。他总是强调旧社会对自己的影响，强调改造思想的重要。他认为"自我改造是为了进步，是光荣的事"，"思想改造是长期的。把资产阶级世界观转变为无产阶级世界观，需要一个过程"。他还以自己为例，说明这种改造对于自己坚持共产主义世界观和人生观的重要意义。他说："我的确常说我也要改造这句话，现在还在改造中。我愿意带头。我希望大家承认思想改造的重要性。要承认各种关系各种事物都会影响个人的思想。要经常反省，与同志们交换意见，经常'洗澡'。要把思想改造看成像空气一样，非有不可。不然，你的思想就会生锈，就会受到腐蚀。"他还特别谆谆告诫说："每个党员从加入共产党起，就应该有这么一个认识：准备改造思想，一直改造到老。"缅怀周总理光明磊落的伟大人格和崇高品质，展望我们社会主义建设的光辉前程，面对当前的种种非无产阶级思想的侵蚀，我们每一个共产党员，都应当认真地加强思想改造，为保持共产党员的纯洁性、为保持共产主义的人生观而努力奋斗。

论"毫不利己专门利人"的共产主义精神[*]

伟大的共产主义战士、高尚的共产主义道德典范——白求恩同志，离开我们已经近五十七年了。1939年12月21日，毛泽东同志写了光辉论著《纪念白求恩》，表达了中国人民对白求恩同志的衷心爱戴，表达了八路军战士对白求恩大夫的无限感激和永久怀念。在《纪念白求恩》一文中，毛泽东同志提出，"一个外国人，毫无利己的动机，把中国人民的解放事业当作他自己的事业，这是什么精神？这是国际主义的精神，这是共产主义的精神"。五十多年过去了，白求恩同志的这种"毫不利己专门利人"的共产主义精神，仍然放射出耀眼的光芒，鼓舞着正在从事"四化"建设的中国人民。

从白求恩逝世到现在这五十多年来，中国大地经历了天翻地覆的变化，白求恩为之奋斗并预言必然实现的新中国，已经在1949年建立。在新中国的发展过程中，有顺利和成功，也有失误和挫折的风风雨雨。但是，我们终于战胜了各种困难，在建设社会主义的道路上，意气风发地向前迈进。白求恩同志的热爱人民和为人类理想而奋斗的高尚品德，过去是、现在也仍然是鼓舞我国人民建设社会主义的一种动力。值得指出的是，在过去一段时期内，白求恩同志所体现的"毫不利己专门利人"的共产主义精神，曾被一些人说成是不适应当前中国社会的超前意

---

[*] 原载《中国卫生质量管理》，1996（2）。

识，把宣传这种思想说成是对人们的"空洞的说教"，一些人甚至把"自私"和"利己"看成是人的本性。同雷锋精神一样，在一段时期内，白求恩同志的"毫不利己专门利人"的共产主义精神，在有些人看来，不但不是一种崇高的道德，反而成为被嘲笑的对象，被认为是一种过时的"观念"，该由某些人所谓的"拜金主义"的现代意识所更新。这种在一段时期内甚嚣尘上的思潮，总算是随着1989年政治风波的平息而有所收敛，但留给我们的反思却是极为深刻的。现在，我们国家进入市场经济运行、加强思想教育两手都要抓的历史新时期。在这个时候，我们纪念白求恩同志，深感到他的"毫不利己专门利人"的共产主义精神更加令我们敬佩，更加值得我们学习。我们应当一扫自由化思潮对共产主义精神的诋毁和诬蔑，大力廓清前几年一些人所散布的自私自利、享乐主义和拜金主义的思想，把白求恩的"毫无自私自利之心"的共产主义精神发扬光大，加强对全国人民的社会主义、集体主义、爱国主义和国际主义的教育，使我国的"四化"建设更加迅速健康地发展。

白求恩同志之所以能成为一个伟大的共产主义战士，最重要的原因，就是他在长期的生活和工作中，逐渐地树立起一种崇高的热爱人民的人生价值取向。

人活着为了什么？人从生到死，度过自己的一生，究竟有什么意义？这不但是从古至今许多活着的人们所思考的问题，也是许多思想家呕心沥血地在不断探索并想用他们的理解来回答人们的一个问题。人降生到世界上来，是不是为了吃喝享受？是不是为了追求功名富贵？是不是只应当为满足自己及其小家庭的欢乐？如果是这样，那么人和动物，还究竟有没有区别？万物之灵的人类，究竟在哪些地方比动物更值得骄傲？

人们对生活的意义的理解，并不是天赋的，而是在社会生活中形成的。正像两千多年前古希腊思想家亚里士多德所说的，"人是社会的动物"，人总是受着他所生活的社会的政治、经济、文化的影响。但是，人在受社会影响和制约的同时，又总是发挥自己的主体的能动作用，从而达到完善个人和完善社会的目的。人们的这种完善个人和完善社会的自觉性越高，他对人生的意义也就理解得越深；而正是由于他对人生的意义有了深邃的理解，他才能够摆脱世俗的偏见，克服对生活的庸俗追求，形成一种高尚的人生追求。白求恩同志的热爱人民的毫不利己专门

论"毫不利己专门利人"的共产主义精神

利人的价值取向,就是在当时的社会中自觉锻炼所形成的。

1911年秋天,当21岁的白求恩刚读完大学二年级的课程时,多伦多市的工人教师协会到多伦多大学的学生中征聘为当时的伐木工人进行教育的教师。这是一件工作环境十分艰苦而报酬却十分微薄的工作。但是,在"生活的目的就是为他人服务"这一口号感召下,白求恩应聘前去工作。整个冬天,白求恩冒着风雪严寒,白天和伐木工人一起进行繁重的体力劳动,晚上教工人识字、唱歌。尽管累得腰酸背痛,手上起了泡,但他在给朋友的信中却表示:他爱这种工作,他相信今后还会更加热爱它。在这虽然只有半年的时间里,白求恩作为一名大学生,他自愿地同工人同吃同住,对工人表达了他的赤诚的忠心,得到了工人的信任,培养了自己热爱工人的感情。

1914年,当第一次世界大战爆发时,即将毕业而取得医学博士学位的白求恩,在政治家的宣传下,在为伸张正义的鼓动下,报名参加了对德国作战的远征军。在法兰西战场上,他不怕枪林弹雨,担任救护伤员的工作。战争终于结束了,德国投降了,但同时也教育了白求恩,这场战争,哪一方是正义的?难道战争的双方不都是为了重新分割殖民地吗?十月社会主义革命,使马克思主义学说得以在苏联实现,自己究竟应当怎样选择自己的人生?白求恩后来在回顾自己的思想时写道:"我像一只对着一盏灯乱扑翅膀的飞蛾,晃得头昏眼花,糊里糊涂地转圈子,生活没有目的,死也没有目的。"为此,在生活的道路上,他积极寻找自己生活的意义。

战争结束后的相当长一段时期内,白求恩忙于寻找工作,经过了坎坷的经历,1924年终于能够挂牌行医,"医师诺尔曼·白求恩诊所"在美国底特律市正式开业了。这个诊所,同时又是美国社会的一个缩影,它给白求恩以深刻教育,从而对他树立正确的人生价值取向起了积极的作用。大批衣衫褴褛的工人的许多常见疾病,由于没有及时治疗而变得十分严重。"为什么等病情发展到这种地步才来求治?""因为我没有钱!"一些肉体备受摧残的妓女,尽管白求恩怀着拯救罪人的宗教虔诚给她们治病,但是,她们又不得不到晚上继续出卖她们的肉体,以换取她们所需要的生活之源。白求恩终于认识到"她们真正的病源不在于生理,而在于贫困",从而增加了对劳动人民的同情。他越来越清楚地认识到在资本主义社会中,医学总是为富人服务的,因为穷人没有钱。尽管他在医疗所中可以赚到富人的许多钱，但他总是以不能更多地为劳动人民服务而感到羞愧。

1933年春天，经过自己的努力，白求恩成为著名的外科医生，并担任了医院的胸外科和支气管科主任。"他的声望正像是一颗新的彗星，在外科医学的太空里发出夺目的光彩"，但是，白求恩从自己所遇到的和经历的一切中，更加痛恨那些压迫人、剥削人的丑恶现象，更加同情广大劳动人民。最后，白求恩加入了共产党，并决心放弃优厚的待遇和现代科学的医疗条件，投身到反法西斯的战争中，来到中国，为中国人民的反侵略战争贡献自己的力量。

白求恩在长期的人生道路的探索中，愈来愈坚定地树立起热爱人民和为人民服务的价值取向。这种对人生的价值取向，不但是一个人从经验中所体会到的，而且是蕴含在人的思想深层的情感、意志、信念和认知的结晶，它一旦形成之后，就会对人的思想和行为起着不可逆转的导向作用，它能在任何情况下，帮助人们作出伦理道德选择，从而使人们沿着自己的价值取向不断前进。白求恩正确的价值取向的确立，是经过了一个长期的斗争过程的。他的不断寻求新的伦理价值的要求，对于他确立这种热爱人民、为人民服务的价值取向，有着重要的作用。

正是从热爱人民和为高尚理想而斗争的需要出发，白求恩把献身人民作为最大的快乐，从而始终保持着朝气蓬勃的活力。白求恩生长在资本主义比较发达的加拿大，特别是在他来中国之前，不但有了较好的医疗设施，而且已经成为极负盛名的加拿大三大名医之一，有着相当现代化的生活条件。资本主义社会里，上流社会的生活享受，对一些平庸的人来说，确实是值得追求和迷恋的，有的人甚至把一生的价值目标就规定为对这种生活的追求。但是，为了拯救受苦受难的广大人民群众，为了反对法西斯的野蛮侵略，白求恩却毅然决然地来到中国。当周恩来同志告诉他延安解放区的生活条件非常艰苦，希望他先到武汉工作一段时期时，他却明确表示，要到延安去，不管那里的条件多么艰苦。

抗日战争时期的陕北的生活，确实是十分艰苦的。但是，由于认清了生活的意义，有崇高的人生价值观念，他对自己的极端艰难困苦的生活，感到很有意义，甚至可以说是感到非常愉快和幸福的。一切困苦，他都甘愿忍受并感到自豪，他觉得自己的生活充实而完满。什么一般人不能忍受的严寒，什么肮脏难耐的环境，什么单调难咽的食物，什么虱子跳蚤的侵袭等等，在一个一般的西方人看来，几乎是一时一刻都不能忍受的处境，但白求恩不但忍受了，而且是带着人们所很难体会到的一种浪漫主义的情绪渡过的。

白求恩到延安以后，出于对人民的热爱，他坚决要求尽快地到战争的前沿去为伤员施行手术。很多人认为，他已经年近半百，身体需要照顾而不同意他到前线时，白求恩甚至急得"抄起圈椅，朝窗户掷过去。椅子砸断了窗棂子，落到了院子里"，并且十分激动地说："我不是为生活享受而来的，什么咖啡、鲜牛奶、冰激凌、软绵绵的钢丝床，这些东西我早就有了，但为了理想我都抛弃了，需要特别照顾的是伤员，而不是我。"他对自己的鲁莽行为感到自豪，他说："我可以向大家道歉，但是你们也要向扶着拐棍走路的伤员道歉。"白求恩的这种对人民的赤诚忠心，教育了所有的人们，使他终于达到了为自己崇高理想而奋斗的目的。

白求恩说："这里生活相当艰苦，而且有时非常艰难，但是我过得很快乐。"又说："我根本不计较日常生活上的困难——天气冷热，肮脏，虱子，单调不习惯的食物，在深山里徒步，没有火炉子，没有床，没有浴室。我发觉在一座肮脏的庙里（背后有20英尺高的没有表情的神像盯着我）也能做手术，就如同在一间有自来水、漂亮的绿瓷砖墙、电灯以及其他各式各样设备的现代化手术室里一样。为了给伤员换绷带处置伤口，我们必须爬到土炕上——农民睡的火炕。伤员没有褥子和被单，但他们是伟大的人民。将来他们一定能得到他们需要的一切东西。"

生活确实是艰苦的，但精神上却是快乐的。他不是把向社会索取作为自己的生活目的，而是把对社会做出贡献作为唯一的目的。他已经把对他人、对社会、对人类做出贡献，作为人生的最大需要。正是在这种需要的强烈欲望中，他总是要求到离火线最近的地方去。尽管在那里有着极大的生命危险，但他却以到那里去为最大的满足。正像朱德同志在为纪念白求恩而写的文章中所说的："白求恩同志是一个革命战士。他以无比的献身的热忱，投身于争取中华民族解放的伟大事业。他在工作中完全忘掉自己，他能在最艰难困苦的环境之中，安之若素，感到最大的快乐。"为什么他能在这种情况中感到最大的快乐，就是因为"为人民献身"已成为他的最大需要。

白求恩从这种对人民的热爱出发，形成了对人民负责的强烈的责任心。他说:"一个医生、一个看护、一个招呼员的责任是什么?只有一个责任。那责任是什么?那责任就是使你的病人快乐,帮助他们恢复健康,恢复力量。你必须把每一个病人看作你的兄弟,你的父亲。因为,实在说,他们比兄弟、父亲还要亲切些——他们是你的同志。在一切的事情当中,要把他们放在最前头。你不把他们看得重于自己,那么,你不配从事卫生事业,也简直就不配在八路军工作。"又说:"因此,你要时时刻刻想着伤病员,时时刻刻问自己:'我还能够帮助他们吗?'你要想办法去提高你的工作,掌握你的技术。"由此可见,他之所以能在医术上精益求精,正是由他的这种对人民负责的责任心所激励的。

白求恩同志的这种热爱人民、献身人民的精神,是同他对社会主义和共产主义的深沉而诚挚的信仰分不开的。白求恩生长在资本主义社会中,目睹了剥削阶级社会的两极分化和种种不合理的现象,他从百万富翁的挥霍享受和广大无产阶级的痛苦中,相信只有社会主义和共产主义,才能使人类达到共同富裕的理想境地。在资本主义社会,当他被指责为一个"莫斯科的雇佣"时,他理直气壮地公开说:"是的,我是一个共产党员……那是我个人的信仰所决定的。"他认为:"社会主义是人类社会的最公正、崇高的政治和道德形式。"他认为,社会主义是由马克思、恩格斯所创立的科学理论,把信仰社会主义的人看作所谓"莫斯科的雇佣",是可笑和无知的。他说:"科学社会主义的理论是俄国革命六十年以前马克思在伦敦形成的。如果俄国明天从地球上消失,难道你以为那样就会铲除共产主义了吗?"由此可见,白求恩对社会主义的信念,是建立在对这种科学理论的理解、认同基础上的坚定的信念,不论社会主义前进的道路上有多少曲折,不论某个社会主义国家可能暂时又转变为资本主义国家,但是他仍坚决相信自己的信仰,对社会主义始终坚信不已。白求恩坚信:随着时代的发展,社会主义必将最后取得胜利。

早在白求恩成为加拿大名医的时候,他就同情劳动人民,对那些信仰社会主义的无产阶级成员有着浓厚的感情。当他成为这些人中的一员并被称为"白求恩同志"时,他感到非常的高兴。他在日记中写道:"你不得不佩服这些人当中一些人的精神,他们一无所有,但是他们在昏暗的会场里,在警察的棍子下,编织着一个丰富的乐观的美景。有时候很难听懂他们的话,有时候更难赞同他们纠缠不清的理论,但是很容易教人明白的是,他们为了摆脱贫穷、困苦而一心一德的奋斗精神所铸造出来的兴奋和热情。他们送给我一个新的名誉学位,我现在是医学博士、皇家外科医学会会员,同时也是白求恩同志,这是一个光荣的称号。我觉得已经踏上了一条新的道路了。"正是在这样的由情感、意志所凝结的对社会主义的信念的基础上,1935年,白求恩在加拿大加入了共产党。从此,他开始为在全世界实现社会主义和共产主义而努力奋斗,直至他在中国牺牲。

白求恩同志之所以不远万里来到中国,这是同他对社会主义的信念紧紧联系在一起的。白求恩是一个充满国际主义精神的战士。对于能够到中国来,他说:"我感到无上的光荣。你们不要以为奇怪,为什么在三万里以外、地球的那一边的像我这样的人要帮助你们。你们和我们都是国际主义者,没有任何种族、肤色、语言、国家的界限能把我们分开。法西斯们在威胁世界和平。我们必须击败他们。他们阻碍着人类向社会主义社会前进的、伟大的、历史的、进步的运动。"为了打破人类向社会主义前进的障碍,就必须打败法西斯的侵略,而打败法西斯的侵略,最重要的就是要使人类社会能够沿着社会主义道路向前发展,这就是白求恩的信念。

从白求恩同志一生的思想和实践来看,最值得我们崇敬、最具有时代意义、最应当为我们今天所强调和学习的,就是毛泽东所说的白求恩同志所具有的"毫无自私自利之心的精神"、"毫不利己专门利人的精神"。毛泽东同志说,只有从这点出发,一个人才可以成为"有利于人民的人"。

在一段时期内,一些人曾错误地理解"毫无自私自利之心"和"毫不利己专门利人"的正确的、科学的含义。他们认为,人既然生活在社会中,必须要吃喝穿住,求得生存,那么人就必然会为自己谋私利,因而就不可能无私,更不可能"毫不利己专门利人"。这种庸俗的理解,是完全错误的。固然,人们首先必须吃喝穿住,然后才能从事生产,从事政治、经济活动,但是这并不等于说人们都必须是为自己的私利而奋斗,相反,在获得必要的吃喝穿住的同时,却可以是为了替广大人民群众谋取更大的利益。中国古代的思想家孟子曾经说过:"生亦我所欲也,义亦我所欲也,二者不可得兼,舍生而取义者也。生亦我所欲,所欲有甚于生者,故不为苟得也。死亦我所恶,所恶有甚于死者,故患有所不辟也。"这就是说，人生活在社会上，固然希望能尽可能长地活下去，但是，人生有更重要的追求，为了达到自己的崇高理想，他可以抛弃物质生活的享受，甚至牺牲生命去殉自己的事业，去为自己的崇高理想而献身。那种把一切人都看成是自私自利的看法，正是那些在内心中迷恋和追求私利的人的狭隘偏见。

从生活享受来看，正像前面所讲到的，白求恩放弃了发达资本主义国家的"三大名医"之一的优厚待遇，抛弃了高名厚利，甘愿到中国陕北这个极端贫困的地区，把中国人民的解放事业，当作他自己的事业，这正是他"毫无自私自利之心"的表现。

白求恩对于金钱的态度，更突出地表现了他高尚的品德。白求恩生长在资本主义社会，对于金钱的作用是深为了解的。正像恩格斯在《英国工人阶级状况》中所说的："在资产阶级看来，世界上没有一样东西不是为了金钱而存在的，连他们本身也不例外，因为他们活着就是为了赚钱，除了快快发财，他们不知道还有别的幸福，除了金钱的损失，也不知道还有别的痛苦。""在这种贪得无厌和利欲熏心的情况下，人的心灵的任何活动都不能是清白的。"恩格斯极其准确而又科学地对这种现象作过一种概括，在资本主义社会中，"一切生活关系都以能否赚钱来衡量，凡是不赚钱的都是蠢事，都不切实际，都是幻想"，对于资产者来说，"除现钱交易外，他不承认人和人之间还有其他任何关系。甚至他和自己的老婆之间的联系百分之九十九也是表现在同样的'现钱交易'上"。白求恩成为加拿大的"三大名医"之一后，优厚的报酬源源而来，但他不愿意做一个以金钱为核心的资本主义社会制度的佣仆，毅然决然放弃对很多人来说极为难得、梦寐以求的这一优越条件，下定决心来到中国，为劳动人民的解放事业而献身。当毛泽东同志考虑到他的身体条件，打电报给聂荣臻司令员，要每月付给白求恩100元生活费时，白求恩却说，"我谢绝每月100元的津贴"，"我自己不需要钱"。他自豪地说："我没有钱，也不需要钱——任何东西都是供给的。我没有什么因得不到满足而感到遗憾。"他的一言一行，都充满着对广大劳动人民、对八路军战士的无微不至的关怀，他心中装着全体人民，唯独没有他自己。当聂荣臻司令员再三劝说，希望他接受毛主席的好意时，他却说："我从延安来，我知道毛主席、朱总司令的津贴都很少。"又说："我的津贴应该减到一般士兵的水平。事实上，连士兵的需要都要比我大，因为他们往往有家庭，而我却是单身汉，我愿意过中国革命队伍里普通士兵的生活。"他深深感谢毛主席的好意，但坚决不接受这种照顾。这虽是一件小事，但从中我们却看到了他"毫无自私自利之心"的崇高而伟大的品质。

在一个人的一生中，最能检验人的思想品质的问题之一，就是如何对待生死的问题。生死观，是人生观的一个重要组成部分。白求恩在解放区的整个医疗工作中，不但有最大的工作热忱，经常忘掉休息，忘掉用餐，忘掉自己的身体，而且总是不惜自己的生命，冒着最大的生命危险，亲自到最前线为伤员治病，他多次把自己的鲜血，输进受伤战士的血管。正像朱德同志所说的："他在工作中完全忘掉自己，他能在最艰难困苦的环境之中，安之若素，感到最大的快乐；他曾不止一次把自己的鲜血输送给受伤的战士。他有最大的勇敢和牺牲精神，他创造了前线流动医疗队，在炮火之下迅速为伤员施手术，因而救活了无数重伤垂危的干部。他的前线手术室，曾两度为敌人的炮火所毁，但他毫不畏惧。"最后他终因在给伤员施行手术中感染了败血症，把自己的生命献给了中国人民的革命事业。

白求恩的手指感染，是在1939年著名的摩天岭战斗中为了抢救伤员而造成的。日寇大举进攻，八路军和游击战士们英勇还击。手术室就在离前线只有四五华里的一个小庙里，从前方下来的担架，停在小庙门前的山坡上，敌人已经袭来，在猛烈的炮火声中，白求恩连夜不停地为受伤战士做手术。突然，敌人逼近，在哨兵、警卫战士和医护人员的不断催促、要求马上转移的情况下，白求恩坚持继续施行手术。为着拯救战士的生命，他急速操作，终于他的左手中指被手术刀划破。但他仍坚持继续进行手术，以至感染而造成了败血症。

在生命与人世诀别的死的考验面前，最容易看出一个人的精神和思想境界。在白求恩感染败血症而生命垂危之时，他曾受到病痛的严重折磨。但是，他想到的不是他自己，而是八路军的伤员，是他的工作。

1939年11月11日，即白求恩去世的前一天，他在写给郎林（冀中军区派给白求恩的翻译）的信中说："11月8日，我们在银坊以东10里左右的地方和三团取得联系，我整天打寒战。体温达摄氏39.6°，烧得我不能起床。……我想，我得的不是败血症，就是伤寒。失眠，但神志十分清醒。服用菲纳西丁、阿斯匹灵、托氏散、安替必灵、咖啡因等剂，均无效。"实际上，白求恩已经知道自己肯定是败血症了。当医生们反复商量，要给白求恩截肢时，他却摇摇头说："不要治了，我是信任你们的，只要能挽救生命，我牺牲两只胳膊都愿意……可是同志……已经不单是胳膊的问题了……我的血里有毒……败血症。"在这个时候，他首先向郎林提出：

  现在我请你做几件事：

  1）将这封信译出来交叶部长（当时的晋察冀军区卫生部长），告诉他，我认为林大夫应该率领一个手术队，立即北上协助工作……

  2）将此信抄录一份送给聂将军，请他批准。我为伤员们感到十分忧虑……假如我还有一点支持的力量，我一定回到前方去，可是我已经站不起来了……

最后，在他即将离开人世时，白求恩同志挣扎着给聂荣臻同志写了一封永别信。他承认"我会和你永别"，同时又说，"最近两年是我生平最愉快最有意义的时日"，最后，他以难以辨认的笔迹，写下了"让我把千百倍的热忱送给你和其余千百万亲爱的同志"，表达了他对人民无限忠诚的"毫不利己专门利人"的伟大而崇高的精神。

白求恩同志离开我们已经五十多年了。当前，我国人民正意气风发地在改革开放的道路上不断前进。我们纪念白求恩同志，最重要的就是要学习他的这种"毫不利己专门利人的精神"和"毫无自私自利之心的精神"。我们实行改革开放，把大门打开了，国外的一些好东西进来了，但随着也会进来一些消极腐朽的东西，影响以至毒害人们，特别是腐蚀和毒害我们的青年。更值得我们注意的是，资产阶级的自私自利、损人利己和金钱至上的腐朽思想，又为一些人所欣赏，"一切向钱看"、"有钱能使鬼推磨"的理论，在社会上弥漫，败坏着我们的社会风气，腐蚀着人们的灵魂。一些人从极端庸俗的利己主义出发，把获取金钱当成人生唯一的目的。在社会主义新中国的一些地方，已经绝迹多年的吸毒、卖淫、嫖娼、赌博等丑恶现象又死灰复燃，甚至有愈演愈烈之势，这种情况，值得我们高度重视。社会秩序和社会风气，如果受到资产阶级腐朽思想的侵蚀而不能得到纠正，发展下去，就必然会把我们的社会主义的四个现代化建设引到邪路上去。"我们是坚持社会主义和共产主义的，我们采取的各方面的政策都是为了发展社会主义"，"风气如果坏下去，经济搞成功又有什么意义？会在另一方面变质，反过来影响整个经济变质。发展下去会形成贪污、盗窃、贿赂横行的世界"。因此，大力倡导白求恩同志的这种"毫不利己专门利人"的精神，鼓励人们在社会主义四个现代化建设中以国家民族利益为重，强调集体利益高于个人利益，是有着非常重要的现实意义和历史意义的。正像毛泽东同志所说的，我们要学习白求恩同志的这种精神，使我们能够成为"一个高尚的人，一个纯粹的人，一个有道德的人，一个脱离了低级趣味的人，一个有益于人民的人"。

论新时期共产党人的价值观[*]

中国共产党走过了七十五年光辉灿烂的历程。今天，我们纪念它，最重要的一点，就是要进一步搞好党的建设。七十五年来，我们党提高自身凝聚力、战斗力的一条十分重要的经验，我们党始终保持工人阶级先锋队性质、坚持拒腐防变的一项根本措施，就是坚持把思想政治建设摆在党的建设的首位。现在，我们党和国家正处在建设有中国特色社会主义、实现中华民族全面振兴的重要历史时期，肩负着极其艰巨的使命，迫切需要提高广大党员、干部的思想政治素质，树立起马克思主义的世界观、人生观、价值观，从而使每个党员成为积极为社会主义和共产主义奋斗的坚强战士，无愧于共产党员的光荣称号。

一、树立马克思主义的价值观是共产党人始终保持共产主义的纯洁性的需要

毛泽东同志曾经提出过，我们共产党员不能把自己混同于一个老百姓，不能把自己降低到一个普通群众的水平，并且强调要我们每一个党员"严肃地坚决地保持共产党员的共产主义的纯洁性"。在实行改革开

---

[*] 原载《人民日报》，1996-07-09。

放和发展社会主义市场经济的新时期，每一个共产党员都应当认真思考这样一个问题：怎样才能使自己成为真正的工人阶级的先锋战士，无愧于共产党员的光荣称号？在纷繁复杂的社会生活中，在国内外各种腐朽思想和生活方式的不断腐蚀和影响下，怎样才能保持清醒的头脑，站稳无产阶级的立场，经受住名位关、权力关、金钱关、色情关、人情关等等的考验，始终保持共产主义的纯洁性呢？从根本来说，就是要树立和巩固马克思主义的世界观、人生观和价值观。

世界观是一个人对社会、自然和人与人之间关系的根本的看法。马克思主义的世界观，也就是辩证唯物主义的世界观。用它来观察历史，我们就能深刻地认识到，资本主义之所以最终必然要走向灭亡，社会主义之所以必然会取得胜利，是有其内在的不可抗拒的规律的。人生观是一定的世界观在考察人生问题时的具体体现。人生观的主要问题是关于人生的意义、价值和态度的问题。价值观是指人们对事物有无价值和价值大小的一种认识和评价标准。世界观、人生观和价值观三者既有区别又有联系。世界观是人生观和价值观的基础。从人生观和价值观来说，价值观的范围较大，因为它泛指人们对一切事物有无价值和价值大小的看法和评价标准，而人生观主要是对人生的意义和价值大小的一种根本的看法。从这个意义上可以说，价值观包括人生观，人生观也是一种价值观。因此，我们所说的价值观，也包含着人生的意义和价值。

二、共产党人的价值观应是国家和人民利益高于个人利益的集体主义的价值观

在新的历史时期，共产党人应当有什么样的价值观？对于我们每一个共产党员来说，是必须解决的一个重要问题。什么是价值？一般来说，价值是一个涉及经济学、哲学和伦理学等多种学科的范畴。我们在这里所说的价值，并不是指经济学中所说的"使用价值"和"交换价值"，而是指政治方向、道德观念、人生意义和思想追求上人们所认为的最重要、最贵重、最值得去奋斗和珍视的东西，它既可以是物质的，也可以是精神的。在中国古代思想史上，人们常用"贵"来表示"价值"这一概念。"贵公"就是把公共利益、社会利益看作最值得追求的，

"贵义"就是把"义"看作最有意义的,"贵生"就是把生命看作最重要的,等等。价值观就是对什么是最重要、最贵重、最值得人们追求的一种观点和评价标准。在存在着多种经济成分和多种利益主体的社会内,处于不同的经济、政治的利益关系中的人,必然会有各不相同甚至全然相反的价值观。在当前的社会中,在价值观上存在着两种根本对立的观点,一种是资产阶级的个人主义的价值观,一种是社会主义的集体主义的价值观,它们之间存在着尖锐的斗争。对于个人主义者来说,由于他处处强调以个人为中心,把个人看作唯一的目的,而把社会看作只是达到个人目的的手段,因而,他必然会认为只有个人的一切才最重要,最值得他去追求;只有追求个人的私利,谋取金钱和名位,才算有最大的价值。对于这样的人来说,国家的利益,人民的利益,将会被认为是没有价值的,也就不值得为它们去奋斗,更不值得为之献身。西方敌对势力在图谋分化、西化我国的同时,还特别加强其价值观的渗透,公然不讳地要用他们的价值观来改变我们的价值观,从而达到他们搞垮社会主义中国的目的。苏联解体、东欧剧变表明,西方价值观的渗透,确实发生了不可忽视的重要作用。西方资产阶级所奉行的个人中心、自由、民主、平等的价值观念,既是维护资本主义制度的精神支柱,又是他们腐蚀社会主义国家人民、颠覆社会主义制度的重要手段。人们一旦接受了西方的价值观,就必然会在建设社会主义的道路上迷失方向,误入歧途。西方敌对势力曾经以这种手段,在某些国家得逞,因此,他们正不遗余力地加大力度,对我国人民,特别是我们的干部和党员推行西方的个人中心、个人自由、金钱崇拜和追求享乐的价值观念,这一点应当引起我们的高度警惕。

共产党人的价值观,应当是以人民利益、国家利益、民族利益高于个人利益的集体主义的价值观。集体主义既是社会主义的价值导向,又是人们所应当树立和奉行的一种价值观念。在建设有中国特色社会主义的过程中,我们面对着的不断发展变化的许多新事物、新问题和新矛盾,每日每时都向每一个共产党员提出有关事物有无价值和价值大小的许多现实问题,需要我们去判断和解决。我们应当坚持什么样的理想和信念?我们应当用什么标准来判断各种不同事物的善恶、美丑、对错、真假以及赞成与反对、应当与不应当呢?人怎样生活才最有意义、最有价值?党的利益、国家利益、集体利益同个人利益比较起来,哪个更重要、更有价值？怎样看待金钱？怎样看待为社会无私奉献？这就是我们所经常面临的有关价值观的重要问题。我们认为，对于一个共产党员来说，在当前的历史条件下，必须坚持共产主义的理想和信念，坚持党的全心全意为人民服务的宗旨，凡是对于社会主义事业和广大人民群众有利的事业，我们就应当看作最有价值的，最值得我们为之献身和奋斗的。反之，一切不利于社会主义事业和人民利益的，我们就应当旗帜鲜明地加以反对。江泽民同志在谈到人生的意义和价值时，极其深刻地指出："我们的干部和党员，一定要把人为什么活着这个问题弄清楚。如果只是为自己、为家庭而活着，那个意义是很有限的，只有为国家、为社会、为民族、为集体的利益奋不顾身地工作着，毫无保留地贡献出自己的聪明才智，这样的人生才有真正的意义，才是光荣的人生、闪光的人生。"由此我们可以认识到，这种对人生价值的看法，也就是我们共产党员所应持有的价值观。

三、在意识形态领域必须坚持以马克思主义价值观为指导

值得注意的是，随着社会主义市场经济体制的确立和发展，在我国的意识形态领域出现了价值多元化的理论。这一理论认为，既然存在着多种经济成分和多种利益主体，社会也就不再应当有统一的价值导向。这是一种错误的、极为有害的理论。我们认为，随着以公有制为主体的多种经济成分的出现，当然不可避免地会出现反映不同利益主体的价值观念，呈现价值取向的多元化。但是，正如我们在多种经济成分并存的情况下，必然坚持以公有制为主体一样，在意识形态领域里，在承认价值取向的多元化的同时，我们还必须强调价值导向的一元化。个体经济、私营经济的适当发展，作为社会主义公有制经济的补充，在一定历史时期内是有益的和必要的，但作为这些利益主体的价值观念，它既有其同社会主义经济发展相一致的方面，又有着同消灭剥削、消除两极分化、最后达到共同富裕这一思想不一致的方面。因此，对于有中国特色社会主义的思想道德建设来说，我们只能以马克思主义的集体主义的价值观为指导，不能搞指导思想的多元化。也正是由于这一原因，我们在

意识形态领域里,对一切非马克思主义的价值观必须进行分析、教育、引导和批评,不允许那些违背广大人民利益、腐蚀劳动群众思想、污染社会风气的错误的价值观念在社会上流行,以保证我们的四个现代化建设能够沿着正确的道路向前发展。从我们党的思想建设来看,在市场经济的条件下,我们的党员更容易受到拜金主义、享乐主义和个人主义的侵蚀,党就更应强调要坚持马克思主义的理想和信念,坚持社会主义的政治方向和政治立场,更加注意对党员的价值观教育。早在1980年,邓小平同志就告诫我们:"党和政府愈是实行各项经济改革和对外开放的政策,党员尤其是党的高级负责干部,就愈要高度重视,愈要身体力行共产主义思想和共产主义道德。"当前,我们更应当从建设有中国特色社会主义事业和建立共产主义社会的最终目的出发,自觉地把牢固树立马克思主义价值观作为自己党性锻炼的根本要求,使自己成为能坚决执行党的理论和路线的合格的共产党员。

我们党在长期的革命斗争和建设中,一直强调对党员进行马克思主义世界观、人生观和价值观的教育,强调树立和坚定共产党员的共产主义信念。改革开放以来,大多数党员经受住了这场大变革中的各种严峻考验,为革命和建设事业做出了重要的贡献。但是,也应当看到,有少数党员,经受不住资产阶级腐朽思想的侵蚀,在资产阶级的糖衣炮弹面前打了败仗,正像江泽民同志所指出的:"有的革命意志衰退了,有的走到邪路上去了,有的甚至堕落成为社会的蛀虫和罪犯。"因此,加强共产党员的党性锻炼,树立马克思主义的世界观、人生观和价值观,在当前,有着更加迫切的现实意义。

怎样才能更好地树立起马克思主义价值观呢?

首先,要认真学习和掌握马克思主义、毛泽东思想和邓小平建设有中国特色社会主义的理论,学习江泽民同志关于世界观、人生观、价值观的讲话。我们应当完整、准确、科学地把握这些理论的精髓,深刻理解树立马克思主义价值观的特殊重要意义,并把它同提高我们共产党员的党性和保持共产党的纯洁性联系起来,同我们党和国家的兴衰存亡联系起来,从而增强树立正确的世界观、人生观、价值观的自觉性。

其次,要在实践中加强党性锻炼,不断地同各种非马克思主义以至反马克思主义的价值观划清界限,对一切没落腐朽的东西,要进行坚决的抵制和斗争。马克思主义强调理论和实践的统一,强调理论对于实践的作用。当我们认识到什么是正确的世界观、人生观和价值观之后,一定要联系自己的思想和行为,身体力行,不断地在实践中检查自己,进行必要的批评和自我批评。列宁曾经极其深刻地指出:"资本主义旧社会留给我们的最大祸害之一,就是书本与生活实践完全脱节。"我们应当努力改正那种"书本与生活实践完全脱节"的情况,在生活实践中认真培养和锻炼正确的世界观、人生观和价值观,更好地为社会主义贡献力量。

最后,要自觉地进行自我改造,充分认识自我改造的长期性和艰苦性,活到老,改造到老。马克思主义价值观是不可能自发产生的,它需要经过教育、修养和在实践中的磨炼才能形成。在改革开放条件下,资本主义的腐朽思想文化影响,必定会趁机而入,同我国历史上遗留下来的剥削阶级腐朽思想文化影响相结合,不断地对人们进行腐蚀。邓小平同志说:"要说有风险,这就是最大的风险。"一个共产党员,一旦经受不住拜金主义、享乐主义和个人主义等腐朽的思想文化、生活方式的侵蚀,就必然会成为资产阶级思想的俘虏。每一个共产党员,都要见微知著,提高警惕,严格要求,在树立正确的世界观、人生观和价值观上狠下功夫,从而坚定社会主义和共产主义的理想和信念,为建设有中国特色社会主义,为中华民族的文明、繁荣、富强而努力奋斗。

新时期共产党员仍应坚持全心全意为人民服务的人生观[*]

党的十四届六中全会提出，加强思想道德建设，必须坚持用马克思列宁主义、毛泽东思想、特别是邓小平建设有中国特色社会主义理论武装全党，教育干部和人民，树立崇高的理想和正确的世界观、人生观、价值观。近年来，江泽民同志曾多次强调世界观、人生观、价值观的重要，尤其是强调人生观对提高党员觉悟的重要意义。

1995年1月，江泽民同志在中纪委第五次全会上指出："树立正确的世界观和人生观，无论过去、现在和将来，对于每一个干部和党员来说，都是首要的问题。"他从党的历史发展和党员干部所犯错误及近年来党内的实际问题出发，概括了一个既有理论意义又有现实意义的重要思想。他说："有的革命意志衰退了，有的走到邪路上去了，有的甚至堕落成为社会的蛀虫和罪犯，归根到底就是这些人在世界观、人生观上出了问题。"他认为，一个共产党员，要想坚持革命到底，要想经受住不同的严峻考验，就必须树立起正确的世界观和人生观。

人生观是世界观在人生问题上的应用和体现。一般来说，人生观包括对人生的意义、目的、态度的认识和理解。人生的目的，是关于人生的理想、信念的问题；人生的意义，则主要指人为什么活着，人怎样生活才是最为值得的；人生的态度是如何做人、如何为人处世的问题。从一

---

[*] 原载《党政干部学刊》，1996（12）。

新时期共产党员仍应坚持全心全意为人民服务的人生观

定意义上说，人生观从属于世界观，没有正确的世界观，也就不可能有正确的人生观。人生观和价值观既有区别，又有联系。价值观的范围较大，泛指人们对一切事物有无价值和价值大小的一种根本看法。从这个意义上说，价值观包含着人生观，人生观也是一种价值观，即对人生的意义和价值的一种总的根本的看法。人的正确的价值观的确立和巩固，能不断促进正确的人生观的形成和发展。世界观是人生观的基础，人生观是价值观的一种体现，它们相互作用，相辅相成。世界观、价值观、人生观，都是社会存在的反映，是受一定的经济关系和政治关系制约的。而一定的世界观、人生观、价值观形成之后，又能够积极作用于经济关系和政治关系，给予政治关系、经济关系一种强有力的影响。对一个社会来说，进步的、科学的、正确的世界观、人生观和价值观的树立，能够给该社会的经济、政治生活以强有力的推动，并促进该社会的经济发展和政治完善；而退步的、腐朽的、错误的世界观、人生观和价值观对人们的腐蚀，必然要妨碍、阻止、破坏经济的发展和政治的稳定。共产党员是工人阶级的先进分子，是推动社会全面进步的带头人，一定要做高尚思想道德的楷模，一定要树立正确的世界观、价值观、人生观。尤其在新时期，在发展社会主义市场经济的新形势下，共产党员坚定地坚持以全心全意为人民服务为核心的共产主义人生观，更具有特殊重要的意义。

共产主义人生观是马克思主义世界观的重要组成部分，是马克思主义世界观和方法论在人生问题上的体现。共产主义人生观以历史唯物主义为指导，认为社会主义代替资本主义是社会历史发展不可逆转的总趋势，把人生的意义、价值和态度同最终达到共同富裕的社会主义和共产主义制度联系起来。共产主义人生观把为人民服务、为人民利益而献身作为一切言论和行动的出发点和最终目的，强调广大人民群众的利益、国家的利益和党的利益高于个人的利益。毛泽东同志说："共产党是为民族、为人民谋利益的政党，它本身决无私利可图。""全心全意地为人民服务，一刻也不脱离群众；一切从人民的利益出发，而不是从个人或小集团的利益出发；向人民负责和向党的领导机关负责的一致性；这些就是我们的出发点。"我们共产党人应当具有这样的人生观。

为什么人的问题是人生观的根本问题。一个人活在世界上，如果只为自己和小家庭生活，当然也不能说没有意义，但应当说，他的意义是极有限的。一个人生活在社会上，应当有一种为他人、为社会而献身的精神。只有这样，才能促进社会进步，才能促进人和人之间的共同幸福，才能促进历史发展。为人民服务，是社会主义道德的核心。这也就是说，我们要评价一个人的道德水平的高低，就是要看他为他人、为社会、为国家尽了多少力，做了多少贡献。一个人越是关心他人、帮助他人，为社会想得越多，奉献得越多，就越有道德。共产党员应把为人民服务作为人生的目的，把有限的生命投入无限的为人民服务之中去。也只有这样，才能成为一个高尚的人，一个纯粹的人，一个有道德的人，一个脱离了低级趣味的人，一个有益于人民的人。

共产党员在自己的生活、工作中，应当把人民的利益作为是否有价值的唯一标准，以实现共产党员的人生价值。如果我们口头上虽然讲的是为人民服务，而在人生目的上、行动的动机上，却总是想着个人的权和利的大小，想着个人的职位的高低和金钱的多少，那就很难能够忠于自己的职责，很难做到全心全意为人民服务。共产党员也有个人的利益，但要辩证地认识个人利益同集体利益的关系。全心全意为人民服务，并不是不要个人利益，而是要正确处理个人利益与人民利益的关系。当个人利益同集体利益、人民利益发生矛盾时，要自觉地放弃乃至牺牲个人利益，以维护人民的利益。

一个共产党员觉悟的高低，一个很重要的方面，就是看他在考虑问题、处理问题时，是不是把人民的利益放在最前面，一切以人民的利益作为判断事物的是非、善恶的标准。

共产党员要热爱人民，尊重人民群众的主人翁地位，要随时考虑到广大人民群众的一切，与人民群众建立浓厚的感情。也就是，在社会生活中，在工作中，在一切公共场合，都要想人民之所想，急人民之所急。

共产党员在当前社会中，既要承认在一定时期内的贫富差别是历史的一个现实，是不可越过的，同时也要想到，我们的最终目的是要建设一个没有剥削、没有压迫的共同富裕的理想社会。因此，就要尽最大力量去帮助、扶植那些还处于困难中的劳动人民，既要鼓励一部分人先富起来，又要尽力使先富带动后富，使广大人民群众都能富裕起来。

我们现在发展社会主义市场经济，实行等价交换、按劳分配的原则，这同共产党的为人民服务的原则是什么关系呢？在我国无产阶级掌握政权并建立社会主义社会以后,由于生产力的落后和经济发展的水平较低,还必须大力发展生产力,容许资本主义有一个相当程度的发展,从而为大工业、现代工业的形成创造条件(没有这个条件,社会主义就不可能发展和巩固)。因而,实行等价交换原则和按劳分配是为了最终达到共同富裕的社会主义和共产主义社会。这一目标,从根本上说,同共产党员的为人民服务的党性原则是一致的。从整个社会主义事业发展的全局和共产党员的奋斗目标来看,与实行等价交换原则的目的是相同的。

同时,我们还必须认识到,在整个国家的经济领域中实行等价交换和按劳分配,同共产党员在日常生活、工作中的为人民服务的精神,是不同领域中不同性质的问题,是应当而且必须加以区别的。共产党员在自己所从事的经济领域中,必须按照等价交换的原则来从事经济活动;但对自己所从事工作的态度,就不能抱着"按酬付劳"、"给多少钱干多少活",甚至"讨价还价"、拈轻怕重、斤斤计较、两两计较、把重担子推给人家、自己拣轻的挑的错误态度。即使对工作报酬来说,任何"等价交换"都是相对的,在"等价"的工作下,都必然会有所谓"轻"、"重",在这种情况下,共产党员应当是拣重的挑。共产党员应当树立一种"多做贡献"、"少取报酬"的思想。

具体些说,在实行等价交换的社会主义市场经济条件下,共产党员应当:

(一)既要按"等价交换原则"办事,又要用更高的原则即为人民服务的原则办事。在有关经济领域的经济行为中,应该遵守等价交换原则,尤其要注意维护广大人民群众的利益,维护公有制经济和人民的公共财产不受损失;在对待个人的利益时,应当坚持"个人正当利益"这一标准,即必须依靠诚实劳动获取个人所应当获得的劳动报酬,同时又要从整个社会和国家的利益出发,坚持集体、社会和国家利益高于个人利益的原则;必须坚决履行全心全意为人民服务的原则,爱岗敬业,尽职尽责,做人民群众的贴心人。

(二)要尽可能地带头从事一些公益劳动,即从事一些不计报酬、献身于社会的劳动。列宁曾经极其称赞"义务星期六"的活动,他认为这种不计报酬或者是不要报酬的劳动,尽管它只能够在一个星期内的某一天或某半天举行,但显示出一种为他人、为社会利益而献身的崇高思想，值得大力提倡和发扬。这是一种崇高的境界和精神力量，是保证社会主义方向的一种精神动力。在市场经济条件下，我们每个人还必须把劳动作为一种谋生的手段，我们的生活来源主要靠工资，不可能所有劳动都不计报酬。但是，我们应当力所能及地多从事一些不计报酬、献身社会的劳动。

（三）要坚决反对和抵制任何将等价交换原则扩大到经济领域以外的其他领域中，尤其要反对把这一原则扩大到党内的政治生活中。在党内政治生活中所出现的对工作拈轻怕重、把重担子推给人家、闹工资待遇、争级别、争名利、同组织讨价还价、不服从组织分配等，往往都是打着"等价交换"和"按劳分配"的幌子。这种情况，极容易造成党的纪律松弛和组织涣散，甚至使一些人以个人的成绩、功劳、贡献、政绩为借口，作为向党捞取更高荣誉和地位的资本。真正的共产党员绝不能这样做。

（四）必须坚定不移地奉行集体主义原则，反对个人主义，反对资产阶级腐朽生活方式的侵蚀。个人主义是适应资本主义生产关系并为了发展资本主义而形成的一种以个人为中心的理论。在社会主义市场经济条件下，我们也承认个人利益的作用，特别强调个人的正当利益对发展社会主义市场经济的巨大作用，但这绝不是提倡个人主义。我们所强调的正当的个人利益，是同社会的、集体的利益相一致的。强调这种正当的个人利益，最终是要教育并引导人们去奉行集体主义。共产党员在同群众、同他人的关系中，绝不能无原则地去争个人的私利，这是我们应当特别注意的。

（五）必须正确对待金钱，要坚决抵制金钱万能和拜金主义思想的侵蚀。要抵制金钱和权力的交换，反对腐败，保持共产党员的清廉。在社会交往中，尤其是在工作关系中，对于可以得到或能够得到的金钱和物品，必须首先要问一问，这些东西是不是应该得，是不是符合原则，是不是自己的劳动所应取得的报酬。如果不是，就绝不能随便取为己有。不属于个人正当劳动的所得，则是对他人或社会财物的掠夺。中国传统道德中有所谓"见得思义"、"义然后取"的思想，强调"不义而富且贵，于我如浮云"。在今天，如能赋予新的意义，仍然对我们有启发作用。在市场经济条件下，衡量一个共产党员是否具有党性原则，其中非常重要的方面，就是看他如何对待金钱。为人民服务和为人民币服

新时期共产党员仍应坚持全心全意为人民服务的人生观

务,虽然只差一个字,却反映了两种根本对立的人生观。无数事实说明,对金钱的贪欲,必然导致一个共产党员的腐败和堕落。特别是对于在党和国家中担任公职的党员,如果有了对金钱的贪欲,就极容易陷入以权谋私、权钱交易的陷阱中去。

在社会主义市场经济条件下,在现实生活中,我们党的某些党员由于不能正确对待个人利益,不能正确对待金钱和权力,正在发生着令人痛心的变化。一些党员虽然在组织上入了党,但是从人生观来看,已经不是为人民服务,为建设社会主义献身,而是一心为个人的名利而奔走。一些入党多年甚至经过革命战争考验的党员,在金钱、权力、美女的腐蚀下,抛弃了自己早年的誓愿,背叛了人民的利益,一心想着个人私欲的满足。少数党员,甚至堕落到一切以个人的私欲、子女的利益和小集团的利益为出发点,贪污腐化、违法乱纪、作威作福、做官当老爷,严重地败坏了党的声誉,危害了党群关系。这种人实际上早已蜕化成为资产阶级思想的俘虏。能不能正确对待个人利益,能不能坚持全心全意为人民服务,是检验我们每个党员是否忠于党和人民、是否具有共产主义人生观的试金石,也是检验我们是否经受住了实行改革开放和发展社会主义市场经济考验的重要标准。

江泽民同志在1995年1月全国宣传部长座谈会上的讲话中指出:"加强正确的理想、信念、人生观的教育。在实行改革开放和发展社会主义市场经济的条件下,这方面的思想教育更加显得重要和迫切了。不但不能放松,而且必须大大加强。我们重视个人的利益,同时必须通过宣传教育,让群众尤其是青年人懂得个人利益必须服从集体利益、国家利益的道理。自古以来,就有'淡泊明志'的警言。不能把个人利益、个人价值看得太重了,看得高于一切。共产党员和各级干部尤其要注意这一点,要经得起金钱、权力、美女的考验。如果一个民族、一个国家,人们只讲个人利益、个人奋斗,而不讲国家利益、社会贡献,那么,这样的民族和国家就不能自立于世界民族之林。"作为一个共产党员,应当从这一段话中得到深刻的启示,牢固树立全心全意为人民服务的人生观。

党员干部道德建设[*]

一、干部道德是社会道德建设的关键

在改革开放的今天，在建设社会主义四个现代化的重要时刻，特别是在深化改革和加速改革时所碰到的难关面前，我们不能不看到，涤除政治上的腐败现象，在党政干部中提倡和培养高尚的职业道德，已经成为我国改革成败的关键。没有一个廉洁的政府，没有广大政府工作人员高尚的职业道德，一切有利于国计民生的改革措施，都只能产生仅仅对少数人有利而对广大人民有害的结果。这就是说，如果政府的腐败现象不能克服，干部不能廉洁，改革将不可能成功。

我们是社会主义国家，党和政府的干部只能是代表人民管理国家事务的"公仆"，而不应当是骑在人民头上的"老爷"。我们的一切政策、法令和措施，都必须靠我们的党政干部去执行，去实施，并在执行和实施中不断加以发展和完善。管理者既是为自己的管理对象服务，又担负着决策、指挥、批准、调拨和分配等必要的职能。因此，

---

[*] 原载《以德治国与公民道德建设》，264～281页。其中第一部分原载《学习论坛》，1988(9)，系作者为《干部道德与实践》一书所作的序；第二部分原载《阵地与熔炉》，1992(1)。

从这个意义上看，党政干部既是人民的公仆，同时又掌握着"管理"和"领导"的很大权力。越是高级干部，掌握的权力越大。我们的干部能否正确地利用这种权力来为人民服务，正确地执行改革开放的各种方针政策，在一定意义上，对于改革的成败，是有决定意义的。在社会主义社会中，自私自利、损人利己和一切向钱看的思想和行为，是必须反对的。因为这种思想必然会诱发人们的"庸俗的贪欲、粗暴的情欲、卑下的物欲、对公共财产的自私自利的掠夺"，从而使人们的道德堕落。在社会主义社会中，自私自利、损人利己，不但不可能成为有利于经济发展的一种推动力量，而且必然会成为影响经济发展、损害人际关系的一种破坏力量。如果把赤裸裸的金钱关系，当作人和人之间的唯一关系，并笼罩在社会之上，那么，整个社会也必将失去其社会主义的耀眼光辉。更需要特别指出的是，对于掌握着"管理"和"领导"国家事务的党政干部来说，如果他们只知道以权谋私、行贿受贿、贪污腐化、敲诈勒索，那么，要想经济繁荣，渡过改革的难关，将是不可能的。相反，如果政府能够廉洁，党政干部都能公正无私，为人民服务，认真执行一切有利于国计民生的改革开放的政策和措施，就一定会使全国人民从中得到益处，受到鼓舞，并能形成搞好"四化"和振兴中华的强大凝聚力。有了这种共同理想，有了这种凝聚力，也就有了我国人民可贵的精神支柱，我们的"四化"建设也就有了强有力的保证，改革开放过程中的一切难关，也就有可能较为顺利地渡过了。

最近几年来，凡是对我国改革开放进行着深入了解、仔细观察和认真反思的人们，凡是对我国"四化"建设的前景进行预测的人们，都不能不承认，党政干部能否廉洁，当前的某些腐败现象能否克服，已经成为人们最关心的问题之一。我们在"四化"建设中，必须进一步深化改革和加速改革，提高企业的经济效益，闯过像物价、工资这样一些在改革过程中的难度较大的问题。同时，我们也必须看到像政府工作人员的廉洁这样一些非经济因素对我国改革进展的影响是极其重大的。中国有句古话说："学有本末，事有始终，知所先后，则近道矣。"这句话，对我们观察和认识当前改革中头绪万千的各种问题来说，应该说，还是有启迪意义的。列宁曾经说过："大飞跃时代的真正应当注意的地方，就在于旧事物的碎片极多，并且有时比新事物的幼芽（不是常常可以一眼看到的）的数量还积累得更快些，因此我们就要善于从发展路线或链条中抽出最重要的环节。"① 他认为只有从客观事物发展的链条中，抓住所谓的最重要的环节，才可以顺利解决我们的任务，从而"过渡到下一个环节"。列宁的这一看法，有着唯物辩证法的方法论的指导意义，是值得重视的。社会繁荣和政治廉洁，经济发展和道德进步，工作效率和社会公正，并不是截然对立和相互排斥，为了达到一方而必须牺牲另一方。在社会主义社会中，它们可能而且应当是相互依赖，相互联系，相辅相成，相互促进。它们之间的矛盾，是可能通过我们的努力而得到解决的。任何形而上学的看法，都是不正确的。

为政清廉的问题，早在几年前就已引起了全国人民的注意，党中央三令五申要实现党风的根本好转，并把其提到了关系党的生死存亡的高度来认识。党的十二届六中全会决议更加明确地指出："在我们社会的各行各业，都要大力加强职业道德建设。首先是党和国家机关的干部，要公正廉洁，忠诚积极，全心全意为人民服务，反对官僚主义、弄虚作假、利用职权谋取私利。"然而遗憾的是，最近几年来，党内和政府内所出现、滋长的腐败现象不但没有被围堵在最小的范围内，反而有不断发展和日渐蔓延的趋势。有一些党政干部丢掉了社会主义和共产主义的理想，丢掉了为人民服务的宗旨，假公济私，弄权渎职，见利忘义，违法乱纪。这些人的一切活动，都以是否满足自己的和小家庭的欲望为唯一动机，严重地损害着党、国家和人民的利益。如果听任这种腐败现象发展下去，蔓延开来，我们的党和政府将会变成什么样子呢？我们的"四化"建设将会有什么样的结果？社会主义和共产主义能不能最终建成和实现？实在不堪设想。之所以有以上情况的发生，一方面是因为消除腐败现象并非易事，需要经过一个长期坚持不懈的努力过程；另一方面也有一个全党没有认真重视，特别是有些高级领导还没有认真重视的问题。当然，消除腐败现象最终有赖于经济体制改革和政治体制改革的成功，依赖于法制建设的完善，不能仅靠道德呼唤的力量。但是，绝不可丝毫忽视道德教育对消除腐败现象的重要作用。不仅解决政府工作人员贪赃枉法问题需要职业道德教育，而且改革中所出现的一切道德风尚问题，都必须借助于职业道德教育的力量。我们进行改革和搞活经济，非经济因素绝非是可有可无的东西，如果忽视在共产主义道德思想指导

---

① 《列宁选集》，2 版，第 3 卷，526 页。

下在全社会建设社会主义精神文明这一伟大任务，那么我们的社会主义社会就会失去理想和目标，失去精神的动力和战斗的意志，甚至会走向畸形发展和变质的邪路。这是从当前国内外活生生的事实中得出的结论，也是历史向我们发出的严重警告。

最近，党中央和国务院多次强调，经济要繁荣，政府要廉洁。这集中反映了广大人民群众对腐败现象的无比愤慨和制止腐败现象的强烈要求，同时也给我们广大伦理学工作者提出了亟待解决的新课题，即在理论和实践上全面、深入地探讨干部的职业道德问题。

二、重视思想改造，加强党性锻炼

在加强党的思想建设中，提倡以无产阶级思想来改造和克服各种非无产阶级思想，使广大党员干部都能够自觉地加强党性锻炼，把党建设成为无产阶级的先锋队，这对于保持党的先进性和战斗力，无疑是有重要意义的。

1. 正确对待思想改造

思想改造是我们党长期以来一个提高党员思想觉悟的重要措施，它要求用马克思主义的立场、观点、方法和思想感情来改造各种非无产阶级的立场、观点、方法和思想感情，以达到增强党性的目的。思想改造，又叫自我改造，它能促使人们不断进步。思想改造的根本目的，是要使共产党员、工人、农民和知识分子逐步地抛弃非无产阶级的世界观和人生观的影响，树立起共产主义的世界观和人生观，使我们的社会主义建设事业能够更好的发展。

现在，在我们同志当中，确有一些人对思想改造很反感，不但否认自己的思想应当改造，而且也反对"思想改造"这一提法。在他们看来，强调思想改造就是极左，就是"洗脑筋"，就是不尊重人等，这实在是一个很大的误解。这些同志把我们过去20世纪50年代所进行的思想改造中的一些偏差同思想改造本身混为一谈，认为那个时期的思想改造工作，进行了一些过激的批评，损害了许多同志的自尊心，有时甚至采取了某些不应有的"粗暴"措施，因此应当根本否定。我们认为，对于20世纪50年代在党内外进行的思想改造工作，应当采取一分为二的态度，不能全盘否定。正像毛泽东同志所指出的："没有正确的政治观点，就等于没有灵魂。过去的思想改造是必要的，收到了积极的效果。但是在做法上有些粗糙，伤了一些人，这是不好的。这个缺点，今后必须避免。"① 我们应当而且必须正视我们在过去的思想改造工作中所曾经发生过的某些过急的、粗糙的做法，因为它只能造成伤害同志的后果而不能达到使人们思想进步的目的。进行思想改造工作，必须注意启发人们的自觉，必须是循循善诱、和风细雨，必须是以诚相见、与人为善。但是，我们绝不能也不应当因过去思想改造工作中曾经产生过一些缺点、错误，从而否定思想改造本身。否定思想改造，就会使我们党员的思想停滞不前，甚至会使我们党员的思想后退以至堕落，这是关系到我们党能否继续发展和前进的一个重要问题，是我们党的建设中所必须重视的一个带有根本性的问题。

对于一个共产党员来说，能否自觉地改造自己的非无产阶级思想，是自己能否不断进步的关键，是一个人能否成为真正的共产党员的试金石。从我们党的实际生活状况来看，一些人在入党后之所以腐化堕落，同他们不重视改造自己的思想有着密切的关系。毛泽东同志从自己的切身体会中得出的结论，就是我们党的每一个党员，不论什么人，都必须进行思想改造。他说："拿我们这些人来说，很多人每年都有一些进步，也就是说，每年都在改造。我这个人从前就有过各种非马克思主义的思想，马克思主义是后来才接受的。我在书本上学了一点马克思主义，初步地改造了自己的思想，但是主要的还是在长期阶级斗争中改造过来的。而且今后还要继续学习，才能再有一些进步，否则就要落后了。"②这对每个共产党员来说，是很值得认真深思的。周恩来同志说："我的确常说我也要改造这句话，现在还在改造中。我愿意带头。我希望大家承认思想改造的重要性。要承认各种关系各种事物都会影响个人的思想。……要把思想改造看成像空气一样，非有不可。"③

但是，值得我们注意的是，在我们党内，确实有一些党员，总是把自己看成是十全十美和不需要改造的，并且自居于领导，把自己看作专门改造别人的特殊党员。现实生活说明，这些只要别人改造思想的党

---

① 《毛泽东著作选读》下册，780页，北京，人民出版社，1986。
② 同上书，777页。
③ 《周恩来选集》下卷，424～425页，北京，人民出版社，1980。

员，思想中的非无产阶级的肮脏东西，往往更多。"没有人是专门改造别人的。自居于领导，自居于改造别人的人，其实自己首先需要改造。要对这种人大声疾呼：'请你自己先改造！'"① 在改造思想、增强党性这一问题上，居于领导地位的党员，更应以身作则，成为其他党员的表率。

为了建设社会主义和共产主义，一个共产党员应当公开地承认，必须要"活到老、学到老、改造到老"，强调永不停止地改造自己的思想对保持共产党员的纯洁性的重要意义。周恩来同志说得好："我们知道，时代是不断前进的，思想改造就是要求我们的思想不落伍，跟得上时代，时时前进。"② 当前，我国进入了社会主义事业发展的新时期，我们每日每时都面临着许多新情况和新问题，都要处理和接触许多新事物。商品经济的发展，西方资本主义社会的价值观念的传播以及社会上某些腐败现象的蔓延和滋长，有可能腐蚀我们一些党员的思想。毛泽东同志曾经很形象地说："房子是应该经常打扫的，不打扫就会积满了灰尘；脸是应该经常洗的，不洗也就会灰尘满面。我们同志的思想，我们党的工作，也会沾染灰尘的，也应该打扫和洗涤。"③ 从我们党内的情况来看，有两种现象值得我们注意：一些新党员，缺乏对思想改造的自觉性，因而不注意自己的思想改造；另外一些入党多年的老党员、老干部，自认为思想改造是那些新党员的事，与自己无关。这些错误的思想，是极为有害的，一些党员也正是由于这种错误而受到非无产阶级思想的腐蚀。事物的发展是没有止境的。我们共产党人的思想改造也是无止境的。在为社会主义、共产主义而奋斗的征途中，必须承认，我们应当而且需要不断地改造我们自己，增强我们的党性修养。

2. 新时期加强思想改造的必要

在新的历史时期，特别是我们党成为执政党并领导着全国人民进行社会主义现代化建设之后，工人阶级和共产党员应该怎样对待思想改造？江泽民同志的《在庆祝中国共产党成立七十周年大会上的讲话》指出："党在思想、政治、组织、作风方面都存在不少亟待解决的问题。这种情况说明，在新的历史条件下，我们党不仅要继续经受执政的考

---

① 《周恩来选集》下卷，368页。
② 同上书，423页。
③ 《毛泽东选集》，2版，第3卷，1096页。

验，而且面临着改革开放和发展商品经济的考验，面临着反对和平演变的考验。"由此可见，作为共产党员，为了能够带领工人阶级和广大群众进行社会主义建设，就更加需要认真地改造自己的思想。

我们的党是执政的党，对于我们每个党员来说，确实有一个必须经受住执政党考验这样的问题。我们的不少党员，都在不同的工作岗位上担负着一定的职务，随着责任的增加，也会因此而享受到政治上的荣誉和处理许多事情的权力。因此，对于掌握了一部分权力的人来说，一个最重要的问题就是：究竟是以权为公，还是以权谋私？有些党员不是把这些职务和权力看作为人民服务的责任，而是看作谋取个人地位、尊严和金钱的手段。他们"好名的孽根未除"，权力的欲望很重，他们口头上也说是要为人民服务，为党的利益工作，实际上则蝇营狗苟，在思想深处，就是要为个人服务，为自己的名利服务，为自己的子女、家庭和小圈子里的人服务。正像毛泽东同志所讲的，这种人其实不是一个共产党员，至少不是一个完全的共产党员。我们每一个党员，都应该认真地进行自我检查，严格过好这一执政关。如果我们不能经受住这种执政党的考验，我们的党就必然会脱离群众，从而危及我们执政党的生命。从国际共产主义运动的经验来看，一些国家的党组织之所以最终失去了执政党的地位，一个重要原因，就是因为这些党没有经受住执政党的考验，一些党员争权夺利、贪图享受、高高在上、脱离群众，甚至腐化堕落，成为资产阶级政客。这种情况，极大地败坏了党的威信，严重损害了党的形象。广大群众是通过共产党员的思想意识和道德品质来了解和认识共产党的。当他们认为共产党的党员不是为人民服务，看到党员腐败堕落时，他们就会抛弃共产党。这一教训，我们应当切实引以为戒。

在当前的历史阶段上，强调思想改造，还有着国内和国际的阶级斗争的更为深刻的原因。

阶级斗争在我国当前的社会上，已经不是主要矛盾，但是阶级斗争并没有结束，在一定情况下，还可能会发展到十分激烈的程度。正像毛泽东同志所指出的："无产阶级和资产阶级之间的阶级斗争，各派政治力量之间的阶级斗争，无产阶级和资产阶级之间在意识形态方面的阶级斗争，还是长时期的，曲折的，有时甚至是很激烈的。无产阶级要按照自己的世界观改造世界，资产阶级也要按照自己的世界观改造世界。在这一方面，社会主义和资本主义之间谁胜谁负的问题还没有真正解决。"[1] 在我们生活的现实社会中，被推翻的地主买办阶级的残余仍然存在，资产阶级的思想更不容忽视，新的剥削分子还可能产生，小生产者的思想更是一种现实的存在……这些情况，都必然会影响到党员的思想。值得注意的是意识形态领域中的思想理论斗争，资产阶级的人生观、道德观、价值观与无产阶级的人生观、道德观、价值观的斗争，又必然要反映到党内。共产党员要用共产主义的人生观、道德观、价值观来抵制、反对和战胜一切非无产阶级的人生观、道德观和价值观。我们必须用阶级分析的方法，从阶级斗争的高度来看待共产党员的思想改造问题。那种认为在当前的历史条件下，可以用阶级斗争熄灭论的观点来观察现实问题的看法，是完全错误的，是极为有害的。

我们之所以强调改造思想还有着反对和平演变的重要原因。从国际上看，我们除了面临新技术革命的挑战外，还面临着国际敌对势力正加紧对我国进行和平演变的挑战。在反对和平演变的斗争中，必须强调只有保持我们自身的革命坚定性，保持坚定的共产主义人生观、道德观和价值观，西方的和平演变图谋才不能得逞。内因是变化的根据，外因是变化的条件，社会主义国家会不会发生演变，最终不决定于西方敌对势力，而决定于我们自身。只要我们自身能够在思想意识上筑起抵御和平演变的钢铁长城，始终保持无产阶级的思想和作风，就能够阻止资本主义腐朽的思想意识、价值观念和生活方式的侵袭，击败一切来自敌对势力的和平演变图谋。相反，如果我们的党员，不注意自身的思想改造，甚至受到资产阶级的人生观、道德观和价值观腐蚀，那么，我们的社会主义国家就不可避免地会演变成为资本主义国家。中国有古话说"物必自腐而后虫生"，东欧和苏联的变化，就是最好的证明。共产党人在反对和平演变的斗争中，对于内因和外因的关系，应当有一个明确的认识。

3. 树立为人民服务的思想

在重视思想改造、加强党性锻炼的过程中，必须要树立为人民服务的思想，并以此为准绳来对照我们的一切言论和行动，以批判和抵制各种非无产阶级的思想影响。

---

[1] 《毛泽东著作选读》下册，785页。

我们共产党员的最高目标,是要为共产主义奋斗终生,为广大人民群众谋利益。我们的一切言论、思想和行动,究竟应当从什么出发呢?一事当前,人们总是要从各种不同的动机出发,抱着各种不同的目的来考虑问题的。初看起来,似乎人们的动机是各种各样的,目的也是千差万别的。但是,归纳起来,从根本上看,总不外乎是从广大人民群众的利益出发,还是从自己的私利或小家庭、小团体的利益出发。这是两种根本不同的人生观、道德观、价值观在人们头脑中的反映,是当前无产阶级与资产阶级的阶级斗争在意识形态中的反映。从人民的利益出发,为广大人民群众服务,就能以关心他人和关心集体为重,就能坚定社会主义和共产主义的信念,就会成为无产阶级革命事业的接班人,就会引导我们国家最终走向共产主义;从个人私利和小家庭、小团体的利益出发,就会关心自己比关心他人为重,从而成为一个自私自利的利己主义者和个人主义者,就会成为资产阶级思想的俘虏,并最终导致我们国家走向资本主义。正是在这个意义上,毛泽东同志说:"为什么人的问题,是一个根本的问题,原则的问题。"① 这是每一个革命者、共产党员所必须解决的问题。

从日常生活看,"一事当前,先替自己打算"的自私自利的思想,对我们一些党员还有着不同程度的影响。一些党员,他们在思想上,还没有树立起一切从党的利益出发、一切从人民利益出发的观念,这也就是毛泽东同志所说的:"有许多党员,在组织上入了党,思想上并没有完全入党,甚至完全没有入党。这种思想上没有入党的人,头脑里还装着许多剥削阶级的脏东西,根本不知道什么是无产阶级思想,什么是共产主义,什么是党。"② 在这些党员的头脑中,个人的地位、个人的荣誉、个人的私利和个人目的,占据着主要的位置,成了他考虑一切问题的出发点和归宿。一些入党多年的老党员,在过去的革命战争的时期内,也确实曾经真诚地相信过社会主义,并曾经为了广大人民群众的利益而奋斗。但是,由于不注意自己的思想改造,经受不住实行改革开放和发展商品经济的考验,在资产阶级金钱和地位观念的腐蚀下,"争名于朝,争利于市",从而堕落成为腐化分子,直到被清除出党。这对我们许多老党员来说,更是值得引以为戒的。

---

① 《毛泽东选集》,2版,第3卷,857页。
② 同上书,875页。

树立为人民服务的思想，就是要树立人民利益高于个人利益的思想，这是社会主义经济基础的客观要求，也是共产党员的崇高思想品德的表现。树立为人民服务的思想，就必须培养公心，克服私心。社会主义和共产主义事业，是一种反对剥削和追求广大人民群众共同富裕的光荣而艰巨的事业，它要求广大共产党员和干部必须以公心来从事这一事业，如果抱着个人的私心来从事社会主义的事业，那么，其结果只能使社会主义的事业越搞越坏。一些人抱着自私自利的思想来经营国营企业，他们把国营企业掏空了，搞垮了，却又大喊大叫，说什么社会主义不好。这些社会主义企业之所以不能搞好，原因之一，正是因为那些从事社会主义事业的一些领导人的思想，是从个人的私利出发的。因此，搞好社会主义的事业，应当充分认识到树立为人民服务的思想的重要。

树立为人民服务的思想，就要培养为人民利益而献身的思想。人生的意义究竟是什么？为了什么活着才最值得？怎样生活才算是最崇高？从价值观、人生观和道德观上来看，共产党人就是要把"为人民服务"看作人的一生中最值得、最有意义的一种事业。那种认为人生的意义在于享受和索取的思想，是一种低级庸俗的资产阶级的价值观念，是同共产党员的价值观背道而驰的。

4. 认真锻炼，刻苦修养

在强调思想改造、增强党性锻炼中，必须强调严格要求自己、严于解剖自己、认真自我批评和重视自我修养的工作。怎样看待修养和自我修养，也是一个需要正确对待的问题。我们所说的修养，并不仅仅是"闭门思过"，而是指人们在社会实践中，根据一定目的所进行的锻炼、陶冶、反省、锤炼的过程，以及由此所达到的政治、思想和道德的境界及水平。因此，我们所说的修养，既包括为人民服务的目的，又强调在改造客观世界的实践中的锻炼，还包括自我认识、自我反省的过程。这是一个从认识到实践、再到认识、再到实践的一个无限往返循环的过程，而每一次的往返循环，都比以往达到了更高的水平。在加强修养的自觉性上，要强调"自知之明"。古人云"人苦不自知"，老子说："知人者智，自知者明。"认为知人容易而自知难。之所以如此，主要是因为一般人总是容易看到自己的优点，而往往看不到自己的不足，从而不能认识到加强自身的锻炼和修养的需要。在思想修养中，必须要严于解剖自己,根据党性锻炼的要求,从为人民服务的标准出发,来随时随地检查自己的言行。正确的自我认识,是自我改造的前提。

修养也是一种斗争,是两种人生观、价值观、道德观斗争在人的头脑中的反映。中国古代的思想家往往把这种修养上的斗争,叫作"内讼"和"自讼",也就是自己和自己争辩,自己和自己斗争,自己和自己打官司。不同的社会、不同的阶级,有各自不同的人生观、道德观和价值观,因此,这种斗争又必然是社会阶级斗争在思想道德领域里的一种表现。在当前我国社会主义阶段,这种斗争主要表现为无产阶级的人生观、道德观和价值观同资产阶级的人生观、道德观和价值观的斗争。周恩来同志既严于解剖自己,又强调在同错误思想斗争中加强修养,他说,自我改造要自我认识,这就是说要用分析批判的方法使正确的思想战胜错误思想,培养并形成新的道德观。现在有些共产党员,由于沾染了资产阶级的庸俗作风,只喜欢自我表扬,自我吹嘘和自我欣赏,沾沾自喜于一得之功和一孔之见,很少做自我批评,把党的"批评与自我批评"的作风,改变为"表扬与自我表扬",把自我改造看作羞耻的事,这是非常错误的。周恩来同志说:"自我改造是为了进步,是光荣的事情。"[①] 我们应当树立一种优良风气,即以自我吹嘘为耻,以自我改造为荣,从而把当前这种庸俗现象纠正过来。我们既要强调批评和自我批评,又要强调在认识到自己的缺点、错误之后,要用正确的思想去同这种错误的思想进行不妥协的斗争。为了适应形势发展的需要,在新的历史时期内,我们每个共产党员,一定要在改造思想上狠下工夫,严格要求自己,"经常反省","经常洗澡",以达到增强党性的目的。

三、贪污腐败必然亡党亡国

江泽民总书记曾多次说过:"反对腐败是关系党和国家生死存亡的严重政治斗争。""如果我们掉以轻心,任其泛滥,就会葬送我们的党,葬送我们的人民政权,葬送我们的社会主义现代化大业。"毛泽东同志

[①]《周恩来选集》下卷,368页。

曾经告诫我们："敌人的武力是不能征服我们的，这点已经得到证明了。资产阶级的捧场则可能征服我们队伍中的意志薄弱者。可能有这样一些共产党人，他们是不曾被拿枪的敌人征服过的，他们在这些敌人面前不愧英雄的称号；但是经不起人们用糖衣裹着的炮弹的攻击，他们在糖弹面前要打败仗。我们必须预防这种情况。"[①]

现在，中国的政治腐败的问题，已经成为全党全军和全国人民所特别关心的一个重要问题，其重要原因之一，就是多年来虽然我们不断地进行反腐败的斗争，但是，成绩却并不显著。从一些局部的情况来看，还有不断滋长和蔓延发展的趋势。确实，我们也取得了一定的成绩，惩治了一些腐败分子，并且在这一领域内，一年比一年都加大了打击腐败的力度。但是，从整体来说，在整个社会上，对各种腐败现象，还并没有形成一种"老鼠过街，人人喊打"的氛围；在一些人的心目中，以权谋私、贪污受贿、贪赃枉法等，不但不以为耻，反以为荣，只要能满足自己的私欲，他们就可以用尽各种办法，来达到他们的目的。在他们看来，腐败已经成为一种难以治理的顽症，他们有恃无恐，认为现在是"上行下效"、无官不贪，而且法律的漏洞太多，被发现的只是少数。用一句流行的话说，就是说贪污受贿的成本很低，而利润却是很高，这样，他们也就可以冒着这个风险，去达到自己的目的了。有的人认为，现在已经是"积重难返"，"冰冻三尺，非一日之寒"，谁也没有什么办法了。更重要的是，他们认为，现在党和政府没有反腐败的决心，因为反来反去，必定要牵连到许多高级干部和他们的子弟，如果坚持反下去，党和政府也就无法继续存在下去了。

当前，如果说在发展经济上，人们还有一些信心的话，那么，在反腐败的问题上，可以说，很多人是抱着悲观的看法的。有些持极端态度的人甚至认为，大多数的官吏，都存在着各种不同程度的腐败现象，它已经成为我国当前社会的一种难以治疗的"癌症"，已经没有什么"治愈"希望了。即使一些人并没有完全悲观和彻底失望，但他们也只是抱着"死马当作活马医"，也就是说，只有碰碰运气了。

值得指出的是，由于党政机关的腐败问题牵涉到党和国家的生死存亡的问题，一些企图在中国复辟资本主义制度的人、资产阶级的自由化

[①] 《毛泽东选集》，2版，第4卷，1438页。

分子以及国外的敌对势力,则抱着一种观望和侥幸的心理,暗自高兴,希望中国的腐败现象能够不断地得到发展。他们或者用各种理论来论证,说腐败是不可避免的现象,为了改革开放更好地发展,我们就应当允许腐败现象存在;说腐败是一种代价,是我们改革开放所必然要付出的一种代价;等等。一些混在党和政府内部的坏人,则更是要趁此机会,大捞一把,他们认为,这个大船是必然要沉下去了,还是在它没有沉下去以前,把能够抢到手的尽快先抢到手吧。大吃大喝、奢侈挥霍已经合理合法,无法禁止。贪污的数字,越来越大,数十万、上百万甚至几百万的巨大数字,令人吃惊。有些人明明知道腐败蔓延必然导致亡党亡国,他们就是要在亡党亡国以前,找好自己的后路,更疯狂、更贪婪地弄到更多的金钱,存入外国的银行,以便在将来能逃到外国,去过那糜烂的生活。从实质上来说,他们的所作所为,正是要促使党和国家的早日灭亡。尤其应当强调的是,我们是社会主义国家,一切贪污受贿的腐败分子,他们同社会主义必然是离心离德的,他们所向往的就是资本主义。他们掌握着社会主义国家的政权,却时时刻刻地要想复辟资本主义,因为只有复辟资本主义,他们才能彻底摆脱社会主义制度下的种种束缚,使他们所已经攫夺到的百万财产,得到保护。从苏联瓦解和覆灭的教训中,我们也可以清楚地看到,大批官员的腐败和他们对资本主义制度的向往,进一步促成了苏联的和平演变。据有关材料统计,俄罗斯3/4的政府官员和2/3的富翁,都是苏联政府原来的干部,在苏联巨变以前,他们虽然都是共产党员,甚至是共产党的高级干部,但是,他们早已因腐败而变成共产党的叛徒,叶利钦用资本主义的旗子来代替社会主义的旗子,正是他们求之不得的。

　　政治腐败的集中体现就是社会风气的败坏,反过来,我们也可以从社会风气的好坏来看政治是否清廉。政治腐败犹如放置在人群中的一具腐烂的尸体,它必然要不断地散发出恶臭来污染和毒化空气。一个政府,如果不能及时、有效地清除腐败,那么,整个政权也必将随之而走向覆灭的境地。也正是由于这个原因,自古以来有为的政治家,都特别注意保持政治的清明。

　　在当前,政治腐败的一个值得注意的问题就是贪赃枉法发展到买官和卖官。这种现象的出现,就必然使本来已经腐败的政治,更加不可收拾。贪污受贿已经使社会上的假冒伪劣、坑蒙拐骗、吸毒贩毒、卖淫嫖娼受到各种不同程度的保护，无法有效地加以禁绝，而买官卖官，更使种种非法的行为发展到不可收拾的地步。一个花了一大笔巨资买到一个官位的人，他必然要攫夺更多的金钱来满足自己的贪欲。据《光明日报》1999年2月9日报道，1999年1月29日，河北省处理了一起买官和卖官的事件，原石家庄市的墨建平，前后花了7万元买了一个副县长，那么，他上任以后，又会贪污多少呢？一个副处级干部就要这么多钱，那么更高的官位，又要多少钱呢？同一个报道说，河北省的刘明显花了3万元买了新乐市市长的官，他到任后在招待所开会，一次就收到所长、镇长、乡长、党委书记等送来的28 000多元。这样的小本大利，人们怎么不趋之若鹜呢？这种情况，不但在各地都程度不同地存在着，而且还有不断发展蔓延的趋势。这是一个很危险的信号，如果不能坚决、彻底地刹住这股歪风，任其发展下去，我们的党、我们的国家又怎么能不自取灭亡呢？

最近十几年来，在发展经济的掩盖下，小团体主义、地方保护主义得到了不同程度的发展，由于没有及时认识到这种思想的危害，以致使一些地方发展到集体受贿、集体贪污、集体走私、集体买官的情况，甚至以集体的名义、集体的关系、集体的权力，来对抗国家的法律，造成一些暴力抗法的严重事件，这种情况，更值得我们特别注意。

对于执掌政权的阶级来说，民心的向背，是一个能否维护自己的统治的根本问题。中国传统的政治思想和道德思想都特别注意民心的问题。孟子在谈到"民心"时曾说："桀纣之失天下也，失其民也；失其民者，失其心也。得天下有道：得其民，斯得天下矣；得其民有道：得其心，斯得民矣；得其心有道：所欲与之聚之，所恶勿施尔也。"① 我国当前的民心，最关心的是什么？可以说，就是要求清除腐败，要求我们国家的政治能够清明。从一定意义上说，政治腐败已经成为我国当前最重要、最突出的社会矛盾之一，是广大人民群众最关心的一个问题。

我国社会上所出现的腐败现象，从其根源来说，是同我国的现实的经济状况有着密切联系的。特别是在新旧体制的转换过程中，在法制建设正在不断完善的过程中，再加上随着市场经济的发展，特别是由于拜

---

① 《孟子译注》（上），171页，北京，中华书局，1960。

金主义、个人主义和享乐主义的泛滥，使腐败现象不能及时得到遏制。

当一个社会的腐败发展到一定程度的时候，要想解决腐败的问题，就必须克服其中的许多障碍。从历史的经验教训来看，最重要的就是要敢于抓住那些以"有权有势"为资本而敢于为非作歹的"皇亲国戚"和"贵族豪强"。先秦法家主张"法不阿贵"和"王子犯法，与庶民同罪"的思想，明代的大政治家张居正提出要"法所当加，虽贵近不宥"，他们的改革之所以能发生了推动历史前进的重要作用，都是和他们的这一思想有重要关系的。相反，我们从王安石变法之所以失败的历史教训中可以看到，由于没有在政治上保持廉洁和清明，对那些利用改革之机来攫夺财产的人没有给予应有的惩罚，尽管有了很好的变法主张，最后还是以失败告终。一个封建社会的统治者，尚能够下定决心铲除腐败，并能收到较好的效果，可见，只要我们能够下决心惩治腐败，我想，我们是一定能够取得反腐败的最后胜利的。

当然，我们也要看到，真正的马克思主义者、真正的共产党员、对社会主义和共产主义有着坚定信念的人、全国有觉悟的广大劳动人民，他们坚决拥护社会主义和共产主义，坚决走社会主义的道路，他们对于当前的腐败现象，是真正深恶痛绝的，他们对我国当前腐败现象的不断发展蔓延，是深感焦虑的。一些党的老干部，一些忠诚的共产党员，正在大声疾呼，提出了我们已经面临着现实的"亡党亡国"的危险，这绝不是危言耸听，而是我们所面临的一个现实问题。

在当前，最重要的问题，或者说最关键的一点，就是我们在全党全军和全国人民中间树立起反腐败的决心。只要我们能上下一心，共同努力，我们就一定能够取得反腐败的胜利，就一定能够挽狂澜于既倒。否则，如果我们不能在全党全军和全国人民中间树立起反腐败的决心和信心，不论我们在上头如何强调反腐败斗争的重要，再进行多少次反腐败的教育，再开展多少次反腐败的斗争，都是不可能收到预期的效果的。

我们应当做好两个方面的工作：

首先，要加强对政府官员的监督，正像许多人都已经谈到的，没有监督的政权，是必然要产生腐败的。我们要从制度上加以保证，使这种监督不流于形式，特别是对政府高级官员切切实实的监督。我们还必须要在干部的任免、奖惩、提升和调动上，建立有效的机制，不断扩大我们的政治民主，以便从制度上保证政府官员的廉洁。

其次，要在全国加大反腐败的力度，要严惩贪污腐败分子，尤其是要抓住大案、要案，不论是高级干部或高级干部的子弟，都要"王子犯法，与庶民同罪"，绝不因此而宽容姑息。只要能真正做到以上这两点，我们国家就有希望了。

现在，已经到了我们当机立断的时候。我们应当毫不迟疑、坚决、果断地下定决心，克服各种各样的顾虑，雷厉风行，动员全党全军和全国人民立即投入反腐败斗争中去，毫不手软地抓住能影响全局的大案、要案，坚决加以严惩，并在全社会形成强有力的舆论，对于任何腐败现象，造成"老鼠过街，人人喊打"的局面。与此同时，我们还应当采取积极的措施，树立廉政建设的好典型，大力表扬好人好事，促使社会风气的根本改变。我们的前途是光明的，我们一定能，也一定要取得反腐败斗争的胜利。

关于反对腐败和改善社会风尚的一点思考[*]

反对腐败和加强廉政建设，改善社会风尚，是当前我国政治和社会生活中群众最关心的一件大事，是民心所望的主要问题之一。这一问题，关系到党和国家的生死存亡，关系到社会主义制度的兴衰成败，在当前我国所面临的一切重大问题中，占有特殊的地位，应当引起我们的严重关切和高度重视。我们应当群策群力，探讨解决这一问题的良策，以利于我国社会主义现代化建设和中华民族的伟大复兴。

一

一个社会，在其自身的发展过程中，由于经济、政治、文化、民俗等各个方面错综复杂的因素，并在这些因素的相互影响和相互激荡下，会形成特定的人情、观念、风俗和习惯。这些人情、观念、风俗和习惯一经形成，就成为一种无形的力量，在不知不觉中影响人们的思想和行为，在潜移默化中左右人们为人处世的态度。古人说："世之所贵，同而贵之，谓之俗；世之所用，同而用之，谓之物。苟违于人，俗所不与；苟忮于众，俗所共去。"这里的意思是说，世人认为是好的，

---

[*] 原载《以德治国与公民道德建设》，47～51页。

就必须和世人一起说好,这就是风俗和习惯的力量;世人认为适用和适宜的,就应当和世人采取同样的做法,这就是万物的通则。在古人看来,风俗和习惯的力量是巨大而不可违抗的。

一个社会的风俗和习惯,有好有坏。好的社会风气和风俗、习惯,是推进社会进步、改善社会风尚、提高人的道德素质、协调人际关系的一个重要动力。坏的社会风尚,是导致社会混乱、倒退、腐败、奢华和败坏每个人的道德素质的消极力量。在一个特定的社会中,社会风尚往往既有好的方面,又有坏的方面。因此,政治家、思想家和伦理道德家所关心的一个重要问题,就是从"未雨绸缪"、"防患于未然"和"忧患意识"出发,极力克服社会中所出现的坏的风尚的苗头,力求把它消除在尚未扩大的时候;对于好的风俗和习惯,则力求使其发挥更加积极的作用,以促使国家的兴旺和富强。

二

我国社会风尚的现状,从总的来看,应当说积极的方面,仍然占据着主导的地位。我国的主流意识形态的方向,始终以马克思主义为指导;我国的精神文明建设和思想道德建设,作为先进文化的中心环节和主要内容,正发挥着正确的导向作用;我国的道德建设,更明确地提出以为人民服务为核心、以集体主义为原则,以爱祖国、爱人民、爱劳动、爱科学和爱社会主义为基本要求,从而引导和规范人民群众的思想和行为沿着正确的道路向前发展。

同时,我们也应当正视,我国的社会风尚,的确还存在着严重的、值得注意的问题。概括来说,社会上存在着一种"追逐私利、背弃公义"的思想和倾向。这种思想和倾向,已经成为一些人实际生活中的价值取向,凝聚为一些做人与处世的动机。个人的名利的大小、地位的高低、金钱的多少,成了一些人追求的唯一的目的。拜金主义、享乐主义、个人主义思想不断滋长,唯利是图、假冒伪劣、坑蒙拐骗、见利忘义、损人利己的现象日渐蔓延,"投机"被视为"能干","诚实"被嘲为"傻瓜","欺诈"成为社会的"公害","信任"出现了"危机"。市场经济的等价交换原则,正渗透到我国的政治生活中来,在我们的一些党政干部中，发生了以权谋私、行贿受贿、腐化堕落等腐败现象，并且在一些地方不断发展蔓延。在一些人"追逐私利"的思想下，国家利益在这些人的心中日渐淡漠，贪污盗窃、损公肥私的现象也随着发展起来。

如果这种"追逐私利、背弃公义"的不良风气不能得到及时而有效的纠正，它对我国的消极和腐蚀作用，将是极端严重的，它甚至能使我们的国家遭到覆灭，使我们的社会主义政权失去存在的基础，无数革命先烈流血牺牲而取得的胜利果实，将付诸东流。

三

在反对腐败和改善社会风尚方面，最重要的就是要从各级领导，特别是高级干部开始，以身作则，为群众作出表率。

中国古代的政治家和思想家，都特别重视统治者"以身作则"的重要作用。孔子讲过很多这样的话。他说："政者正也，子帅以正，孰敢不正？""苟正其身矣，于从政乎何有？不能正其身，如正人何？"孔子还特别重视统治者所颁行的政令能否得到执行，是同国家统治者自身的"正"与"不正"有密切关系的。"其身正，不令而行；其身不正，虽令不从。"当鲁国的大夫季康子问孔子如何治理国家时，孔子特别强调，如果统治者能够以身作则，他的道德还能够对人民起到道德感化的作用。

《论语》记载："季康子问政于孔子曰：'如杀无道以就有道，何如？'孔子对曰：'子为政，焉用杀？子欲善而民善矣。君子之德风，小人之德草，草上之风必偃。'"季康子认为，治理一个国家，应该先杀掉那些无道的人，用以成就那些有道的人。但孔子不同意他的话，却提出了一个统治者在道德上"以身作则"的重要。他的意思是说，君子的品德好比是风，小人的品德好比是草，风吹到草上，草就必定会顺着风倒去。在以身作则方面，儒家的从政道德，尤其强调自身廉洁的重要。孔子甚至认为，如果国君能够克制自己的欲望，朴素廉洁，老百姓就会受到感化，也就不会有追求享乐、生活奢靡和抢劫别人财物的行为。

《礼记·缁衣》中，曾引孔子的话说："下之事上也，不从其所令，从其所行。上好是物，下必有甚者矣。故上之所好恶，不可不慎也，是民之表也。"又说："故君民者章好以示民俗，慎恶以御民之淫，则民不惑矣。"儒家认为，统治者好比一个人的身体，老百姓就好比他的影子，"身正影必正"，"未有身正而影曲，上治而下乱者也"。正由于这种原因，儒家强调要"举贤才"，使那些有能力而且有道德的人来统治人民。

古书记载："昔齐桓公好衣紫，阖境不鬻异采；楚王爱细腰，一国皆有饥色。上之所以率下，乃治乱之所由也。"这里的意思是说，以前齐国的国君桓公，喜好穿紫颜色的衣服，以至成为时尚，在国内竟然没有卖其他颜色衣服的。楚国的国君喜欢细腰的女子，以至全国的女子都不愿多吃饭而面有饥饿的颜色。由此可见，一个国家的国君，用什么来作为全国的表率，是一个国家治理和衰乱的根源。又说："昔晋国苦奢，文公以俭矫之，乃衣不重帛，食不兼肉。无几时，人皆大布之衣，脱粟之饭。越王勾践谋报吴，欲人之勇，路逢怒蛙而轼之。比及数年，民无长幼，临敌，虽汤火不避。居上者之难，如此之验！"这句话的意思是说，以前晋国过于奢侈，难以改变，国君文公就以身作则，十分俭朴，只穿单丝衣，吃饭只用一种肉。没过多久，老百姓都穿粗布衣服，吃糙米做的饭。越王勾践要想报仇雪耻，攻打吴国，希望国人勇敢，所以当他在路上看到一个愤怒而勇敢的青蛙时，就在车上对之敬礼。过了几年，老百姓不论长幼，同敌人交锋，虽赴汤蹈火，也在所不避。由此可见，上面的领导者的带头作用，是多么的有效验！上述这些历史记载，都说明国家执政者的以身作则在改善社会风尚中的关键性的作用。古人说"上有好者，下必甚焉"，讲的也是这个道理。后世儒家认为，一个统治者应当在三个方面以身作则。陈宏谋在他所编著的《从政遗规》中指出"当官之法，唯有三事：曰清，曰慎，曰勤。知此三者，则知所以持身矣"，又说"唯俭足以养廉"。以上的事例都说明，领导干部，特别是高级领导干部，在廉政建设和改善社会风尚中的关键性的作用。

四

当前，克服我国社会上所出现的腐败现象和改善不良的社会风尚，要做多方面的工作，但各级领导干部的以身作则，有着关键的作用。江泽民同志也说："上梁不正下梁歪，中梁不正倒下来。"过去，在革命战争年代和解放初期，毛泽东、周恩来、朱德等老一辈无产阶级革命家，都曾以自己的廉洁奉公、艰苦朴素、无私奉献等在人民中树立了榜样，从而影响和带动了广大群众，形成了良好的社会风尚。每一个担负领导工作的同志，都要认识到自己在反对腐败和廉政建设中所承担的重要责任，坚持言行一致。要求群众做到的，自己一定要首先做到；要求群众不能做的，自己首先不做。如果只是提出反对腐败和廉政建设的要求而不能身体力行，只是要求下级和群众去做而自己不能做群众的表率，要想真正做到反对腐败和实现廉政，是绝对不可能的。

领导干部的言行一致，体现着领导干部的人格。高尚的人格力量，才是影响群众的真正的力量。一个领导干部，只是靠行政的力量是不够的，还必须有自己的高尚人格，这才是一种能使人心悦诚服的强大的力量。

# 第八编

企业文化与企业伦理

具有中国特色的企业文化[*]

江泽民同志在讲到有中国特色社会主义文化时曾说，我们"必须继承发扬民族优秀传统文化而又充分体现社会主义时代精神"，这对建立有中国特色的企业文化同样适用。

一、民族的传统文化和传统道德

中国传统文化包含着非常丰富的内容，但其核心部分，或者说它的最重要的内容，是传统的道德。党和国家领导人多次强调弘扬中华民族的优秀文化传统，特别是优良道德传统，这是同我们国家的整个精神文明建设、同我们的企业文化建设有着密切关系的。现在大家都在研究"中国特色"，对于企业文化和思想道德来说，尤其要注意到文化、道德的连续性和继承性。以马克思主义的立场、观点，批判地继承中国古代文化和思想道德中的优秀成分，有着重要的现实意义。

从总的方面来看，对中华民族的优良道德传统，可以着重从五个方面去继承。

---

[*] 原载《领导理论与实践》，1995（4）。

1. 强调为民族、为整体、为国家的整体主义精神

整体主义精神，是中华民族优良道德传统的核心。自古以来，中华民族就形成了夙夜在公、以公灭私的特有的民族精神，提倡"国而忘家，公而忘私"，强调个人利益和家族利益应当服从国家和民族的利益。为了国家和民族，一个有道德的人应当杀身成仁、舍生取义、尽忠报国、先公后私、一心为公。这种为国家、为民族的整体主义精神，是中华民族的一种强大的凝聚力，是中国自古以来的爱国主义思想的基石。在当前改革开放的条件下，坚持和发展中华民族的整体主义思想，发扬中华民族爱国主义精神，是有着特别重要的现实意义的。

2. 推崇仁爱原则，强调推己及人和人际和谐

儒家创始人孔丘最早提出"仁者爱人"，可以说是中国古代最早的人道主义思想。正是从这种仁爱原则出发，在人和人之间的关系上，中国传统道德强调人和、和谐及以和为贵、和气生财的思想，对协调人际关系、维护社会稳定发生了重要的作用。

3. 重视人伦关系，提倡人伦价值

从一定意义上，我们可以说，中国文化是一种伦理型的文化，而在中国传统道德中，重视伦理价值，更成为一个重要的特点。在以家族为本位的古代社会中，中国传统道德最重视"父义、母慈、兄友、弟悌、子孝"五种人伦关系，并使其成为相互遵守的道德要求。孔子又进一步突出了君臣关系，提出"君使臣以礼，臣事君以忠"的原则。孟子概括了封建社会中最重要的五种人伦关系，即"父子有亲，君臣有义，长幼有序，朋友有信，夫妇有别"，用以维护和改善当时社会中人与人之间的各种关系。从总体上看，中国重视人伦关系和人伦价值的传统道德，如能加以正确分析，发展其合理的因素，在今天仍然有着协调各种人伦关系的积极意义。

4. 追求精神境界，追求高尚的道德理想人格

中国传统伦理思想尤重为学的目的，首先就是要改变人的气质，培养人的品德，即学习怎样做人。在专业知识与思想品德的关系上，强调"先器识而后文艺"，也就是说，首重道德品质，次重文艺技艺，认为要想做一个在专门知识上有所成就的人，首先应当在道德上提高自己。正是从这种追求高尚的精神境界出发，中国传统伦理道德重视独立人格的精神力量，努力保持一个人的不受屈辱的、独立的、高尚的人格。这是

一种对于人格尊严的自觉，是我们民族赖以存在的脊梁骨，它对维护中华民族的发展有着特别重要的作用，是我们应该继承和发扬的一个重要的优良传统。

5. 强调修养践履，注重道德理论与道德实践、道德认识与道德行为的统一

首先，中国传统道德思想，特别强调"为仁由己"的道德主体的能动精神，强调一个人只要立志向善，就一定可以成为一个道德高尚的人。其次，中国传统伦理道德尤重知和行的统一。一个人仅仅懂得了应当怎样做人，还不算是有道德。为了达到知和行的统一，必须加强道德主体对自身的省察克治的功夫。在道德修养中，中国传统道德强调良心在择善去恶中的作用，认为能否慎独是能否提高道德水平的关键。一个人在独处之境，无人监督，是修养的重要之时。

上述五个方面，是就对中国传统道德总体上所作的分析。应该看到，中华民族的道德传统，特别是在社会上、在劳动人民中的良风美俗，真可说是浩如烟海，举不胜举，如热爱劳动、勤俭朴素、尊老爱幼、尊师敬贤、谦虚礼让、诚实守信以及廉洁奉公、积极进取、发愤图强、坚强不屈、刚健有为等等，都可以说是中国传统道德中的瑰宝。这些优良道德传统在我国的历史上，曾经发生过非常重要的积极作用。我们应当把中华民族所有的优良传统集中起来，结合新的时代要求，赋予新的内容，使其能够在新社会中发出新的光辉。

二、社会主义社会的正确价值导向

在提出建立市场经济体制后，一些人错误地认为，集体主义是计划经济的产物，作为我们的价值观和道德原则就不适用了。有的人提出互利原则，有的人提出合理利己主义原则，有的人提出"人人为我，我为人人"的原则等。我个人认为，我们的集体主义是同我们国家经济上的公有制为主体、政治上的民主集中制和社会主义的反对两极分化和共同富裕的最终目的相联系的。只要我们能够对集体主义原则中的集体和个人作出科学的、全面的解释，那么今天仍然是凝聚职工的一种强大力量。

现在存在着多种经济成分，出现了多元的价值观。从坚持社会主义道路出发，我们在承认多元价值观存在的同时，更加应当强调在价值导向上坚持集体主义价值观，逐步引导、教育、改变各种非社会主义价值观。只有这样，才能保证我们的现代化沿着社会主义道路前进。

人是要有一点精神的。我想，这种精神主要是指为集体、为社会的奉献精神。过分强调精神的力量，忽视物质利益的重要，曾经是我们过去在管理企业中的一个失误。但是，忽视人的素质、人的精神力量，同样是错误的。一个在事业上取得成功的人，总是同他的抱负、同他对社会承担的责任、同他对人生价值的理解相联系的。我们是社会主义国家，我们应当相信，人除了物质需要外，还有精神需要，特别是一种献身社会、为社会谋利益的需要。一个企业要能够真正长久健康地发展，一定不能只是想着赚钱，在想着获取利润的同时，也应当有一种比利润、比金钱、比财富更高的追求目标。一个企业，如果只重视眼前的利益，只顾追求利润，只想到自己发财，而不考虑如何对社会做出贡献，就无法获得良好的社会信誉，就不可能使企业人员形成真正的凝聚力，就不会有高尚的企业精神，更不会有被人们喜爱的社会形象，这样的企业，可以赚钱于一时，而不可能在长期中得到发展。

以人为本是企业文化的一个重要内容，是同为人民、为集体的价值导向密切相关的问题。什么是以人为本，我们可以从三个方面来看。第一，从对外经营来说，要以顾客为本，不仅要使顾客的需要得到满足，而且要使顾客的情感、心理得到满意，这就要求有高质量的、高水平的、高文化的服务态度。第二，从对内管理来说，以职工为本，要把严与爱结合起来，要使服务规范化、优化。坚决执行已经制定的优质服务制度，不但从量上而且从质上去进行考核。与此同时，必须对职工关心和爱护，不但要尽力满足每个职工应该得到的物质需要，同时要注意满足他们的精神生活的需要，要开展丰富多彩的职工文娱生活活动。另外，尤其重要的是要培养职工成为有理想、有道德、有文化和有纪律的一代新人。第三，从根本上说，以人为本就是要求企业的经营目的，是为最大多数人谋利益，为社会谋利益，以满足社会需要为根本目的。只有从根本上理解了这一思想，才能真正理解社会主义企业的以人为本的正确含义，才能在对外经营和对内管理上真正体现以人为本的思想。说得通俗点儿，以人为本就是为人民服务，为人民的利益服务。

三、社会主义企业文化的内涵

在我们吸收西方、东方企业文化的合理因素，继承弘扬中华民族的优良文化道德传统的基础上，按照社会主义精神文明建设的要求，我们认为，企业文化应该包括以下几个方面的内容。

1. 确立正确的价值观念

即明确社会主义社会中企业的目的，绝不能只是为了赚钱，而是要把自己的经营目的、发展战略、经营目标同社会的需要、国家的发展、社会主义的四个现代化联系起来，同最终达到共同富裕的目的联系起来。

2. 进行科学管理

即要能按照现代企业的发展规律，在决策方面，在经营方法方面，在规章制度方面，力求达到科学管理的水平。

3. 培育企业精神

企业精神，比较多的是根据企业的生产、经营和行业的不同特点，根据正确的价值观念和科学管理的要求，对所形成的能集中体现本企业个性特点和精神面貌、激励职工奋发进取的职业道德、敬业精神等的高度概括。要把企业精神化为企业所有人员的血肉，用以鼓舞人心，加强凝聚力，并得到社会的认同。企业文化、企业精神，是建立社会主义市场经济体制的客观需要，是企业在激烈竞争中谋求发展的内在要求，是社会主义精神文明建设特别是社会主义思想道德建设的重要内容。

4. 树立企业形象

它是企业文化的价值观念、科学管理和企业精神的集中的外部表现。一个企业的企业形象，体现着极为丰富的内容，如服务质量、产品质量、职工队伍的素质、企业对社会的贡献（包括是否破坏了生态环境）和对社会道德责任的履行等等。企业的形象一旦形成，就会对企业带来非常重要的社会影响，这是企业管理者所不应忽视的。

企业形象对顾客来说，并不只是从广告中得到的，而主要是从生活实践中认识的。企业是不是真正为顾客服务,是不是一切为了顾客需要,是不是诚实无欺……消费者偏好某家企业的产品,甚至宁愿多出钱去购买这家的产品,往往是同企业在他们心中的形象有关。在当前企业的激烈竞争中,由企业的精神所形成的企业形象,有特别重要的作用。

在弘扬中华民族的优良文化道德传统基础上,探索社会主义企业文化建设,各地都做了许多努力。北京曾系统调查总结了同仁堂"传统文化与现代化相融合,建设有中国特色社会主义企业文化"的经验。同仁堂"济世养生"的经营宗旨,就是为病人谋利益,为大多数人谋利益,为社会谋利益的价值导向,而以这种企业伦理为宗旨的企业文化,使企业取得显著的经济效益和社会效益,在国际上也取得很好的信誉,为国家赚取了大量的外汇。同仁堂在"济世养生"的经营宗旨下,强调精益求精的敬业精神,重视童叟无欺、一视同仁的职业道德和讲礼仪、重人和的行为风范等,这些优良传统,在新的条件下,同社会主义精神文明建设的实践结合,具有了崭新的意义,更好地树立了企业的形象,有效地培育了"四有"新人。

中国企业的社会伦理责任[*]

企业对社会的伦理责任,是当今社会经济发展和全面进步的一个十分重要的问题,它不仅关系到企业自身的社会形象、经济利益和社会效益,而且还牵涉到整个社会的持续发展和人类子孙后代的长远利益,牵涉到社会的人际和谐和道德素质的培养。因此,在社会经济日益发展的今天,从更广泛的视角来探讨企业对社会的伦理责任,无论从企业的利益还是从人类的长远利益来说,都有着极其重要的现实意义。

一、企业对社会的责任

企业对社会的责任,是多方面的。一般来说,我们可以把企业对社会的责任,概括为三个主要的方面:一是以自己的合格产品和优质服务来为社会作贡献,二是以自己的上缴利税来为国家提供资金,三是以自己对社会所做的公益事业来为社会谋福利。第一,一个企业,无论是从事生产、交换、服务和信息,它在自己的业务范围内为社会提供了效益,有益于社会和他人的利益,就是履行了企业的重要的社会责任;第二,一个企业还必须以自己上缴的利税来为国家提供资金,促进国民经

---

[*] 原载《以德治国与公民道德建设》,299~305 页。

济的发展；第三，一个企业在自身盈利的基础上，还要尽自己的最大可能来从事社会的公益事业。如果进一步分析，我们可以把企业对社会的责任分为法律责任和伦理责任两个大的方面。所谓法律责任，主要是指法律所规定的，企业对社会、政府、股东、职工、消费者及一切关系者的责任（从一定意义上，我们也可以说，这种责任是法律所明确规定的企业责任），是指企业在活动中所必须遵守的法律规范。所谓企业的伦理责任，就是指企业在自己的活动和行为中，在谋取企业的利益的同时，要照顾关心他人、国家和社会的利益，要考虑到整个人类生存环境的保护，考虑到子孙后代的长远的利益。这不但是企业伦理学所特别关心的一个问题，也是当前经济发展和社会进步的一个重要问题。企业的伦理责任，从一定意义上说，虽然它也同国家的法律有密切的关系（而且有些伦理责任同时也就是法律责任），但更重要的是，它是建立在人的良心和社会舆论的伦理道德的基础上的。

二、当前中国企业在社会责任方面的现状

从中国当前的情况来看，由于社会主义市场经济正在形成、建立和发展，计划经济体制向市场经济体制转轨的过程还没有最终完成，特别是由于在法制建设中，立法和执法工作还有许多漏洞，因此，在相当一部分企业中，还缺乏明确的社会责任意识，出现了种种值得注意的问题，这是我们之所以要强调企业的社会责任的一个重要原因。

在一个落后的大国，要想较快地发展自己的经济，确实是一件十分艰难的事。为了实现国家的现代化，第一个要做到的事，就是要集中自己的全部精力和热情，以经济建设为中心，发奋图强，自力更生，以坚定的意志和信念，动员全国人民的力量，大力发展生产力，掌握新的科学技术来发展生产、增加社会的物质财富，使国家在最短的时期内实现现代化的目的。

为了发展自己的经济和实现四个现代化，中国采取了改革开放的政策，即以前所未有的胸怀，向世界各先进国家学习现代化的先进技术和管理方法。中国是一个社会主义国家，中国只能以自己特有的价值观来

发展自己的经济，只能走社会主义现代化的道路。中国经济的发展，正以日新月异、一日千里的速度向前迈进，它的变化的快速，是举世公认的。在中国经济的发展中，也出现了一些值得我们注意的问题，这就是经济的发展虽然明显地带来了生产力的发展和物质财富的增加，带来了人民生活水平的提高和国力的增强，但是，在可持续发展、社会全面进步特别是生态环境保护等方面，却出现了大气的污染、水资源的破坏、森林的砍伐、水土的流失等严重的问题。大气的污染已经给人们的健康和社会的发展带来了不可忽视的危害（北京的空气质量经常是在三级，有时候是四级）；水的污染也已影响到沿江沿河的人民的生活用水，更不用说对农作物和水生动物的危害了；1998年中国所遭遇的长江特大洪水，除了自然的原因以外，还说明了在上游的森林砍伐、沿岸的水土流失等也是一个不可忽视的因素；对矿山的肆意开采也造成了物质资源的极大浪费；如此等等。一些追求短期行为的做法，使我们的资源所遭受到的危害，是令每一个有责任心的人痛心疾首的。可以毫不夸张地说，有些村庄、工厂、矿山等，用损害环境、浪费资源而创造的所谓的经济效益，其实远远比不上其糟蹋的环境和资源的价值。资本主义在发展初期，曾经付出过惨重的环境和资源代价，但一旦这些国家猛醒过来之后，立即采取果断措施保护环境与资源，而且把这两项参数作为衡量经济效益的重要指标。我们本来应当更好地避免资本主义发达国家走过的老路，创造出新鲜的经验。应该说，在这一方面，中国既没有很好地接受西方早期发展经济的先污染、后治理的教训，也没有能够很好地吸收现代西方发达国家在环境保护方面的经验。环境只有一个，资源极其有限，一旦这些大自然赋予我们的宝贵财富毁在我们手上，那么，不但改革成功的价值将大大降低，而且我们将成为历史的罪人，成为子孙后代的罪人。为长远计，为未来计，也为我们眼前的改革的事业计，都必须花大力气保护自然环境和自然资源。这样的思想和观念，似乎已经超出了伦理要求的范围，而变为关系到国家兴旺发达乃至生死存亡的大事，但就其实质，仍然是同我们所说的伦理责任有密切关系的。如何使经济的发展，不但能带来物质财富的增加，而且能确实实现社会的全面进步？为了解决这个问题，除了国家的宏观调控以外，加强社会的伦理责任、加强企业的伦理责任也是一个极其重要的方面。

三、当前中国企业的价值观

在谈到企业的伦理责任时，我们认为，首先有必要谈一谈价值观的问题。这也就是说，我们应当用什么思想来指导我国的四个现代化和经济发展？我们认为，社会主义的本质，是解放生产力，发展生产力，消灭剥削，消除两极分化，最终达到共同富裕。因此，在发展经济和实现四个现代化的过程中，必须要坚持为大多数人的利益服务、对大多数人民有利为指导原则。所谓大多数人的利益，绝不是指眼前的利益、一时一地的利益，而是指长远的（包括子孙后代的）、根本的利益。因此，急功近利的功利主义的态度，是我们不应当采取的。价值观是人们对客观事物是否有用、有利、有效和有何意义的一种评价和判断，是主体在同客体发生交往中的一种关系，这种关系，可以是政治的、经济的、美学的、伦理学的等等。一般来说，企业的价值观，是指企业所追求的根本目的，它指导企业的各个方面的活动，贯串企业的目标、宗旨和决策因素。从一定意义上说，价值观是一个企业的基本观念和信念，是企业文化的核心和灵魂。在当前中国的现实条件下，企业的性质是不同的，有国营的，有公私合营的，有私营的，还有许许多多外资的等等，因此，它们的价值观也必然是不同的。但是，在它们的不同的价值观中，也有着一个共同的方面，这就是对社会的责任意识，尤其是伦理责任意识。社会主义国家中的国有企业、集体企业，应当以谋取集体利益为最大的目标，它们的价值观中，本来就应当有对社会、对人民、对国家的强烈的责任意识。我们已经看到，西方发达国家的企业的价值观，在经历了长时间的最大利润价值观之后，已经注意到社会各方面的利益。尽管西方国家企业的目的仍然还是谋取最大的利润，但是，从社会的要求出发，已经注意和强调对生态环境的保护。对当前中国的公私合营和私营企业（包括个体劳动者）来说，在谋取自己企业利润的同时，更必须要把社会责任放在重要的地位，值得指出的是，在中国的市场经济条件下，对生态环境的破坏的一个重要方面，就是来自私营企业、公私合营企业和个体劳动者。同时，国有企业、集体企业和外资企业也都程度不同地存在着环境保护方面的问题。

四、企业的伦理责任

在谈到企业的伦理责任时,我们有必要说明法律责任和伦理责任的区别和联系。在法律和道德同时发生作用的社会中,在相当多的情况下,伦理责任和法律责任是同一的,既是伦理责任又是法律责任。当然,伦理责任是在更大范围发生作用的,它虽然没有像法律那样的强制作用,但是,它依靠人们的"良心",特别是大众传媒对社会所产生的强大舆论力量,也能够发挥其独特的作用。

在当前中国的社会中,企业的伦理责任,有以下几个重要方面。

1. 环境保护的责任

为了社会的全面进步和可持续发展,为了最大多数人民的长远利益,为了保护人类的可贵的资源和生存的环境,全社会都要关心环境保护的问题,而企业在自己的活动中,更应当把环境保护看作自己最大的伦理责任。企业的一切经济活动,包括企业生产的所有产品,都不能对环境有所污染,一切污染空气、污染水资源、破坏森林和造成水土流失的,都必须严格禁止,不但要受到法律的制裁,而且要受到道德上的严厉谴责。国家已经决定在最近二十年来所建立的污染水资源的造纸等企业,必须立即和限期停止生产,即使经济上要遭受重大的损失,也在所不惜;一些如味精厂等大中型企业,要限期治理污染,如果达不到要求,就必须停止生产,什么时候达到治理的标准,什么时候才可以恢复生产。要在价值观上树立一种新的认识,对企业的成功、企业的荣誉、企业的社会效益等的评价,一个重要标准,就是企业在环境保护方面所作出的贡献的大小。

2. 社会公益活动的积极参与

在当前中国的条件下,企业要在力所能及的范围内,尽自己的可能为社会的公益活动出力。我们反对政府各部门和其他机构,随意向企业摊派,增加企业不应有的负担。但是,在中国这样一个经济不发达、还有一些人处在贫困之中、受教育的程度还很不理想的情况下,不但要在经济上,而且要在文化上脱贫。企业要发挥自己的优势,帮助经济不发达地区的发展。在当前的情况下,社会福利事业亟待发展,除了国家在这方面所进行的努力以外，企业也应当在可能的范围内，适当参与这方面的活动。尤其应当强调的是，随着市场经济的发展，在中国，贫富的差别和悬殊，已经成为人们关心的一个重要问题。在中国百万富翁、千万富翁已经不少，亿万富翁已经产生。正像人们所说的："十万不算富，百万才起步。"对于这些已经富裕起来的企业家来说，只要他们的财产是依靠诚实劳动所得的，他们的财产，在法律上是受保护的。一些企业在经济发展了之后，已经自觉地提出了为国家和社会福利作贡献，这反映出它们对社会伦理责任的认同，是应当受欢迎的。中国所主张的原则是共同富裕，是一部分人先富起来后要帮助其他的人富起来。企业发展以后，如何在这方面作出自己的贡献，这是一个应当引起全国人民所关心的问题。

3. 发展教育事业

在中国这样大的发展中国家，在发展经济的同时，发展教育事业，对整个国家的兴旺和发达，起着决定性的作用。中国把科技兴国作为国家发展的战略。中国充分认识到，21世纪是一个激烈竞争的时代，而人才的竞争有着更加重要的作用。尽管中国每年要招收一百多万大学生，仍远远不能满足社会的需求。因此，仅仅依靠政府的经济力量来发展教育是远远不够的，只有动员全国各个方面的力量，才能满足社会对教育的需要。正是在这样的形势下，很多企业都积极地关心教育事业的发展，参与各类学校的兴办以及对教育事业的赞助。如中国著名的钢铁企业宝山钢铁厂，就以数千万的巨资在全国设立宝钢奖学金来奖励全国著名大学的优秀学生和教师。全国的著名大学几乎都有十几种甚至几十种企业提供的奖学金。

4. 履行法律规定的社会责任

从一定意义上看，企业的法律责任也可以说是企业的伦理责任。首先，企业在经济活动中要依法纳税，这既是法律责任，又是伦理责任。一方面由于税制不健全，另一方面由于执法不严，再加上企业经营者缺乏法律责任和伦理责任的意识，在中国偷逃税款的情况，仍然是一个严重的问题。在一些人看来，偷逃税款，只要不被发现，不以为耻，反以为荣。用什么办法来使人们有"羞耻之心"呢？这就是要加强人们的伦理责任意识。其次，充分照顾职工的利益，关心职工的发展，注意职工的人权和劳动保护，也是企业对社会的一种伦理责任。最后，保护消费者和其他公众的利益不受侵犯，既是企业的一种法律责任，又是企业的一种伦理责任，如此等等。

总之，加强企业的法律责任和伦理责任，特别是认识到伦理责任的重要性，对中国的四个现代化的事业，对中国的社会全面进步和可持续发展，以至对世界经济的发展都有重要的意义。

在企业文化建设中要坚持为人民服务和集体主义原则[*]

在我国建立和实行社会主义市场经济的过程中，以为人民服务为核心、以集体主义为原则的道德是否符合市场经济条件下国有企业的改革与发展，以及如何在国有企业改革与发展中坚持为人民服务和集体主义原则，一直是理论界和企业界探讨的问题。我们反对那种以市场经济本质上是一种利己型经济为认识前提，否认为人民服务和集体主义原则在企业发展中具有价值导向意义的观点，主张在企业中实事求是地坚持为人民服务和集体主义原则，为企业的长久发展培植厚实的道德基础。然而，怎样才能实事求是地坚持为人民服务和集体主义原则，根据同仁堂企业文化建设和思想政治工作的启示，下面谈以下几点看法。

一、正确理解企业的伦理二重性

我国正在建立和发展社会主义市场经济。正如邓小平同志所指出的："计划多一点还是市场多一点，不是社会主义与资本主义的本质区别。计划经济不等于社会主义，资本主义也有计划；市场经济不等于资本主义，社会主义也有市场。计划和市场都是经济手段。"实行社会主

---

[*] 原载《以德治国与公民道德建设》，306～312 页。

在企业文化建设中要坚持为人民服务和集体主义原则

义市场经济就是以市场为手段,来最终达到共同富裕的社会主义的目的。正因为我国所实行的市场经济是社会主义的市场经济,因此,我们所要建立的企业文化,必然是社会主义的企业文化。正如邓小平同志所说:"社会主义的本质,是解放生产力,发展生产力,消灭剥削,消除两极分化,最终达到共同富裕。"社会主义的企业文化的根本目的就是要为"解放生产力,发展生产力"服务,就是要为"消灭剥削,消除两极分化,最终达到共同富裕"的社会服务。坚持马克思主义的指导,努力继承和发扬中华民族的一切优秀文化传统,努力学习和吸收国外一切优秀文化成果,是我们创造和推进中国特色社会主义的企业文化的指导思想。建设企业文化,还要和加强企业的思想政治工作紧密结合起来。企业的思想政治工作是企业一切思想和文化工作的灵魂,企业文化是企业发展的思想动力之一,二者相辅相成,协调发展,是企业文化建设能否取得成功的关键。

为人民服务和集体主义原则,既源于中国传统道德文化,又是中国传统道德文化的一种新的质的变革,它是一种为他型的价值原则,这种为他型的价值原则,能否被市场经济条件下的企业自觉认同和遵从,在很大程度上取决于这两个价值原则是否符合企业在市场经济条件下的生存发展规律,是否符合企业发展的内源需求。许多人之所以认为为人民服务和集体主义原则不适应市场经济条件下的企业,原因在于他们缺乏对企业本质的正确理解。

马克思主义的政治经济学理论告诉我们,由于商品交换的特殊性,市场经济天生具有伦理二重性,即为社会服务与为企业自身谋利相共存。市场经济的伦理二重性,本源上来自于企业组织的伦理二重性。企业是社会分工的产物,是一种通过有效的经济行为创造价值的经济组织。通过生产和经营来实现自身存在和发展的需要,实现为社会提供服务所需的利益基础,是企业必然的追求。因而,企业本质中具有为自身谋利的要求。但是,企业的本质之中还蕴含为他人和为社会服务的一面,这是由企业的存在与发展特征所决定的。从企业的产生和发展而言,没有社会的需要,企业不会产生;不能满足社会的需要,企业不会发展。企业必须通过生产和经营来满足社会的需要,才能够获得自身存在的理由和价值,才能满足企业自身的需要和利益。从企业的运行过程来看,任何企业组织的运行都是以分工为基础的,以合作为纽带的,没有不同工种和工序之间的有效合作,企业也不可能获得自身发展所需的基础。为企业自身谋利和为他人、为社会服务共存,这种二重性是企业的本质所必然要求的。

对于市场经济和企业伦理二重性的认识,对于经济发展和企业发展的伦理内涵的认识,一些新的经济学流派,如发展经济学、福利经济学、新制度经济学等都从不同的侧面做出了阐释,市场经济与企业的发展应当实现经济效益和道德责任并举,已经成为一种共识。从实践的角度,国内外优秀企业的成功发展的经验也给予了充分的证实。同仁堂从一个传统的老字号发展成为现代企业集团的过程,完全是坚持以义取利的价值原则、实现义利共生的真实写照。发达国家企业伦理中越来越多认同为社会的价值原则和道德追求,推崇企业内部的合群原则和团队精神,市场竞争中的双赢原则,履行社会责任的良好企业公民原则,绝对忠诚顾客原则,股东、员工、顾客与社区利益共享原则等等。这些道德原则与我们提倡的为人民服务和集体主义原则尽管存在一定的差异,但都是尊重企业为社会服务性的反映。正是上述为社会服务性伦理原则在这些优秀企业中的实践,这些企业才能够在激烈的市场竞争中获得可持续发展的核心竞争力。如今,没有企业家或企业研究者会认为一个对内缺乏相互信任与合作,对外不提供良好服务,不履行社会责任的企业能够较好地存在与发展,反之,那些发展持久、良好的企业莫不是讲求义利相兼的企业。

通过分析认识企业客观具有的伦理二重性特征,我们认为以义导利、义利共生是企业发展的内在价值要求,为他人、为社会的为人民服务和集体主义原则,与企业发展具有相适性,因而应当成为企业文化建设的价值导向。

二、正确认识为人民服务和集体主义原则的丰富内涵和层次要求

企业的伦理二重性,为为人民服务和集体主义原则作为企业发展的价值导向,提供了客观要求和内在基础,同时也要求,在企业中提倡为人民服务和集体主义原则,必须要从企业的实际情况出发。在过去一段

在企业文化建设中要坚持为人民服务和集体主义原则

时期,我们在提倡为人民服务和集体主义原则时,过多地重视集体利益而忽视个人的正当利益,重视无私奉献而忽略合理取利,甚至出现以义代利的倾向,导致企业生产积极性不足,生产效率低下。因此,正确认识为人民服务和集体主义原则的丰富内涵和多层次的要求,关系到为人民服务和集体主义原则是否能够真正为企业所实践,进而促进企业的发展的重要问题,是我们应当认真加以研究和阐释的。

在社会主义的市场经济条件下,在义利关系上,我们究竟应当根据什么样的原则来处理各种关系呢?党的十四届六中全会所作的有关决议指出,要"形成把国家和人民利益放在首位而又充分尊重公民个人合法利益的社会主义义利观"。在企业中,我们应当以义导利、义利共生,它既强调国家和社会的利益,又重视企业自身的利益。也可以说,这一以义导利、义利共生的要求,本来就是我们所提倡的为人民服务和集体主义原则在企业中的应有之义。具体而言,在企业中提倡为人民服务和集体主义原则应当注意以下三个问题。

其一,企业集体必须成为真正的利益集合体,应该真正代表和保证企业成员利益和社会、国家的利益,避免演化为只代表少数利益相关者的集体。在我国计划经济向市场经济过渡的过程中,国有企业和新诞生的企业开始成为各个劳动主体和资本主体权利的集合体,成为通过个人利益的协作来创造财富的利益集合体。在这样的集体中,个人的权利和利益,获得了法律的依据和保护。在这种情形下,如果忽略实现和保护集体中的共同利益,企业成员(包括员工和股东)都不可能真正接受集体主义,不可能主动自觉地服从集体利益,不可能成为企业的主人翁。

其二,企业集体必须成为权责明晰的利益创造体,必须将企业作为市场经济主体而承载的各种责任明晰地转化为每一个企业成员的责任,从而激发、培养员工为他的自觉性。现代企业伦理学和管理学认为,社会越是发展,作为既是社会经济实体又是社会性伦理实体的企业,承载的责任就越是重大。首先,从内部来讲,各个岗位、各个部门、各个工序、各个工种都有不同的责任,正是这些责任的有序连接,企业才得以正常运转。其次,从外部来讲,则包括企业对外部股东的责任,企业对消费者、合作商、行业的责任,企业对政府、社区和生态环境的责任等等。外部责任的履行是以内部责任的正常实现为基础的,也就是说,只有在企业中做到了个人利益服从集体利益,个人为企业服好务,企业才可能在更大的范围内实践为人民服务和集体主义原则，因此，通过企业制度明确员工责任，通过有效激励培养企业成员的自觉责任感，是为人民服务和集体主义原则实践的客观条件。否则，责任不明必然导致无责任的混乱，挫伤企业成员维护集体利益、维护他人利益的积极性，妨碍企业的道德进步。

其三，企业必须在承认无偿的服务是奉献的同时，承认诚实劳动、遵纪守法的行为应该在道德上得到肯定。市场化的企业既可以提供有偿服务，也可以提供无偿服务。无偿服务是奉献，它是服务的最高境界，有偿服务也是对社会的贡献。奉献是行为主体在道德自觉中逐渐产生的集体主义价值观的最高体现，而不是外力强迫的结果。因此，企业不能脱离企业成员间存在道德境界差异的客观事实，不能简单地将为人民服务等同于对社会奉献，否则，既无法实现企业成员的对社会奉献，也无法通过提高有偿服务的质量满足不断增长的社会需求，甚至会带来严重的不公。我们应当认识到，为人民服务包含着内容广泛、层次不同的要求，它的最高要求是全心全意为人民服务，是毫不利己专门利人；它的最低层次就是在遵纪守法的前提下，通过诚实劳动来为社会做贡献。当然，在这二者之间，还包含着若干中间的要求。

同仁堂公司本着企业发展的终极目的是为了实现人的全面发展这一观点，以及争取不让每一个同仁堂员工落伍的目标，围绕高标准的药品生产与经营的质量责任，建立多层次的全员教育培训系统和一人多岗流动系统，实施循序渐进的工资福利制度改革，积极履行企业对员工的责任，使员工在企业获得仁者爱人的精神体验，自觉形成服从集体利益、为他人服务的风尚，促进了企业作为全体员工利益共同体和协作体的整合，为员工主动自觉地为他人服务、主动自觉地认同和维护集体利益奠定了必要的基础。我们可以这样理解：企业中的集体主义是为了保证和实现企业所有利益相关人的共同利益和国家利益，为人民服务是包括员工、顾客、合作商、竞争对手、政府和社区在内的所有利益相关人的服务。

三、通过企业制度保证为人民服务和集体主义原则的实践

每一个企业的管理和经营决策与制度，都是一定伦理理念的体现，

在企业文化建设中要坚持为人民服务和集体主义原则

既能够反映企业经营管理者对待各类利益相关人的利益态度，也能够影响与引导企业成员的是非观念和价值选择。因此，一方面，为人民服务和集体主义原则应当是企业经营管理制度的价值导向；另一方面，企业经营管理制度应当成为实践为人民服务和集体主义原则的桥梁和纽带。同仁堂集团通过企业文化制度建设，在这方面做了大量的工作。

第一，确立"仁德"为核心价值，完善同仁堂伦理理念系统，使为人民服务和集体主义原则自觉地融入本企业的"仁德"文化之中，自然促进企业成员对这两项原则的认同。根据同仁堂集团成立后对历经300年形成的文化传统所进行的诠释，其"仁德"的内涵包括：在品性层次上主张以恭敬、宽厚、信实、勤敏、慈惠修身，以坚持真理、恪守正义处世；在价值层面上主张对内敬业为正、人和为贵，对外报效祖国、奉献社会、济世养生。从中我们可以清晰地感到同仁堂人将为他人服务、为祖国服务、为社会服务上升为一种自觉的道德责任、一种理想的道德境界，这与党和政府所提倡的为人民服务和集体主义原则具有深刻的一致性，是我国仁者爱人传统美德的现代弘扬。

第二，建立和完善公司各级党员学习制度、内外宣传制度、员工培训制度、干部教育制度等，运用内外各种渠道多层次地向企业内外推广"仁德"理念，通过重质量、重信誉的市场活动积极弘扬利他为本、以义取利的"仁德"追求，塑造"仁心仁术，济世养生"的"仁德"形象，基本形成了企业内视产品质量为生命，视企业信誉为根本，视顾客利益与集体利益为最高命令的"仁德"之风，从而积极促进了为人民服务和集体主义原则在企业的实践。可以说，"仁德"的弘扬就是对为人民服务和集体主义原则的弘扬，"仁德"之风形成的过程无疑是为人民服务和集体主义原则实践的过程。

第三，将"仁德"具体化为企业的各种责任。同仁堂成立之初，在如何使同仁堂药厂和同仁堂药店与新加入的其他企业，在市场竞争极不规范的背景中共同保持和发扬同仁堂视药品质量为生命的传统；如何处理既要消化历史遗留的经济包袱，又要保证经济效益，上缴利税年年增长的矛盾；如何实现增效不减员等方面作出了极大的努力。其中，最能体现同仁堂"仁德"精神的是他们一贯严守"求珍品，品位虽贵必不敢减物力；讲堂誉，炮制虽繁必不敢省人工"的堂训，从真正有利于救治病患者的角度，严把药品质量关，高标准地履行对病患者的责任。在高

—337

标准地履行对消费者责任的基础上，同仁堂获得了向投资者履行资产保值增值责任和对社会履行环保、利税、慈善等责任的能力，不断实现以爱国爱人、仁药仁术造福人类的价值追求。

第四，将领导集体、党员骨干的带头作用纳入企业制度范畴，培养和树立实践"仁德"精神、实践为人民服务和集体主义原则，使为人民服务和集体主义原则人格化、具体化。数年来，同仁堂领导人和广大党员干部始终坚持国家利益、集体利益高于个人利益，坚持为企业和顾客精诚服务高于为己服务，坚持严于律己身先士卒的工作原则，坚决拒绝只讲经济责任不讲社会责任、只讲自身经济效益不讲社会整体效益、只讲眼前利益不讲长远利益的做法，用众所周知的成就为光大传统金字招牌，发展中国民族药业，促进北京政治、经济的稳定发展作出了积极贡献。

在正确的价值观和经营哲学的指导下，建立健全企业的各种制度，通过制度体现和维护集体中每个人、各个部门的共同利益，明确对以员工、顾客为中心的利益相关人的服务责任，是为人民服务和集体主义原则的真实体现。

第九编
教师道德

简论教师道德[*]

加强共产主义道德的教育，特别是加强社会主义社会中各行各业的职业道德教育，对建设高度的社会主义精神文明，有极其重要的意义。

教育工作，对于整个社会的文化建设和思想建设，都是一个不可缺少的、有重要作用的并带有关键性的环节。离开了教育活动，人类的文化、知识和道德，就不可能有世代相袭的继承，会影响整个社会的存在和发展。因此，在建设社会主义精神文明中，我们必须要提倡和开展关于教师职业道德的研究，提高教师的共产主义道德水平，以便能更好地发挥教师的能动作用，从而有助于我们更迅速有效地培养更多的"有理想、有道德、有文化、有纪律"的一代新人，更迅速地推动我国四个现代化建设的蓬勃发展。

职业生活是人类社会生活的基本形式之一，各种不同的职业各有其不同的道德关系，教师的职业更有着与其他各种职业所不同的特点和作用。教师道德究竟应该包括哪些内容，还有待于理论工作者的研究和概括。这里，只是提出一些初步的看法，有不确切或错误的地方，希望得到同志们的批评和指正。

所谓职业道德，是指从事一定职业的人们，在其特定的劳动中所形成的比较稳定的道德观念、行为规范和习惯传统的总和。由于从事某种

---

[*] 原载《中国人民大学校报》，1983-03-15。

特定职业的人们有着共同的劳动方式，经受着共同的职业训练，因而往往形成共同的职业兴趣、爱好、习惯、心理和传统，形成了特殊的职业责任和职业纪律，结成了一般人们所没有的某些特殊关系。因此，就必然有某些特殊的行为规范和道德要求。这也就是说，职业道德是同人们的职业活动紧密联系的、具有其自身职业特征的道德规范和道德准则。这种道德往往表现为世代相袭的职业传统，有较强的稳定性和连续性。任何一个社会或阶级的职业道德，都是该社会或该阶级的道德原则和规范的具体运用。社会主义社会的职业道德当然也不例外，它是集体主义的共产主义道德原则和爱祖国、爱人民以及共产主义的劳动态度等共产主义的道德规范的一个组成部分。

教师这一职业，在诸种社会职业中具有特殊重要的地位。它的特殊使命，是要为整个社会培养正在成长的一代人，使他们具有必要的才能和品质。它的劳动对象是有着独特个性的、具有很大可塑性的、有着旺盛求知欲的各种不同的人。在教育工作中，教师以其特殊的手段，对学生施加影响，即不仅以自己的知识，而且以自己的感情、意志、信念和品德来对自己的劳动对象发生作用。在社会主义社会中，每一个青少年都有接受教育的权利，优越的社会主义制度也给每一个青少年提供了接受教育的机会和条件。建设社会主义的各方面的人才，必须首先是通过学校输送到社会上去的。社会主义建设的好坏、快慢、成败，与教师的工作紧密相关。教师这一职业是神圣的职业，因为它关系到祖国的前途，社会的未来。教师把自己的知识传授给学生，给人以智慧，给人以力量，给人以美好的理想，推动社会的文明与进步。社会还把教师看作知识的象征和行为的表率，17世纪著名的捷克教育家夸美纽斯（1592—1670）在说到教师这一职业时曾说，教师的职业是"太阳底下再没有比它更优越的职业"。无产阶级的导师也都十分强调教师工作的重要，列宁说得很深刻，他认为"应当把我国人民教师提高到从未有过的、在资产阶级社会里没有也不可能有的崇高的地位"[①]。由此可见，教师这一职业理所当然地应当受到社会的普遍尊敬。

全社会尊重老师，老师也应做全社会的好的表率，这二者是相辅相成的，缺一不可。教师的任务不仅仅是给学生传授知识，还要把学生造

---

① 《列宁选集》，2版，第4卷，678页。

就成有道德、有理想、有知识、有纪律的人，这就是用高尚的道德品格和崇高的社会理想去塑造青少年的灵魂。人们把教师称为"人类灵魂的工程师"，是有道理的。要培养有道德、有理想、有知识、有纪律的一代新人，教师首先要有道德、有理想、有知识、有纪律；要受全社会的尊重，教师首先要尊重自己。因此，加强教师道德的研究，确立师德规范，深入而持久地进行教师职业道德的教育、训练和修养，是完全必要的。

那么，教师的职业道德应当包含哪些基本的内容呢？根据教师职业生活的要求和广大优秀教师的教育实践，我们大体上可以把它概括为以下四个方面。

一、忠于党的教育事业

在剥削阶级社会中，知识私有。青少年要想出人头地，必须要有知识；而要获得知识，则必须付出昂贵的学费。因此，接受教育成了富有者的特权。从事教育的人，都是直接为剥削阶级服务的。然而，传播知识，传播人类文明，毕竟是有利于社会进步的。古代许多人把它看作一切职业中最崇高的职业。我国古代的教育家、思想家孟轲曾经说过："得天下英才而教育之，三乐也。"[①] 他把为社会培养有用的人才看作人生的一大乐趣。

社会主义制度的建立，使得教育事业具有了与旧社会完全不同的意义。旧社会的教育家虽然传播了人类文明，有的还培养出了不少优秀人才，为社会的发展做出了贡献，但是，他们培养出来的人大多是精神权贵和人民的压迫者。我们消灭了人剥削人的制度，接受教育是所有社会成员都具有的不可侵犯的权利。教师所培养的人才都是社会主义和共产主义的建设者。人民教师的工作，是造福于整个社会和全体人民的。我们的人民教师是旧社会的所谓人师无法比拟的。

热爱党和人民的教育事业，把全部的心血无私地花费在青少年身上，这是党和人民对教师的要求，是教师这一光荣的职业对教师的要求，也是每一个有责任感的教育工作者的职业良心对自己的要求。仅仅

[①] 《孟子·尽心上》。

把教师这一职业看作自己谋取生活资料的手段，得过且过，做一天和尚撞一天钟，甚至连钟也不愿意撞的态度，是极其恶劣的。有的教师，虽然也努力工作，但如果只是把教师这一职业当成个人获取名利的一种手段而不用心教育学生，或者只注意个人的著书立说而不考虑教学效果，或者是"教书不教人"、"身在学校中，心不想学生"等等，这些情况，都是不符合教师职业道德的要求的。因为这种工作态度误人子弟，贻害国家，是对家长、对人民的一种极端不负责任的行为。

教师的工作崇高而富有重大的意义，但这一工作却又十分平凡而艰苦。传授给人以知识，教授给人以道德，使人智慧，使人高尚，并不是一件容易的事情，这需要教师数次、数十次甚至无数次不厌其烦的讲解和示范。有人对那些忠于党的教育事业、勤勤恳恳地工作的教师作过许多形象的比喻：教师好比一支蜡烛，不断地燃烧、消耗着自己，照亮着别人前进的道路；又像一支粉笔，散播着智慧的种子，把知识传授给别人，而渐渐地磨损着自己；又像一架梯子，让人踩着自己的肩膀攀上高峰，去采摘胜利的果实。不错，教师的工作的确平凡而艰苦，但在这平凡而艰苦的工作中，正蕴含着崇高的神圣的劳动。在任何职业生活中，各种关系都离不开道德的调整，道德调整的特点，就是人们要对其他社会成员、对社会作出必要的节制和牺牲。道德和崇高从来就是以自我牺牲为前提的。康德曾经说过，道德之所以能招来这么大的美名，或者说带来如此大的荣誉，就是因为它伴随着巨大的牺牲。只顾自己的利益而不关心他人和集体的利益，只图安逸、享受而不想做工作、做贡献，是毫无道德可言的。人民教师损耗了自己却照亮了下一代的心灵，磨损了自己却传给后代以智慧和力量，这难道不是很崇高、很值得尊敬的吗？当教师白发苍苍的时候，看到自己的学生成为建设祖国的栋梁，难道不为自己的卓有成效的工作而感到满足、自豪和荣耀吗？从社会、从他人那里得之甚少、甚小，而贡献给社会、贡献给他人甚多、甚大，这就是教育工作的崇高所在。

培养人的事业，要求培养者有高度的责任感，一般的职业热情是远远不够的，它需要的是教育者对这一事业的忠诚。只有为培养下一代而勤勤恳恳、呕心沥血、鞠躬尽瘁的人，才是最可尊敬的。以献身教育为大，以献身教育为荣，以献身教育为乐，应当成为每个教育工作者必备的道德情操。

二、学而不厌，诲人不倦

教师的天职是把知识传授给学生，只有对教育事业的满腔热忱，但没有传授知识的能力是不行的。人们常说，给学生一碗水，教师要具备一桶水，甚至一缸水，这话是极有道理的。教师在业务上没有丰富的知识和卓越的能力，要想教出高质量、高水平的学生，是根本办不到的。为学生而学，学而不厌，是教师应该具备的品德之一。

在社会主义的今天，科学突飞猛进，学而不厌对于人民教师来说就显得更为重要。不耻下问，教到老，学到老，这是教师的美德。教师对于自己的专业知识，应力求广博深厚，精益求精。教师如果能具有丰富的、多方面的知识，就必然能更好地启发学生，使学生举一反三。作为一个教育工作者，虽然不可能掌握所有的知识，但应力求博学多识。除了向书本知识学习之外，教师还应该特别注意向社会学习，向自己的学生学习。毛泽东同志说："知识分子如果不把自己头脑里的不恰当的东西去掉，就不能担负起教育别人的任务。我们当然只能是一面教，一面学，一面当先生，一面当学生。要作好先生，首先要作好学生。许多东西单从书本上学是不成的，要向生产者学习，向工人学习，向贫农下中农学习，在学校则要向学生学习，向自己的教育对象学习。"如果说知识对一般人来说都是很重要的，那么，对教师来说就更为重要了。

诲人不倦，对于一个教师来说，是比学而不厌更高一层的道德要求。它是教师职业道德的中心，因为它集中地体现了教师的职业特点和职业道德特点。诲人不倦蕴含着二层意思：一是爱护学生，二是循循善诱。爱护学生是诲人不倦的前提和基础，诲人不倦是爱护学生的具体表现；循循善诱体现了诲人不倦的精神，诲人不倦则是循循善诱的本质。

热爱学生，是做好教师工作的前提或必要条件，也是教师的美德之一。没有对学生的真诚的爱，也就不会有对学生的不倦的教诲。教师热爱学生，是把学生作为社会主义事业的建设人才而给予爱护，对学生的爱，体现了教师对人民、对社会主义和共产主义事业的爱；教师热爱学生，不是对学生的溺爱和迁就。热爱学生当然包括生活方面的爱护，但更重要的是要严格要求学生，严慈相济，培养他们心灵中闪光的智慧、思想和品格，帮助他们克服错误和不足，使他们将来能成为祖国的栋梁。教师热爱学生，不是只关心学生的考试成绩和业务才能，还要关心他们的道德品质和体育锻炼，让他们在德、智、体三方面都得到发展。教师对学生的热爱，还在于不只热爱优等生，而且也同样关心和爱护那些才智较差的学生，对他们也要热情、耐心地帮助，而不是采取讨厌、歧视的态度。在对待程度较差的学生上，更能表现教师职业道德的水平，更能衡量一个教师对学生的热爱程度。

因材施教、循循善诱是诲人不倦的方法和具体表现。教育不同的学生，要用不同的方法。所谓循循善诱，就是有步骤地根据学生的特点，有针对性地进行教育。在任何情况下，对学生都要满腔热情、不厌其烦地进行诱导，使之充满学习的兴趣和积极向上的信心和勇气。学生成长的过程是一个曲折的过程，对于教师来说，就是一个反复教育的过程。只有满腔的热忱、不嫌麻烦的耐心、坚韧的毅力、得当的方法，才能充分启迪学生的智慧，造就出优秀的人才。

诲人不倦这一道德规范在著名的专家、教授中更应加以提倡。诚然，有了名的专家、教授时间尤为宝贵。因为学生、青年教师、社会上其他许多人要拜访他们，渴望从他们那里得到指教；再者，专家、教授还有自己的教学任务、科研专题，常常是忙得不可开交。当然，对于那些不必要的挂名职务、可参加可不参加的会议等，应该尽量减少。但是，对于那些迫切希望获得某些帮助的人，专家、教授还是应该热忱地接待他们，并尽可能多地给以指点，这也是师德的要求。这对于专家、教授来说，并不是一件容易的事情。正因为做到它不容易，我们才把已经做到这一要求的专家、教授看作可尊敬的导师。有的人一旦出了名，便趾高气扬，把求教者拒之门外，这是一种缺乏职业道德的表现。社会主义条件下的高级知识分子属于无产阶级的一部分，其一切工作都是为了社会主义和共产主义的建设事业。以诲人不倦的态度教育别人，把自己的知识和见解无私地传授给青年一代，是知识分子义不容辞的职责和义务。

三、言传身教，为人师表

为人师表是教师职业道德的一个重要道德规范。所谓为人师表，是指教师在各个方面都应该成为学生和社会上一切人师法的表率。教师绝不只是传授知识,而同样重要的是以自己高尚的道德品格和情操来影响学生。没有或不精通业务的教师,当然是一个不称职的教师;没有高尚的品德、思想作风不好的教师,同样是一个不称职的教师。我国古代的思想家、教育家荀卿曾经说过:"礼者所以正身也,师者所以正礼也。无礼,何以正身?无师,吾安知礼之为是也?……夫师以身为正仪,而贵自安者也。"① 荀子强调教师要以身为正仪,即做学生的表率,这是十分重要的。他还认为:"君师者,治之本也。"就是说,国家安定团结,社会风气淳朴,起决定作用的是国家的最高领导和全体教师。汉代著名的思想家扬雄在他所著《法言》一书中,有这样一段话:"师哉!师哉!桐子之命也。务学不如务求师。师者,人之模范也。模不模,范不范,为不少矣!"② 用现在的话来说就是:教师啊!教师啊!是青少年能否成才的关键。一心想学习的人,最好是要找到教师。教师是人行动的模范。但是,不能成为模范的老师还是不少啊!苏联教育家加里宁也说:"教师的世界观,他的品行,他的生活,他对每一现象的态度,都这样或那样影响着全体学生。这点往往是觉察不出的。但还不止如此。可以大胆地说,如果教师很有威信,那么这个教师的影响会在某些学生身上永远留下痕迹。"③ 这些话都清楚地说明了教师为人师表的重要意义。

青少年都具有极强的模仿性和极大的可塑性。教师的思想、行为和品德,对于学生的思想、行为和品德起着潜移默化的作用,在无形中熏陶和感染着学生。因此,强调教师的道德品质和道德情操,强调教师为人师表的道德规范,是十分必要的。

在言语上,应当讲文明,文雅而幽默;在对学生的讲授中,应该在知识的广度和深度上多下功夫,不哗众取宠,不务虚名;在仪表上,应衣着朴素、整洁、大方;在待人接物上,应当热情、诚恳,严于律己,宽以待人;在工作上,应当勤勤恳恳,认真负责,一丝不苟;在品格和情操上,应当言行一致,表里如一,胸怀宽阔,遵纪守法,公正廉洁,富有正义感。此外,在教学和科学研究中,还应该特别强调谦虚的品

---

① 《荀子·修身》。
② 《法言·学行》。
③ 加里宁:《论共产主义教育》,43页,北京,中国青年出版社,1979。

德，要能够虚心听取别人的意见，并以此来教育自己的学生。当工作有了成绩，受到表扬、奖励的时候不骄傲；当工作遇到困难、受到挫折的时候不灰心；当自己有了缺点和错误的时候不隐瞒，知错必改。要求学生做到的，自己首先做到；要求学生不做的，自己绝对不做。这样的教师才是堪称师表的教师，才是人民所敬爱的教师。精神文明的宣传者，必须同时是精神文明的实践者。从道德教育来说，理论的说服只有伴以榜样的示范，才更容易发生效果。只有用道德来影响道德，以情操来感染情操，才能收到更好的效果。如果口头上把大道理讲得头头是道，娓娓动听，而在实际上却不按自己所说的去做，这种自欺欺人的做法，怎么能对学生起到教育作用呢？如果自己没有事业心，没有理想，怎么能把学生培养成有雄心大志、有抱负、有理想的一代新人呢？这样的教师，人们又怎么能够去尊敬他呢？

青少年的道德品质及其理想的形成，受着家庭教育、学校教育和社会教育三个方面的影响。学校教育对于青少年品质的形成来说，是一个非常重要的环节。由于十年动乱，良好的社会风气遭到了极为严重的破坏，社会上和某些家庭中的自私自利、向钱看、追求资产阶级生活方式的利己主义的恶劣风气不断地侵蚀着学生的心灵，影响着学校的教育。教师用自己的实际行动去抵制这些卑劣道德的坏的影响，给学生树立一个崇高的道德榜样，这对于培养有道德、有理想的革命事业的接班人，对于推进社会主义精神文明的建设，都具有十分重要的作用。

四、团结协作，共同进步

教师的职业道德，要调整两个方面的关系：一是调整教师和学生的关系，一是调整教师和教师之间、教师和行政工作人员之间以及教师和集体之间的关系。

在旧社会，教师是自由职业者，属于"士"这一阶层。在长期的私有制和利己主义道德的影响下，教师往往有"知识私有"的思想和"文人相轻"的局限性。由于职业道德所具有的较强的稳定性和世代相袭的连续性，这种旧道德的消极的传统习惯伴随着这一职业遗留下来，继续影响着社会主义条件下教育工作者的心理。在一部分教师之间，存在着争名争利的现象。有些人为了达到提级、提职的目的，只顾自己著书立说，对学生则敷衍搪塞、草率应付，对同事或同行则搞资料封锁、专题保密。有的教师在数人合作的科研成果或专著发表之后，为排名次、分稿酬闹得不可开交。有的教师自认为高人一等，认为学有专长，往往有轻视做行政工作的同志的看法，如此等等。这些行为，与教师这一圣洁的称号是极不相容的。

在社会主义条件下，培养德智体全面发展的新一代的艰巨任务，要求做不同工作的教育工作者团结一致、精诚合作；现代科学和理论问题的研究，也要求多方协作，要求详细而广泛地占有材料，要求相互交流、相互讨论、相互启发、共同提高。而上述做法，只能使我们的科学研究和理论研究的水平降低、速度变慢，也会给我们接班人的培养及整个教育事业带来危害。

团结协作、共同进步的道德规范，对于教师的要求有以下几点：担任同一学科的教师，要有共同的事业心，从把学生教好这一根本的目的出发，互相交流，互相学习，取人之长，补己之短。不同年级、不同学科的教师，要相互尊重，相互配合。新老教师之间，同样要互尊互敬，青年教师应主动向老年教师求教，学习他们渊博的知识和丰富的教学经验；老年教师要爱护、关心青年教师的成长，并注意学习他们富有创造性的思想和朝气蓬勃的精神，永葆革命青春。教师应服从领导，领导也应体贴、尊重和信任教师。教师和教师、教师和领导之间有了矛盾，应当开诚布公地谈心，把问题讲清楚，达到彼此谅解和相互团结。做行政工作的同志，应多从教师劳动的特点出发，为党的教育事业而尽可能地给教师以照顾；教师应自觉地看到行政工作对教学工作的重要作用，更好地尊重他们的工作和劳动。人民教师应当有宽广的胸怀，即使受到委屈的时候，也不应过分计较个人得失，应当把心全部放在党的教育事业上，把教学工作做好。

加强教师道德的宣传、教育和修养，提高教师的职业道德的水平，是当前的一项重要任务。在社会主义社会中，教师的职业道德既和以往的教师道德有着继承的关系，但同旧的教师道德又有着性质的不同。社会主义社会中教师的职业道德，是在公有制经济基础上形成的一种新型的人民教师的道德。因此，它不像旧的职业道德，往往是自发形成的，或者是在剥削阶级作为统治思想的影响下形成的，而是要在马克思主义的思想指导下，经过党、政府和工会组织的教育，并通过有觉悟的成员自觉建立起来的道德。因此，加强教师职业道德的宣传和教育，就有很重要的意义。要使每一个教师都能够认识到作为社会主义社会的人民教师的性质和特点，更深刻地懂得人民教师在推动社会主义建设事业中的重要作用，了解到人民教师在社会主义社会中的地位和职责。而且，更重要的是，要使他们了解到培养自己具有高尚的教师道德的重要性。教师生活在社会中，自然会受到社会各种思想的影响，这是一方面。另一方面，教师又要教育学生，并要用自己的高尚品德来影响学生，这就给教师提出了一个更为艰巨的任务，即更加自觉地、严格地、坚持不懈地改造自己。在锻炼、修养的过程中，往往会受到社会某些方面的消极因素的影响，这就需要每一个教师树立坚定的共产主义世界观和人生观，加强道德意志的训练，并力求使自己在任何时候、任何情况下都能按教师道德规范严格要求自己，逐步形成高尚的、坚定的职业道德理想、职业道德信念和情操。总之，每一个教师都应当提高自己的业务水平和道德水平，在各个方面做青少年的典范，无愧于"人民教师"这一光荣称号。

在讲究教师道德的同时，我们还要强调一下全社会对教师的尊重。中国本来是一个富有尊师传统的国家。自古以来，许多知识分子，包括大学问家，都很尊重自己的老师，并且形成了一种很好的尊师的社会风气。毛泽东同志曾经是徐特立的学生，他对徐特立同志始终都怀着最大的敬意。他在给徐特立同志的一封信中说："你是我二十年前的先生，你现在仍然是我的先生，你将来必定还是我的先生。"这段话说明，徐特立同志确实是一个无产阶级的革命家，确实具有无产阶级教师的才能和品德，同时，也充分说明毛泽东同志对自己老师的由衷的尊敬。但是，在一段时期里，特别是在一种"左"的思想影响下，教师不但被认为是资产阶级知识分子，甚至成了"臭老九"。应该说，这种影响，直到现在还没有完全肃清，在一些人的头脑中，还存在着轻视甚至歧视教师的种种偏见。因此，在加强教师职业道德的同时，在全体人民中提倡尊敬教师的道德风尚，这也是很重要的。

论素质教育与教师道德[*]

新的世纪，是中华民族全面复兴的世纪，教育事业担负着培养人才的伟大而又艰巨的历史使命。人们愈来愈认识到，我国的教育事业能否完成这一使命，将影响和决定我国这一复兴的能否实现，关涉到中华民族的历史命运。

为了不断地提高我国的教育质量和教育水平，我们必须充分认识到，教育事业是一个系统工程。忽视或放松这个系统工程的任何一个方面，都必然要影响到教育的质量和效果。我们不但要加强学生的文化知识教育、思想政治教育和品德教育，同时，我们还应当强调，提高教师自身的素质，加强教师的职业道德教育，更是一个不可忽视的重要问题。因为，只有加强了教师的职业道德教育，提高了教师的道德品质，他们才能为人师表，才能胜任自己的职责，才能在教育学生的过程中发挥良好的作用。

教师的职业，是同塑造人类灵魂的崇高事业紧密联系在一起的，因此，人们常说，教师是人类灵魂的工程师。对于一个塑造灵魂的工程师来说，他自己必须有一个崇高的灵魂，才能担当起这一神圣而光荣的任务。中国古代的著名思想家扬雄在他的《法言》中认为，教师关系着学生的身心发展和善恶趋向，是应当特别慎重从事的。他说："师者，人

---

[*] 原载《以德治国与公民道德建设》，286~289页。

之模范也。"一个教师，应当成为学生学习和效法的榜样，他的一言一行，应当成为学生今后走什么路、成什么才、做什么人的榜样。扬雄针对当时一些教师不能以身作则的情况，极其感叹地说："模不模，范不范，为不少矣!"唐代的韩愈在他的《师说》中进一步说："师者，所以传道、受业、解惑也。""传道"，在韩愈那里，就是要传孔孟之道，传儒家的信念、理想和基本理论。"受业"，就是传授学业，传授知识。"解惑"，就是解答学生的疑难问题。"传道"对我们来说，就是要传授马克思主义、毛泽东思想和邓小平理论。把扬雄和韩愈所说的两个方面结合起来，就是说，在当前的时代，做一个教师，既要坚信马克思主义，传授学业，解答疑难，又要身体力行，在思想品德上做学生的模范，成为一个称职的灵魂工程师。想有好学的学生，须有好学的先生，唯有学而不厌的先生，才能教出学而不厌的学生。教师必须学而不厌，才能诲人不倦。

一个人民教师，怎么才能成为学生的真正的模范呢？我想，应当在三个方面做出表率。

首先，一个教师，应当在理想、信念方面，为学生做出表率。这就是说，作为社会主义新中国的人民教师，应当在政治上严格要求自己，坚定自己的社会主义和共产主义的理想和信念。在建设中国特色社会主义的伟大事业中，教师担负着更加光荣的培养社会主义"四有"新人的任务，这就对教师提出了更高的要求。教师既要有相应的科学文化和承担所教课程的业务知识，更要具有坚定的马克思主义的理想信念。

其次，作为一个人民的教师，最重要的就是要忠于自己的职守，在爱岗敬业方面做出表率，在工作中认真负责，切切实实、一丝不苟地把自己所承担的教育任务做好。不仅对学生的当前尽责，还要对学生的将来负责。可是眼下，有这种人，正像陶行知先生所说的，一个教育工作者"他的心分散在几处，就是几分之一的人"，"分心的人……不是个整个的人"[1]。忠于党的教育事业，要求教师全身心地扑在学生身上，那种心分多处甚至本末倒置的做法，实在是有悖师德要求的。社会主义的教师，要自觉地遵守职业道德，要从灵魂工程师的高度认识教师职业所具有的崇高而神圣的地位。教师要真正做到爱岗敬业，把教育事业看作

---

[1] 《陶行知全集》卷一，60页，成都，四川教育出版社，1991。

中华民族伟大复兴的基础，是社会主义现代化实现的重要条件，是塑造"四有"新人的重要途径。能为这一庄严而神圣的事业贡献自己的力量，是十分光荣的。要加强责任感，增强自信心，认真严肃、一丝不苟地履行一个教师应尽的职责。要集中全部的时间和精力，做好自己分内的工作。

最后，他应当在思想道德上做出表率，要有高尚的道德品质，要能做到教书育人，要具有崇高的思想道德品质。教师不但要有专门的科学技术知识，而且要有崇高的思想品德，能培养和教育学生懂得如何做人，使学生在灵魂上能够得到提高。应该说，社会主义的教育事业，其根本的目的，是要培养有理想、有道德、有文化、有纪律的"四有"新人。只知教书而不知道育人，犹如只知耕种而不知道收获。只重视学生的学习成绩、考试分数，只关心学生的名次排列、升学率的高低，对于学生的思想品德、法治观念都一概置之不理，就背离了教育的根本目的。陶行知先生强调，学习知识与修养品行不能分家。同时，他指出，育人就是要"指导学生修养他们的品格"[1]，育人的最大问题，是如何引导学生于一举一动前，对善恶、是非下最明白的判断。这就要求教师具有高度的责任心和细致的工作态度，更要求教师自身在善恶、是非、曲直、公私、义利之分上，首先有个最明白的判断。不论教师所担负的是什么课程，都不能忽视育人的重要。要自觉地把思想品德的教育，寓于每一门课程的教学当中。当然，文科的教师，特别是政治理论课和思想品德课的教师，有更重要的责任。除了教好自己的专业课之外，还必须要切实加强对学生的政治教育、品德教育、纪律教育和法制教育。每一个教师，都承担着使学生德、智、体、美、劳全面发展的重要责任。那种认为只有政治理论课和思想品德课的教师才应该关心学生品德的思想，是错误的，我们应当寓思想品德教育于所有的教学活动之中。教师在日常的教学活动中，随时随地都要检点自己的言论和行动，严格地要求自己，使自己的一切言论和行动都能成为学生的模范和榜样。教师的教学效果，除了凭借自己的知识水平和业务能力以外，更重要的是要靠自己的思想品德，靠自己的人格力量。

由此可见，加强教师的职业道德的修养，提高教师职业道德的自觉

---

[1] 《陶行知全集》卷一，80页。

性，使教师真正成为灵魂的工程师，能够成为做人的模范和榜样，必将对青少年的素质教育产生良好的影响。

抓好教育和青少年学生的思想工作，直接关系到我们的科教兴国战略能否取得成功，关系到我国社会主义现代化建设能否取得成功。每一个教师，应当从这样的高度来认识这一问题，认识到自己所担负的重要责任，加强自身的职业道德修养，为培养有理想、有道德、有文化、有纪律的社会主义新人而贡献自己的力量。

论"业师"和"人师"

——谈谈教师的人格魅力和学术魅力*

教师承担着教书育人的职责,教师的师德状况对青年一代人文素质的培养,有着十分重要的意义。在师德培养中,应当在大力弘扬中华民族传统美德的同时,吸取中国传统道德的精华,并结合新的情况加以发展。

在中国古代的道德传统中,强调教师具有两种身份或两种角色。一种是古人所说的"经师",另一种就是古人所说的"人师"。所谓"经师",在早期主要指传授"经书"的学官,汉代以后,就泛指教授学生的大师和师长。现在,我们读的已经不是"经书",而是各种专业的科学知识,因此,古人所说的"经师",在今天也就是我们所说的讲授经典著作和各种专业知识的教师。从一定意义上,我们也可以用"业师"来代替古人所说的"经师"。所谓"人师",主要是教导人的品德和指导人的"行为"的教师,即教人如何做人、如何提高人的思想道德素质和提升人的道德人格的教师,所以又称"人师"。古人认为,教育学生最为根本的目的,就是要"改变人的气质","学做贤人和圣人",因此,"人师"在德行和学问上都应当成为人的表率,道德和人格的高尚是成为优秀人师的一个最重要的条件。道德学习是一生之事,学习如何做人,如何处世,如何对待个人和整体的关系,是教师和学生都应当具备

---

* 原载《高校理论战线》,2013(1)。

的能力。

一般来说,"业师"("经师")的责任是传授知识,除了各种专业知识以外,学生的思想、道德、品性和人格,是可以不管的。一些教师也往往以传授专业知识为己任,而不注意学生的"道德"和"为人"。而"人师"的要求就不同了,他不但要传授专业知识,而且要能言传身教、以身作则,并以自己的高尚人格来培养学生的道德,提升学生的境界,陶冶学生的情操。唐代著名诗人杨炯将"人师"同道德崇高的"天爵"联系在一起,把"策名天爵,独步人师"[1]作为理想的人格。"天爵"一词,原是孟子提出的。他认为,一个人在社会上所获的职位只是一种"人爵",它是官方授予的,随时都可能失去,因为官方既然能赐予你这一官职,那它也就随时可以把这一职位从你那里拿走;而"天爵"则是上天赐给的崇高的"道德爵位",是至高无上的荣誉,是一个人终生都能保持的荣誉。孟子在这里明确地告诫人们,不要看重那显耀一时的权力,应当重视个人道德品质的提升。郭沫若更把"人师"提高到"精神的领航者"的地位,他说:"经师是供给材料的技术家,人师是指导精神的领航者。"[2]《后汉纪·灵帝纪上》中说:"盖闻经师易遇,人师难遭,故欲以素丝之质附近朱蓝耳",强调了在当时的封建社会中,"人师"是很难遇到的,因此,一个能够遇到"人师"的人,应当好好的向他学习,从而提高自己的道德素质和精神境界。清代著名思想家顾炎武也慨叹"海内人师少,中原世运屯"[3]并认为整个社会的一切丑恶和风气的败坏,都是由于"人师"太少的缘故。他强调"人师"的崇高道德品质和高尚的人格对抵制社会不良倾向和培养良好的道德风尚具有不可估量的意义。因此,国家、民族和社会发展的一个重要条件,就是要培养"人师"。

一

在今天,还有没有"经师"("业师")和"人师"的区别?在实际

---

[1] 《益州温江县令任君神道碑》。
[2] 《青年哟,人类的春天》。
[3] 《赠孙征君奇逢》。

教育生活中，还是有的。从一定意义上来说，我们可以把专门讲授学科专业知识的教师称作学生的"业师"，而把从事马克思主义理论教育，特别是思想政治教育的教师称作学生的"人师"。但是，现实生活中的教师，存在着与"人师"要求相背离的情形。一些从事马克思主义理论教育的教师，在教学的过程中只是照本宣科，不能以身作则言传身教，不注意启迪和引导学生提高思想道德素质，这样的教师不能也不应被称之为学生的"人师"。

当然，从事各种专业知识教学的教师，也要把思想道德教育渗透到自己的全部教学工作中去。要根据自己的专业特点，在传授知识的过程中，同时培养大学生的世界观、人生观和价值观。这就是说，当前的"业师"，也要担当起"人师"的责任。我国著名的老教育家徐特立在谈到这一问题时，曾讲过一段很深刻的话，他说："师生的相互关系，首先要谈教师的人格问题，因为教师是领导者，所以不能不谈教师的人格。教师是有两种人格的，一种是经师（因为中国过去教经书中的知识的称经师，现在是教科学知识，为了容易记忆，所以仍袭用这个名称），一种是人师，人师是教行为，就是怎样做人的问题。经师是教学问的，就是说，除了教学问以外，学生的品质，学生的作风，学生的习惯，他是不管的，人师则是这些东西都要管。我们的教学是要采取人师和经师二者合一的，每个教科学知识的人，他就是一个模范人物，同时也是一个有学问的人。"这也就是说，"人师和经师二者合一"，是我们今天教学的要求。

二

对于从事思想道德教育和伦理学教学的教师来说，除了肩负"经师"和"人师"的职责外，又有着特殊的要求，即必须要身体力行自己所讲授的内容。在课堂上提倡和宣传社会主义道德和共产主义道德的教师，要求学生做到的，自己都必须先做到；在自己的论著中写出来要学生遵守的，自己更要遵守。要切实做到言行一致和言传身教，使自己真正成为学生的"人师"，而不仅仅是学生的"业师"。

传授有关伦理道德的知识，写出有真知灼见的伦理道德的论著，并不是一件容易的事。特别是在市场经济条件下，一些狭隘的、庸俗的、急功近利的思想经常在社会上泛滥，成为影响学生品德的一个不可忽视的因素。对这些现象，一些教师往往敷衍塞责，不仅不认真备课，把科学的知识传授给学生，而且为了追求名利而哗众取宠，放弃了一个教师应尽的神圣职责。"说的和做的背离"，甚至自己所反对的，正是个人在心中所奉行的，说的是一套，做的是另一套，言行脱节，甚至言行背离。这种现象，也可以说是一些教师双重人格的体现。如果不能在品德和人格上感化学生，不论你的知识如何丰富，教学方法如何先进，文章写得如何周密，专著的水平如何精湛，都是不可能达到陶冶学生道德品质的目的的。

三

在社会主义的学校教育中，从小学开始直到大学和研究生的教育，都应当强调对学生的思想道德教育，坚定地奉行德育为先的指导方针。为此，强调对教师的职业道德教育，强调培养"人师"的工作，尤其具有特殊的意义。

在社会主义条件下，怎样才能成为一个"人师"呢？

汉代的思想家扬雄在他的《法言》中说："师者，人之模范也。"提出了一个"人师"的标准，这就是要在知识、学业、品德、人格等各个方面，成为学生的模范。一个教师，要想成为一个"人师"，在今天来说，就是要有高尚的教师职业道德，要以社会主义的道德规范来严格要求自己，要身体力行、言传身教，要一心为公、大公无私，要关心他人、关心集体，要自强不息、谦虚谨慎等。总之，一句话，要想使学生成为一个德才兼备的人，首先必须自己先成为一个德才兼备的教师。

对于一个从事思想道德教育的人来说，我们应当努力做到德才兼备、品学兼优，把"业师"与"人师"完美地结合在一起。如果不得已而求其次，那么，我们宁愿人家说自己才不如人，也不愿被人说成德不如人。东汉著名的思想家张衡说得好："不患位之不尊，而患德之不崇；不耻禄之不夥，而耻智之不博。"教师是一个崇高而光荣的职业，是关系到国家、民族、社会兴衰成败的重大事业，不论从什么角度来看，我们都可以说教师是名副其实的灵魂工程师，担当着塑造人的"灵魂"的神圣事业。

历史的经验证明，国家、民族和社会的兴旺发达，总是与教师的思想道德水平有着极为密切的关系，尤其是在当前出现了种种缺乏教师职业道德、一些教师言行背离的情况下，更应该强调品学兼优的意义。知识与品德兼备、学问与人格俱全，才能成为具有学术魅力和人格魅力的优秀教师，才能培养出优异的人才，国家和社会才能沿着正确的道路不断前进，民族的伟大复兴才能够建立在更加牢固的基础之上。

第十编

家庭美德

谈谈男子道德[*]

我们讲男子道德，首先要看到，长时期以来，我国非常注重男子的思想、品质和道德。在今天看来，在奴隶社会、封建社会中所讲的男子道德，有片面地强调大男子主义的一面，同时还有能作为中华民族优秀道德传统的一面。在我国传统道德中，既有腐朽的，也有能够为我们今天所继承借鉴的。列于我国历史上的道德遗产，我们要加以批判和改造。很早以前，中国就讲究"大丈夫"的道德，也就是指男子的道德。战国时期，中国古代著名的哲学家、思想家、伦理学家孟子曾经强调"大丈夫"的品格、气概和品德，他认为大丈夫应具备三个方面的条件，即"富贵不能淫，贫贱不能移，威武不能屈"，意思是说，富贵不能乱我的心，贫贱不能变我的志，威武不能屈我的节，这样才叫作大丈夫。孟子的这几句话已成为我国社会脍炙人口的道德名言。人们常常用它来描写那些高风亮节的志士，也常常用它来作为个人品德修养的座右铭，它在历史上起到了积极的作用。中国道德传统强调男子要具有勇于开拓创新、不畏艰难困苦、不论在任何情况下都能够坚持奋斗的精神。可以说，这在一定程度上反映了中国对男子道德的要求。这里面，并没有包含什么男尊女卑的意思，它讲的是：要做一个大丈夫，要做一个男子汉，要做一个有作为的男子。

---

[*] 原载《男子生活风采大全》，任鹤整理，北京，农村读物出版社，1987。

战国之后，一直到汉代，我们可以看到在中国的许多著作中间，都特别注意这种"大丈夫"的精神。《汉书》和《后汉书》中，讲到政治家、思想家的道德品质时，往往说他们具有一种"大丈夫"的气概。在孟子之前的著名教育家、伦理学家孔丘曾提出过"杀身成仁"是一个"仁"者所应有的高尚德操，孟子又提倡"舍生取义"的精神。后世儒家，就把"杀身成仁，舍生取义"看作他们所主张的这种"大丈夫"的精神，这种为真理而献身的坚忍不拔的精神，对于中华民族来讲，它对于统一民族的形成，对于几千年来中国文化的发展，起了很重要的作用。我们过去强调中国是一个文明古国和礼仪之邦，也就是以道德文明著称于世的国家。这里面，就包含这种"大丈夫"的气概、道德。在中国封建社会里，总是把妇女放在一种从属的地位，相对来说，对于妇女道德，讲了很多我们今天不能接受的东西。从汉代以后，古代的思想家讲了很多"妇德"，什么"女子无才便是德"，还有很多诸如《女戒》、《女四书》等等，主要是强调妇女要恪守"三从四德"，这是对妇女的压抑、摧残和限制，其中没有任何积极的东西可以供我们今天来吸取。相反，古代所讲的"大丈夫"的道德，尽管里面也有一些封建性的东西，但是，从总的来说，它反映了中华民族主要的优良道德传统，这应该说，是我们中华民族传统道德中很重要的一个方面。今天，我们提倡勇于创新、勇于开拓这样一种精神，要具有"男子汉"的气概，实际上也是从我国历史上"大丈夫"的英雄气概这样一种品德中继承而来的。我们中国是一个历来很重视男子道德的国家，我们要建设有中国特色社会主义，继承我们中华民族的优秀道德传统具有十分重要的意义。作为我们今天来讲，处于改革创新的时代，坚定不移、勇于开拓、朝气蓬勃、乐观向上，处于逆境而坚忍不拔，受到打击、挫折仍能不屈不挠地奋勇前进，这既是一种品质，也是一种道德。当然，在今天来说，应该是男女共有的道德，不是男子专有的道德，但是，男子更应具有这样的道德。对于有的男同志，别人往往说他"不像一个男子汉的样子"，就是说他没有这种朝气蓬勃、勇于开拓、坚忍不拔的精神。我接触过很多青年，发现不少女青年在选择爱人时，也要求自己的对象应该具有一种威武不屈、坚定不移、坚忍不拔的男子汉气概和品质。

其次，我们讲男子道德，总是要与妇女联系起来看，特别是在我们今天这个社会，男子道德的很重要的一个方面，是体现在男子与妇女的关系上。作为一个男子，在对待家庭、妻子、子女的问题上，也应该具有良好的道德，怎样关心体贴妻子，怎样关心教育子女，这是个很重要的问题。我以为，这个问题，应该至少从以下两个方面来认识，其一是，男子在家庭中，对于自己的妻子为支持自己的事业而做出的个人牺牲，应予以充分的理解；其二是，男子也可以为妻子做出牺牲，要与妻子共同成长、共同发展。

我们先从第一个方面谈起。按照我们的观点，无论是在事业上，还是在家庭生活中，都应该不分男女，如果大家都能在事业上做出贡献，当然更好。男同志也可以为女同志做出牺牲，使女同志所从事的工作事业能够取得更大的成就。从生活的现实来看，根据我国目前的状况，要完全做到这一点是很困难的。男子在事业上要有所作为，妻子做出牺牲是很常见的；相反，女同志在事业上有所作为，让男同志做出牺牲，这种现象就比较少见。这种现象说明当前社会上男女还没有真正平等，只有在今后社会的发展中逐步解决。我跟很多科学工作者接触过，大家都确有这么一个体验，感到现在男子在事业上的成功，相当大的一部分人（当然不是指每一个人）都是依靠了一个道德高尚的妻子，或者说，有一个很好的家庭的支持。现在有很多妇女，无论在才能上，还是在学识上，都不弱于男子，但是妇女有妇女的特点，她与男子结婚后，要生小孩，要管理家庭，有的甚至自愿牺牲她们的事业，放弃她们的爱好，来管理家庭，哺育孩子，从而为男子事业上的成功创造了条件。很多人都有这样的体会，男子在事业上的成功，往往是在妇女做出了重大牺牲之后获得的。但是，这一点我们很多男同志不一定能很好地认识到。这里有长期以来封建传统意识的影响，认为家务应该由妇女来做，教育孩子、抚养孩子的事也应由妇女来做。我们从道德高度应对这个问题加以认识。我们讲男子道德，应该摆脱封建社会加给我们的影响，使男子的道德更加发扬光大，我们希望家务劳动能够共同负担，事业上能够共同促进。在今天的情况下，在这样一些事实面前，男子应注意要更加尊重妻子、体贴妻子，要理解她们为家庭、为丈夫、为子女所做的牺牲，要理解她们所付出的巨大的代价（当然，并不一定都是妇女做出牺牲，也有男子做出牺牲的）。要充分看到，男女在家庭里的互相关心、互相体贴、互相爱护、互相帮助之中，男子应该担负起更主要的责任。

我看这样去认识问题，这样去处理家庭关系，对于我们整个社会主义精神文明建设，对于我们的改革，对于我们社会风气的改善，都是有很大好处的。很多妇女感觉到，一方面，她为家庭做出了牺牲；另一方面，她没有得到丈夫的必要的、真挚的理解，没有得到情感的补偿。有很多妻子，她们做出牺牲是心甘情愿的，但是，她们需要丈夫的体谅、理解，希望能够有一种感情的交流。从丈夫来讲，尊重妇女，体贴妻子，看到她们所付出的巨大劳动，这应该是家庭关系中男子道德很重要的一个方面，否则，妻子得不到体贴、理解，内心会感到很矛盾，甚至感到很痛苦。人和人之间的关系，主要是靠道德来调整的，家庭之间的关系尤其是这样。道德的纯洁，情操的高尚，可以使家庭幸福圆满。

在教育子女方面，男子应负有较大的责任。一般来讲，很多男子对教育子女很不重视。我们常常讲，道德有一种感情传递的作用。从感情传递来说，如果丈夫具有高尚的道德，可以把感情传递给妻子，妻子又可以把这种感情传递给子女，使整个家庭处于一种和睦友爱的气氛之中。社会上的道德是如此，家庭中的道德尤其如此，很多家庭有矛盾，家庭不和，往往与夫妻双方的道德水平有很大关系。

下面，谈一谈这个问题的另一方面，即男子不能只要求女同志为自己做出牺牲，为自己服务，夫妻双方应该互相支持，共同进步，共同把工作搞好，共同把家庭管理好。要求妻子一切为自己服务，为自己"让路"，这是封建社会大男子主义思想的残余。我们说过，封建社会中男子道德中的优良传统要继承，但是，大男子主义应该批判，应该反对。现在，有些男同志恋爱观不很正确，在选择爱人时，希望最好找一个比自己年龄小一些、水平低一点的，希望自己的爱人不要去搞事业了，甚至希望爱人能帮助自己管管家务就可以了，这是一种大男子主义的思想，也是不符合男子道德的要求的。认为妻子搞了事业，这个家庭就没法办了，这种看法也是不正确的。现实生活中，也有这样的家庭，夫妻双方都在事业上做出一定成就，而家庭关系非常和睦，夫妻在共同管理家庭、抚养、教育子女方面，配合默契，整个家庭处于一种良性运行之中。在社会主义社会新的家庭关系中，也有丈夫支持、帮助妻子成才的生动事例。

总之，在我国目前的家庭道德中，男子道德尤其起着一种重要作用，男子能否尊重妇女、体贴妇女，这是家庭道德中的重要方面。

另外，我们还应从生活方式以至仪表、风度上来简略说一点男子在这一方面应有的道德素养。随着我国生产力的发展，经济的增长，人们的生活方式必然会相应地起着变化。生活包括物质和精神两个方面。中华民族是崇尚俭朴的民族，勤俭持家是我国人民的传统美德。对己克勤克俭，必要时仗义疏财，这也是大丈夫应有的气概。俭与吝不能混为一谈，俭也不是禁欲，俭并不排斥有计划地、量入为出地改善和提高生活水平。为了追求高消费，靠负债度日，男子汉当以此为耻。仪表与风度，不是单纯的外表，主要是内部涵养的外在表现。朴实、明朗、谦虚、诚恳、自然、大方的仪表和风度，使人感到可亲、可信、可敬，这是男子汉应该具备的气度。衣着方面，应注意整齐、清洁、美观大方。日常生活和工作场合，不必如节日盛装或迎宾赴宴。反之，散乱、邋遢或追求奇装异服，也是不可取的。一个男子，即使服装华丽，如果出言轻薄，就会显得缺乏涵养，俗不可耐，说明外表美与内在美相比，内在美尤宜着力用功。

论道德意识对维护和巩固家庭的重要作用[*]

当前加强社会主义精神文明的建设对于我国的婚姻家庭方面提出了许多重要的问题。其中,主要的问题之一,就是如何加强人们对家庭婚姻道德的重要性的认识,培养人们崇高的婚姻家庭道德情操,以便更好地维护和巩固家庭这一社会的细胞,使家庭能够在长期和谐、稳定、融洽、健康的情感中发挥自己的多方面、多层次的职能,以利于社会主义建设的发展,以利于人类社会能够不断地上升到更高的水平。

家庭,主要是由婚姻关系和血缘关系(也包括收养关系)所组成的单位,是构成社会的细胞。家庭一旦组成,家庭各成员之间就相应地产生了彼此不同的义务。家庭关系要能够得到正常的维护和巩固,除了依靠特殊的情感之外,家庭成员的道德品质和道德觉悟,有着重要的作用。可以毫不夸张地说,如果人们的共产主义道德觉悟能够普遍地得到提高,家庭婚姻道德能够得到进一步的重视,问题都能以高尚的道德情操来调节,现在社会中的相当多的甚至大部分的家庭纠纷,可以得到缓和,其中还有一些问题,甚至可以完全避免。因此,在研究如何能更好地建立起幸福、和睦的家庭生活的同时,认真地分析一下道德意识对维护和巩固家庭的作用,是有重要意义的。

在当前的西方社会中,家庭问题已成为一个几乎无法解决的社会问

---

[*] 原载《婚姻家庭问题研究》,北京,中国展望出版社,1988。

论道德意识对维护和巩固家庭的重要作用

题。随着性解放、性自由的理论的讨论，男女两性之间的关系愈来愈影响到家庭的和谐。夫妻关系以外的性行为的增多，第三者的轻而易举的插入，造成家庭的愈来愈多的矛盾和冲突。由此而导致的离婚率不断上升，使许多家庭经常处于不稳固的状态之中。因此"巩固家庭"的呼声，已越来越为一些社会学家所重视。但是，由于资本主义制度和社会主义制度的不同，从而导致共产主义道德和资本主义道德的对立，因此，他们往往只求助于法律制度的完善，而不可能也无法用道德的杠杆来调整资本主义社会的家庭关系。

凡是对我国现实家庭关系所发生的许多问题作过深入细致的调查、了解，并进行过全面、深入而认真思考的人，都不能不认识到，我国当前的许多家庭问题，都同人们的道德意识有着重要关系。封建主义残余的种种影响，腐朽的资本主义思想的腐蚀，特别是见利忘义、唯利是图、损人利己、一切向钱看的思想，以及追求享乐的生活方式，喜新厌旧、见异思迁的邪念，在污染、败坏我国的社会风气的同时，也使我国的许许多多的家庭关系受到不同程度的影响。因此，从宏观上考察，为了更好地使我国的众多的家庭关系能够更好地为社会主义建设服务，必须把加强家庭道德的教育，作为一个带有战略性的问题加以考虑。

在谈到家庭道德时，我们总是要与此相连地谈到爱情和婚姻道德。因为，婚姻是形成家庭的前提，家庭是婚姻成立的结果。男女双方在爱情和婚姻中的道德意识和思想情操，对以后缔结的家庭，将发生深远的影响。尽管在开始阶段，参与恋爱的只是男女两人，但是，爱情的发展，一般来说，要建立家庭，要生儿育女，要产生第三个或第四个人，并由此而产生家庭成员间的道德义务。确实，恋爱和婚姻都有其生理的、本能的基础，即所谓性的冲动和延续后代即种的繁衍的需要。如果没有这种生理上自然的本能，也就不可能构成家庭，这是马克思主义者所承认的。但是，随着社会的发展和人类文明的不断进步，人们的两性关系，已经永远脱离了动物式的性的冲动和单纯的生儿育女的需要，使恋爱婚姻关系成为一种伴随着特殊感情的交往和结合。这种感情，随着生产力的不断发展和社会的日趋进步，随着人类本性的不断完善而越来越丰富多彩。正是由于男女相爱的感情是这样丰富，以致使人们感到这种感情是如此玄妙、神秘，成为一种"可意会而不可言传，可神通而不可语达"的，不能给它以准确的、科学定义的界说。男女之间的爱情，不但使彼此感到相互钦慕、相互需要，其中的一方往往自愿地把自己献给对方，为他（她）牺牲，甚至希望把双方完全融合起来。在这些感情中，尽管有自然本性的要求，但更重要的是同志和朋友的关怀、感情的倾慕、志趣的一致、愿望的相同、目标的心心相印和共同的价值的追求。那么，这"可意会而不可言传，可神通而不可语达"的感情，究竟有什么特点呢？

人类的两性关系的这种感情的最主要的本质特点，就是这种感情不是建立在人的自然本性的基础上，而是建立在社会本性的基础上的爱情婚姻关系，是人类社会关系的一种特殊形式。尽管每一个人，都按照个人特有的性格去谈情说爱，都依据自己的个别的方式表达感情，但就其本质来说，是具有社会性的。这里所说的社会性，包含很多方面的意义，除了经济基础、生产关系要对爱情婚姻产生制约以外，就其作为一种社会关系的特点来看，爱情、婚姻关系总是同人们之间的道德关系密不可分的。不同时代的爱情婚姻关系，总是以不同的道德观作为纽带的。

我们知道，道德是调整社会中人和人之间的行为规范的总和，我们之所以强调爱情和婚姻具有社会属性，最主要的目的，就是要说明，在爱情和婚姻关系中道德调整的重要。在当前我国的社会主义社会中，在男女青年进行恋爱和缔结家庭的过程中，道德品质的好坏和思想境界的高低，对于恋爱关系是否能够健康发展，有决定性的影响。人们常常说，爱情的花朵总是需要道德的浇灌，失去了道德的滋养，爱情很快就会枯萎。这两句话，是很有道理的。在现实生活中，我们常常看到，有些男女青年在恋爱和婚姻过程中，由于只注意相貌的美丑，挣钱的多少，地位的高低，房舍的宽窄，把爱情看成是性欲的满足、物质欲望的追求或者权势地位的攫取……男女双方，虽然也可以在一段时间内如胶似漆、甜言蜜语，但是，一旦情况有了变化，或者看到这些目的已不可能达到时，就会反目为仇，另选目标，以致酿成许多不幸的后果。这些低级、庸俗而卑鄙的欲望和情操，确实是当前许多恋爱悲剧之所以发生的重要原因。现实生活一再说明，没有高尚的道德，就不可能有真挚、持久的爱情。当然，爱情和婚姻，在今天的社会中，还不可能完全摆脱经济上的考虑，但是，这种考虑，不能成为爱情关系中主要的因素。我们强调，爱情是男女之间所产生的一种健康而道德的特殊感情，它伴随

论道德意识对维护和巩固家庭的重要作用

着道德而产生,吸吮着道德的营养而成长,并在道德的培育下不断发展。不同社会的恋爱婚姻,伴随着不同的道德观念和价值标准。奴隶社会、封建社会和资产阶级社会的道德,使这一关系受到各种扭曲,只有无产阶级的道德,才能使人类的恋爱婚姻关系,成为人和人之间的一种真正的、健康的、崇高的感情。

恩格斯在《家庭、私有制和国家的起源》一书中曾经强调指出爱情和道德的关系,但是,在一段时期内,这段话曾被许多人误解,因此有必要从理论上加以分析。恩格斯先说:"现代的性爱,同单纯的性欲,同古代的爱,是根本不同的。第一,它是以所爱者的互爱为前提的;在这方面,妇女处于同男子平等的地位,而在古代爱的时代,决不是一向都征求妇女同意的。第二,性爱常常达到这样强烈和持久的程度,如果不能结合和彼此分离,对双方来说即使不是一个最大的不幸,也是一个大不幸;仅仅为了能彼此结合,双方甘冒很大的危险,直至拿生命孤注一掷,而这种事情在古代充其量只是在通奸的场合才会发生。最后,对于性交关系的评价,产生了一种新的道德标准,不仅要问:它是结婚的还是私通的,而且要问:是不是由于爱情,由于相互的爱而发生的?"[①]在这段话里,恩格斯主要强调了爱情在历史上是随着时代的不同而发展变化的,现代的爱情,已发展到了一个新的时期,它的最主要的特点,就是它已经形成了判断人类爱情的"一种新的道德标准",即彼此间是不是具有相互的、真诚的、强烈的和持久的感情。恩格斯极其重视爱情婚姻关系中的这种"新的道德标准",并认为只有坚持这一标准,人们才能有真正的崇高的爱情。接着,恩格斯又说:"如果说只有以爱情为基础的婚姻才是合乎道德的,那末也只有继续保持爱情的婚姻才合乎道德。"[②] 有的人,就以恩格斯的话为借口,把某些由庸俗、卑鄙和自私动机出发而作出的喜新厌旧、见异思迁的行为,说成是因为同对方不再继续有爱情而采取的合乎道德的行为。这是对恩格斯话的误解,如果还不能说是歪曲的话。我们必须把恩格斯前后所说的这两段话联系起来理解,我们才能看到,恩格斯在这里,绝不是为那些庸俗低级、卑鄙的情欲作辩护,而是强调在爱情婚姻关系中的"新的道德标准",这一点,是显而易见的。

---

① 《马克思恩格斯选集》,1版,第4卷,73页。
② 同上书,78~79页。

在爱情关系中强调"一种新的道德标准",力求净化各种庸俗、自私和卑鄙的动机给爱情关系带来的污染,就能使青年男女之间的爱情充满着丰富的内容。男女之间的彼此倾慕,就会有助于进一步发展每个人的道德品质和精神气质,使自己在互爱中更好地发扬人类本性中一切善良而美好的东西,摆脱本能的性的诱惑,消除金钱、财富等邪念。在社会主义社会中,男女双方的爱情本身,应该是一种目的、愿望、兴趣一致,有着共同理想的高尚的道德感情,而这种道德感情在恋爱的过程中,又能够使男女双方朝气蓬勃,沿着道德的阶梯不断向上攀登。达到进一步提高人们的道德水平的目的。列宁说过:"共产主义不会产生禁欲主义,只有生活的快乐、生活的力量,而这些都是从得到满足的恋爱生活产生出来的。"

男女双方爱情发展的结果是建立家庭。一般来说,纯洁的、健康的爱情关系,都能够形成幸福美满的家庭。但是,我们也应该注意,在现实生活中,男女双方在婚后的漫长的夫妻生活中,总是要发生这样那样的矛盾,甚至会形成种种不同的家庭纠纷,严重的甚至达到要求离婚的程度。一般来说,除少数婚姻纠纷必须判决双方离异外,大多数的情况下,如果能经过很好的说服教育和耐心调解,是可以消除矛盾甚至和好如初的。在我国现实条件下,如何才能尽量地减少这些矛盾,更好地保持和巩固家庭关系,从而有利于我国的社会主义建设事业呢?

家庭关系的核心是夫妻关系,因此,一个家庭的和谐、稳固和发展,在一般情况下,夫妻关系的和睦具有最关键的意义。特别是最近几十年来,我国家庭的组成,已经逐渐走向以一对中年夫妇为主的小家庭组织形式。在大多数的家庭中,除一两个子女以外,往往还赡养着一两位老人。这种家庭,尽管基本上还是以血缘关系为纽带而建立起来的,但是已经愈来愈显示夫妻关系在家庭中的重要作用。无论是对老人的尊敬、关心、体贴和赡养,还是对子女的爱护、培养和教育,以至于每一个家庭的不同的生活方式和特殊的心理气氛,在很大的程度上都要以这一对中年夫妇的情况为转移。封建、宗法的家庭关系及其对家庭的影响逐渐消除,在过去,往往对家庭和谐产生重要影响的婆媳关系,正日益丧失其在家庭中的重要意义;父权思想的封建家长制的残余,也不像过去那样左右着家庭的一切;由大家庭(三世同堂、五世同堂)而造成的错综复杂的矛盾,在许多新的家庭中也不再存在。因此,夫妻关系在家

论道德意识对维护和巩固家庭的重要作用

庭中的地位，更显得特别突出。对于我国现今社会的大多数家庭来说，为了维持和巩固家庭的团结、和睦和健康发展，最重要的就是要使夫妇双方在婚后的长期的共同生活中，能够使原有的爱情关系随着年龄的增长、家庭成员的增多、时间的变化和每个人在事业上的不同发展而不断深化。

保持夫妇双方在漫长生活中的和睦、团结和健康的发展，最主要的有两个因素，一个是爱情，一个是道德。

夫妻关系，是以爱情为基础而建立起来的，它的巩固和发展，自然需要爱情之水的长期不断的浇灌。但是，大多数的人都可以观察到或体验到，青年时期的炽热的感情是不可能持续一生的，在婚后的不同阶段中，随着生理本能的变化、家庭成员的增加、彼此工作的不同而经常发生变化。对于不少夫妇来说，他们都能随着生活的每个不同时期的发展，使彼此之间的爱情也相应地得到发展，在岁月的流逝中，使爱情得到日新月异的发展。对于一对夫妇来说，只要双方能有一种真挚的爱情，就会得到终身的幸福。

在婚后的夫妇生活中，对爱情的眷恋，对以往幸福的回忆，对热恋的追思，往往是进一步巩固爱情的重要手段。初恋时的纯洁而诚恳的感情，彼此倾慕的愉快交往，相互信任、依赖、志趣相投以及百年偕老的愿望的表白，需要随着时间的冲刷而重新加深……年龄愈是增大，生活的经历愈是经久，对过去的爱情生活的回忆就愈能给已往的爱情增加光辉。特别是在生活中产生分歧、不愉快、不理解甚至不信任的时候，能够对过去的真挚的爱情、对患难中的相互鼓励、对困苦中的彼此关心进行回忆，可以使夫妻的一方能够更全面地谅解对方，进一步地巩固彼此之间的爱情，从而使家庭保持和谐。

但是，我们还必须看到，只是强调爱情的作用，对于维持和巩固家庭来说是不够的。因为，在现实社会中，许多本来就是因所谓自愿的爱情而建立的家庭，夫妇双方或一方，又往往强调因没有爱情而发生矛盾和冲突。这种矛盾和冲突，由于没有得到正确的调节，甚至最后导致破裂，给社会各个方面造成许多严重的后果。当然，为了防止某些破坏家庭现象的产生，法律的调整有着很重要的作用。婚姻关系的确立，既然必须有法律的认可，因此，婚姻一旦缔结，家庭一旦形成，婚姻和家庭都必然要受到法律的保护。确实强调法律在维护和巩固家庭，特别是夫妻关系中的作用，是非常必要的。但是，一般来说，如果只是靠法律去调整，对于许多家庭说来，已经是太晚了。因为当夫妻关系的矛盾到了诉诸法律时，大多数都已经发展到相当严重的程度。法律的调解、判决和刑事制裁，虽然也可以对某些家庭起到维护和巩固的作用，但在许多情况下，却往往不得不通过法律形式，使那些已经确实感情破裂的夫妻解除婚姻关系，使原有的家庭离散。因此，在维护和巩固婚姻家庭问题上，只强调法律的作用是片面的。我国西汉时期的政治家贾谊曾经说过，法律只能"禁于已然之后"，而我们更需要的是"禁于将然之前"，即最好要在萌发时期，就能使矛盾、纠纷得到妥善的解决。

那么，除了爱情、法律之外，维护家庭关系的一个最主要的力量，仍然是道德因素，即道德调解。根据我国当前社会的婚姻家庭变化的新趋势，必须有相应的新的夫妻道德来加以调整，以便更好地达到维护和巩固家庭的目的。

从婚姻家庭的许多正反两方面的事例都可以证明，在漫长的家庭生活中，道德因素，特别是夫妻双方的道德情操、道德品质、生活理想、价值目标，在漫长的家庭生活中起到了不可代替的作用。正如前述，男女在恋爱过程中的炽烈感情，不但不可能在建立家庭后长久维持下去，而且由于家庭的建立，还会随之而产生许多新的问题。恋爱过程中，男女要尽量地博得对方的爱情，并力图使自己一切善良美好的东西得以在对方的面前尽量表现出来。同时，他（她）总是严格要求自己，使自己的缺点不致暴露出来。但是，结婚后，生活在一起，总是随着双方的进一步相互了解、相互认识而产生出许多新的问题。家庭组成后谁是家庭的"权威"？繁重琐碎的家务劳动，为维持家庭生活的各种经费开支，是不是会影响到夫妻之间的和谐？男女双方的各自不同的工作和事业，对子女教育的不同看法，能不能更好地照顾子女等矛盾，又依靠什么来解决？总之一句话，只有道德因素的力量才能使婚后的爱情继续得到保持，并形成健康的心理气氛，使家庭能够成为人们生活幸福的源泉。

那么，维护和巩固家庭的最重要的道德因素，或者说，在维护和巩固家庭中起主要作用的夫妻道德究竟指什么呢？概括说来，就是夫妇之间的自觉的相互义务观念的确立。这种夫妇之间的自觉的相互义务观念，是以爱情为基础的，是双方自愿的。夫妇之间的自觉的相互义务，不但同爱情没有矛盾，而且是相互联系和相辅相成的。在资本主义社会

论道德意识对维护和巩固家庭的重要作用

中,人们往往把义务同爱情对立起来。有一种在西方资本主义世界极为流行的错误观点,认为结婚是爱情的坟墓,男女双方在结婚以后,爱情也就很快地消失了,剩下的,只是夫妇间所必须履行的义务。他们认为这种义务在表面上看来,也可以暂时地维护一个家庭的形式上的存在,而实际上,却影响了资产阶级所说的个性解放、个人自由。在这些人看来,爱情、婚姻同义务是没有关系的,其中有少数人,把爱情和婚姻只看成是为了满足生理的需要,甚至用粗俗的肉欲享受来看待爱情。这种打着自由恋爱而完全否认夫妇双方必须履行应尽的义务的思想,曾经受到过列宁的批判。他说,这种"所谓'新的性生活',却往往是纯粹资产阶级的,是资产阶级妓院的变相。所有这一切,与我们共产党人所理解的恋爱自由,毫无共同之点"①。19世纪俄国的思想家赫尔岑对这种把爱情和义务对立起来的资产阶级观点,进行过深刻的批判。他指出,依照这一观点,"结婚后爱情就不需要了——你们已经越过了自然情欲的界限,进了道德领域,在这个领域里既没有哭泣,没有叹息,也没有激情,而只有苦闷和呆板地履行失去意义的义务"。正是由于这一原因,资产阶级社会中主张性解放、性自由的人们,极力否定道德意识在维护婚姻家庭关系中的作用,从而给社会带来许多严重的后果。道德意识和自觉义务的统一,是家庭存在和发展的精神支柱,把履行道德义务看作苦闷和呆板的事情,甚至企图逃避、摆脱和破坏这种义务,这就是西方目前所存在的家庭危机的一个重要原因。

从马克思主义的伦理学来看,男女双方的崇高的感情自身,就包含多方面的义务,如尊重对方、爱护对方以及在履行建立家庭后的种种义务。同时,这种道德义务,又进一步促进、丰富和补充男女双方和家庭成员之间的感情。爱情中蕴含着义务,义务中培育着爱情。爱情越是真挚,义务就越是自觉;义务感越是强烈,爱情就越能持久。由此可见,对于道德义务的重要,不能孤立地、消极地去理解,而必须同爱情联系起来,并且从积极的意义上去认识。婚姻家庭的道德义务,并不只是消极地保持家庭关系的不致破裂,更重要的还是要培育家庭成员之间的真正的、崇高的感情。

在当前的社会生活中,婚姻家庭关系中的矛盾、纠纷和争吵确实严

---

① 蔡特金:《笔记摘录》,见《回忆列宁》,166页,北京,中国青年出版社,1957。

重地影响一部分家庭的和谐，消耗着许多家庭的精力，以至影响到我国四个现代化的建设。造成这种现象的原因是很多的，但是，一个比较普遍值得注意的问题，就是一方或双方缺乏或者没有认识到夫妻之间的相互的义务的重要。作为丈夫，他只有具有明确的义务，才能自觉地尊重妻子的人格和事业，分担家务劳动和教育子女的责任，加深对妻子的依恋；作为妻子，只有她怀着崇高的义务之心，才能体贴自己的丈夫，才能理解丈夫的追求，才能在生活中抵制任何男人的卑鄙的引诱。值得指出的是，在当前的离婚诉讼中，不少夫妻的一方或双方，往往总是以"性格不合"、"兴趣不同"、"感情不融洽"、"性情合不来"……作为离婚的主要原因。为什么不少男女青年在恋爱过程中，是那样的"情投意合"、"性格融洽"、"甜言蜜语"、"心心相印"、"如胶似漆"，而婚后时间不长，又急转直下，彼此不能相容，有的甚至反目为仇呢？除少数夫妇确因没有较多了解，草率结婚，或者一方故意欺骗、玩弄另一方外，在很多的情况下，这种所谓的"性格不合"、"兴趣不同"，是同缺少夫妻之间的道德义务感有重要关系的。一般来说，只有热烈的爱情而没有崇高的道德义务，不可能使家庭得到长期的稳定；而对另一方的崇高的义务感就有可能改变这种"性格不合"，至少不会产生在社会上所出现的某些严重后果。

确实，丈夫和妻子，作为社会的一个成员，都有自己的独特的性格和气质。他（她）们都各有自己的爱好、兴趣和要求，具有各自不同的心理，有着不尽相同的社会习惯。在我们的社会主义社会中，他（她）们大多数又都有各自不同的事业、工作、友谊和交往。即使是性格和气质比较接近的人，也还会因爱好、心理、友谊、交往和生活习惯的不同，彼此间要发生这样或那样的复杂的、多方面的矛盾。对于夫妻之间的这些矛盾，到底应该怎样去解决呢？道德义务的自觉程度和思想觉悟的高低，对处理夫妻之间的矛盾，究竟起着什么作用呢？

这里，还需要强调指出的是，我们所说的夫妻之间的相互的自觉的义务观念，并不单纯只是从夫妇两个人的性属关系出发，而主要是从整个家庭和整个社会出发的。虽然参与结婚的只是两个人，但他们组成了一个家庭，形成了一个社会细胞，产生了多层次、多方面的功能。更重要的是，家庭还将出现新的生命，要进行人类自身的再生产，要对子女进行抚养和教育……男女双方的结合，这绝不是男女两个人的私事，而

论道德意识对维护和巩固家庭的重要作用

是一种对社会、对人类发展都极重要的社会现象，随着人类社会的不断发展，夫妇双方的义务观念，也就更加丰富和重要。

人们的道德意识，特别是夫妇的自觉义务观念，是维持和巩固家庭的精神支柱。在我国当前社会上，这种夫妻的自觉义务观念的集中体现，就是周恩来同志和邓颖超同志所概括并身体力行的"八互"精神。邓颖超同志在1981年11月20日给辽宁省《妇女》杂志编委会的信中，曾经指出，"八互"是"根据我们俩人共处几十年的实践，参酌了许多正反两面的事例加以综合提出来的。'八互'原来的排列应该是：互敬、互爱、互信、互勉、互助、互让、互谅、互慰"。这就是说，"八互"的道德意识，是周恩来同志和邓颖超同志在长期生活实践中所形成的，是从我国社会上无数多的实际的正反事例中概括而来的。从共产主义道德来说，"八互"不仅仅是处理夫妻关系的一般原则和规范，而且是社会主义社会中爱情婚姻道德的集中体现。共产主义道德像一根红线一样，贯串"八互"的每一"互"的内容，从而使"八互"能够成为维护家庭存在的强有力的纽带。尽管我们在爱情婚姻中将要碰到极其不同的问题，但只要能够用"八互"的道德意识加以调节，几乎都可以由此而受到启示，从而克服所出现的各种矛盾。因而，对"八互"从理论上加以分析，在实践中进一步推广，这对于减少夫妻矛盾，消除夫妻之间所产生的误会，从而不断增进夫妻之间的感情，是重要的。

从理论上看，"八互"特别强调一个"互"字，即夫妻之间的一切道德义务，都应当是相互的，而不是单方面的。这就是说，不论对于夫妻的任何一方，都应当自觉地履行自己对于他（她）的道德义务。这一提法，不仅能够把义务与权利自然地、紧密地结合在一起（即夫妻一方对另一方有应尽的义务，也有从另一方获得其应对自己义务的权利），而且，把夫妻之间相互的道德义务，从消极的接受规范的被动状态，转变为促进双方的个性、品质不断完善、美好、丰富的一种积极力量。单方面的、片面的义务，往往会变成一种束缚、强制和禁锢，并且总是要使夫妇的一方受到损害，使这种义务成为一种消极的、被动的、损害人的社会本性的框子。这种片面的义务，在封建社会中，曾经使妇女遭受过沉重的苦难，直到今天，这种对妻子的单方面的、不合理的义务，还在我国社会上影响着一部分夫妻关系和家庭关系。男尊女卑，不尊重妻子的人格、尊严和个性的片面义务观点，是错误的。在夫妻关系中，尽

—377

管在某种情况下，一方所从事的工作，需要另一方的多方面的帮助，但这必须是建立在相互义务的基础上。只有这种自觉的相互的义务，才能激发起夫妻双方的创造热情，才能使夫妻双方在共同事业中携手前进，才能使彼此的感情更加融洽，从而使双方在新的道德阶梯上不断地向上攀登。由此可见，"八互"中的"互"字，在夫妇道德中不但有重要的实践意义，也有重大的理论意义。

"互敬"、"互爱"在夫妻道德中，按周恩来同志和邓颖超同志的体会，是应放在最前面的"两互"，这是值得人们认真体会的。对于大多数夫妻来说，几乎是每日都要在共同生活中度过的。朝夕相处，时时相会，无拘无束的议论，事无大小的交谈，固然可以深化夫妻的感情，同时往往又过分随便，不注意对于另一方的人格、尊严的敬重。这种不能够尊重对方的观念一旦形成，就往往会给夫妇关系，特别是新社会的夫妇关系，种下矛盾、纠纷的种子。谁都知道，人们对待家中的来客，都是尊重的，不能爱理不理、不尊重别人的人格的。正是在这个意义上，中国的传统道德中特别强调，在夫妇关系中，应该"相敬如宾"。夫妻间的相互尊重，是增进夫妻感情和维护家庭的一个前提条件。在"互敬"的同时，还必须"互爱"，如果夫妇之间已经完全没有爱情，或者说感情已经彻底破裂，当然，这种家庭也就没有必要维持了。但是，我们还必须注意到，我们所说的夫妇之间的相互的爱情，同恋爱时的激情是有所不同的，这就是说，夫妇之间的"爱"，是随着夫妇年龄的增长、子女的出生及家庭生活的不同阶段而有所不同的。比其婚前的爱情来说，这种"爱"更丰富、更深厚、更广泛、更细致，正由于这样，它才能成为一种经久不衰的向心力和凝固力，从而保持夫妇的白头偕老，使整个家庭得以维护和巩固。

"互信"在夫妻关系中，还有着特殊的意义。在夫妻生活中，建立起坦诚相见、互信无猜的心理气氛，是家庭和谐的重要基础。夫妇双方都要诚实相告，力求使对方了解自己的思想和行为。另外也要看到，每个人也都难免会有一些不愿对别人说的隐私，夫妇双方，都要相互理解。值得指出的是，两性中的嫉妒，虽然带着某种纯粹动物的本能，但是，即如文明发展到今天，由于长期私有制的影响，对于某些男人或女人来说，还往往是特别敏感的。每个人都有一定的社会交往，都要在生活和工作中同异性接触，人们的道德觉悟越高，就越能鄙视那种疑神疑鬼的嫉妒，使夫妇关系健康地向前发展。

从我国当前的婚姻家庭纠纷来看，这种无根据的猜疑，是占有一定比例的。一些丈夫，把妻子当作自己的私有财产，认为她的一切都是应该由自己独占的。同样，有的妻子，把丈夫看作自己的依靠，总是担心和害怕他被别人抢去。正因为如此，在夫妻之间本来是莫须有的、根本不存在的问题，往往因为多心、吃醋、占有欲而形成许多家庭纠纷，有的甚至发展成为不可挽回的悲剧。一般来说，在夫妻关系中，克服私有制残余影响的独占欲，克服从动物本能带来的性嫉妒，充分地建立起相互信任的气氛，对不断增强夫妇的感情，维护和巩固家庭，是有重要意义的。

"八互"中的其他"五互"，即互勉、互助、互让、互谅和互慰，也都是从我国婚姻家庭的许多正反两面的事例中综合提出来的，是夫妇道德中所应当遵守的。特别是其中的"互让"和"互谅"，尤其有重要性和针对性。夫妻之间，难免要为一些事情争执，有时一方还往往因为在工作中、事业上遇到挫折、遭受打击或受到委屈而在家中对爱人大发脾气。在这种情况下，另一方应特别注意忍让，予以谅解。这种夫妻之间的特殊情况下的忍让，甚至可以说应该是无条件的、最大限度的。不但要忍让，而且要尽可能地给以勉励，给以帮助，从而消除他（她）的怨气，帮助他（她）克服困难、端正态度，激发他（她）的斗志，使夫妇间的爱情能够在互勉、互助、互让、互谅和互慰中上升到新的高度，从而有利于共同事业的发展，有利于家庭的和谐。

最后，还特别应当强调指出的是，人最重要的是要有一点精神，这是人区别于动物的一个根本的界限。精神生活是夫妻之间更深层次的共同生活，由于夫妻关系是不同于一般的特殊的社会关系，因此，正确处理夫妻关系，对于夫妻双方以至整个家庭成员在社会实践中人格的自我完善、精神境界的升华，起着不同于一般的特殊的作用。夫妻之间朝夕相处，如能按照"八互"原则做到灵魂相见、肝胆相照，真正在精神世界里心心相印、息息相通、并肩携手，在共同生活的人生旅途中，不断向着更高的道德境界迈步，那么，它将定然会为人类的幸福、社会的进步发挥出不容忽视的积极作用。

家庭伦理、家庭美德和家风建设[*]

一

在精神文明建设和社会道德建设中,形成和建立良好的家庭美德,培育和发展一种文明、和谐、健康、向上的家风,有着重要的意义。家庭是社会的细胞,家庭美德同良好家风的建设,必将进一步促进社会道德建设的良性运行,推动我国社会精神文明建设更好地向前发展。

一般来说,我们的道德生活,可分为家庭领域、职业领域和社会领域三个方面。与此相对应,一个社会道德的基本要求,也可分为三个大的方面,即家庭生活中的家庭美德、职业生活中的职业道德、社会公共生活中的社会公德。社会道德生活三大领域中的三种不同道德要求,是相互联系、相互渗透和相互影响的,它们都有着自己独特的、不可替代的作用。

家庭美德的建设,能够更好地促进家庭每个成员的思想道德素质和科学文化素质的提高,为形成良好的职业道德和社会公德打下坚实的基

---

[*] 本文是1999年4月在北京召开的"家庭伦理与精神文明"国际学术研讨会上所提交的论文。

础。建设家庭美德，就是要在家庭中大力倡导"尊老爱幼、男女平等、夫妻和睦、勤俭持家、邻里团结"的要求。重视家庭美德，对形成一种文明、和谐、健康、向上的家风，将产生积极的作用。

中国政府制定的《中国妇女发展纲要》提出，要把建立平等、文明、和谐、稳定的家庭作为一项主要目标，要求发扬中华民族的优良传统，树立社会主义的道德风尚，在家庭内部、邻里之间建立和发展平等、团结、友爱、互助的关系，这些要求，对建设社会主义的新家风，有十分重要的意义。

二

在家庭伦理和家庭美德建设中，根据中国文化、道德的传统和现实，我们认为，在当前市场经济的条件下，家风建设有特别重要的意义和作用，值得我们认真地研究。

什么是家风？一般来说，家风是一种由父母（或祖辈）所提倡并能言传身教、用以约束和规范家庭成员的一种风尚和作风。家风是一个家庭长期培育和形成的一种文化和道德氛围，有强大的感染力量。家风是家庭伦理和家庭美德的集中体现。家风一经形成，就能不断地继承发展，并有着日积月累、潜移默化、前后相继、陶冶家庭成员性情的作用。正如社会风气是社会道德水平的一个重要体现一样，家风是一个家庭成员的道德水平的体现。良好的家风作为一种精神力量，它既能根据它的要求，在思想道德上来约束它的成员，又能促使家庭成员在一种文明、和谐、健康、向上的氛围中不断发展。

家风同社会风气有着相互渗透、相互制约的关系。一方面，家风要受社会风气的影响；另一方面，家风又能反过来对社会风气的好坏发挥强有力的作用。社会风气好，有助于良好家风的形成，这是人们都能认识和体会到的。在一个社会风气不好的社会中，如果能重视家风的建设，那么，良好的家风也能够对社会上的污浊空气起到很好的净化作用，有利于整个社会风气的改善。在社会主义市场经济条件下，重视家风的建设，有着特别重要的现实意义。

中华民族是一个特别重视血缘关系的民族，家庭伦理和家庭问题，历来受到社会和思想家的重视。中国伦理思想史上的大量家教、家训、家范、家规以及治家格言，都与家庭伦理和家风有密切的关系，或者说，它们都是从不同的方面，反映着家庭伦理和家风的内容。在中国历史上，很多著名的思想家、政治家、教育家，都是在良好的家风培育中成长起来的。中华民族是世界各民族中最重视家风的民族之一。

中国工人阶级登上历史舞台以来，许许多多革命家庭所形成的良好家风，为培育社会主义的新人做出了重要的贡献。总结、继承和发扬这些革命家风的优良传统，在今天尤有很重要的现实意义。

江泽民同志在同中国妇女八大代表座谈时提出，在当前，要努力树立和保持良好的家风。他说，如果每一个家庭都能使老人们受到充分的敬重，使子女们得到全面的教育，家家家风好，就一定会促进社会风气的好转。他又说，良好的家庭教育，对人的进步的影响是终生难忘的，而母亲对子女的影响尤为重大，往往可以影响他们的一生。确实，形成一个好的家风，不论是对子女的教育和发展来说，还是对整个社会风气的改善来说，都有着不可忽视的重要意义。在建设社会主义四个现代化的过程中，在加强社会主义精神文明建设的同时，我们要努力形成新时期的"新家风"。这个"新家风"应当是文明、和谐、健康、向上的家风。树立这样的"新家风"，一定能够更好地净化我们的社会风气，推动我们社会主义建设事业更加迅速地发展。

三

从我国优良的传统道德和古代的家训、家风中，特别是从许许多多的革命家风中，结合我们现代社会生活和家庭美德的要求，我们可以认识到，一个文明、和谐、健康、向上的家风，一般来说要包括以下几个方面的内容。

1. 尊老爱幼的风尚

尊重老人，是中国传统家庭美德中的一个重要内容。从古代的夏、商、周开始，直到新中国成立，尊老和敬老，一直是中华民族重视的一种道德风尚。孟子就一再提倡要使"七十者衣帛食肉"，要使"颁白者不负戴于道路"。中国古代的《礼记》中，还规定"九十者，天子欲有问焉，则就其室，以珍从"等。这就是说，如果国家的最高统治者要向九十岁的老人请教问题，必须要亲临其家，还要带上时鲜珍品作为礼物。不但对老人要尊敬，而且在长和幼之间，要能够有先后的次序。《礼记·曲礼上》中说："年长以倍则父事之，十年以长则兄事之，五年以长则肩随之。"把尊老和敬长密切联系起来。这就是说，比自己年长一倍的人，就应当像对待自己的父辈一样来对待；比自己年长十岁的人，就应当像对待自己的兄长一样来对待；比自己年长五岁的人，在同他一起并行时，一定要跟随在他的后面。按照这样的要求，在家庭中，要孝敬父母，还要尊敬兄长；在社会上，要尊敬老人，还要尊敬一切比自己年龄大的人。在尊老的同时，也强调爱幼的重要。爱幼就是要正确地关心、爱护和教育子女，要爱子有道，反对宠爱、溺爱以至放纵失教。在当前的新时代，批判地继承中国的这一优良道德传统，提倡新的尊老爱幼的美德，仍然是有重要意义的。

2. 孝敬父母的风尚

中国传统道德和家风，特别重视对父母的孝敬。从一个人的成长来说，在从儿童、少年到青年的很长时期内，是在父母的抚养、教育和关怀下成长。父母对子女的爱，是纯真的。在很多情况下，父母为了关心和照顾自己的子女，往往要做出很大的牺牲。正是从这个意义上，中国的思想家认为，孝敬自己的父母，也是子女的一种起码的义务和责任，是一个人道德良心的重要体现。如果一个人对抚养、关心、教育他的父母都不能发挥爱心，又怎么能希望他去爱别人、爱人民、爱国家、爱社会呢？中国的思想家强调，孝敬父母是一切道德的出发点，离开了对父母的孝敬，也就不可能有什么道德。孔子以及后世的儒家，对孝作了极其详细的阐述。孝不但是赡养，而且要敬；不但要养体，而且要养心；如此等等。宋明以后的儒家，把孝变成了愚孝，是错误的，但正确地理解孝敬父母的正确内容和要求，形成新的孝敬父母的风尚，对于我们的社会仍然是必要的。我们今天提倡要孝敬父母，绝不是要回到家长制的等级关系中，我们所要提倡的是家庭成员之间的一种文明、平等的新关系。如果父母的言行是错误的，是不符合我国社会的法和道德的要求的，子女不但不能顺从，而且应当提出自己的正确意见，并加以纠正。

3. 勤俭持家的风尚

一般来说，能不能勤俭持家，是一个家庭能否保持兴旺发达的关键之一。一个经济上贫困的家庭，如果能够勤俭持家，就能够逐渐由贫困转入富裕；一个经济上比较富裕的家庭，只有厉行勤俭持家的家风，才能较长时期保持兴盛不衰。勤俭主要包括两个方面：一个是勤劳，就是要勤勤恳恳、热爱劳动，不但把劳动看作谋生的方式和获得财富的手段，而且把劳动视为一种高尚的道德品质，以勤劳为光荣；一个是生活上艰苦朴素，即不奢侈、不浪费、不挥霍、不铺张、不贪图安逸、不追求享受，要能够自觉地在艰难困苦中磨炼自己，即使是经济上非常富裕，也仍然以艰苦朴素为荣，力戒奢侈浪费。艰苦朴素不是一种权宜之计，不是量入为出，不是一种管理家庭的方法，而是一种崇高的道德品质。这两个方面是相互为用和相辅相成的。从总结大量的现实的教训出发，思想家认识到，如果不能养成艰苦朴素、勤俭持家的家风，子女就必然奢侈浪费，不但不能培养出有作为的子女，而且一个家庭也就要很快地走向衰落。

4. 诚实守信的风尚

诚实是一个人立身处世的根本，也是家风的一个重要方面。在家庭教育中，从小就要特别注意培养子女的诚实守信的品德。如果没有良好家风的培育和陶冶，一个学会了说谎和欺骗的儿童，长大以后，就很难成为一个能够诚实守信的人。中国古代思想家极端重视诚信在家庭生活和社会生活中的重要地位。"人而无信，不知其可也"，"民无信不立"，家庭也是一样。在中国古代的家风中，流传着"曾父烹豚，以教诚信"的故事，充分说明诚信在家风中的重要意义。从一定意义上说，有了诚信的家风，就能够培养和陶冶具有诚信品德的人才。在社会主义市场经济中，诚实守信是市场经济正常运行的最基本、最重要的条件，也是每一个人都应当遵守的基本原则，如果不遵守诚实守信这一市场经济的基本原则，伪劣假冒和坑蒙拐骗就会盛行，市场经济也就无法正常运转。因而，诚实守信也是一个重要的社会公德。强调诚实守信的家风的培育，能够对社会公德发生积极的促进作用，有利于全社会道德水平的提高。

5. 勤奋好学的风尚

"励志勉学"、"诗礼传家"是中国家风的一个更重要的要求，不但在知识分子的家庭中，就是在广大劳动人民的家庭中，"识书知礼"也是他们所追求的一个高尚的目标。"孟母三迁，断机教子"，说的就是孟轲的母亲如何多次搬家，并因为他中断了学习而割断了织机的故事。一个养成了勤奋好学家风的家庭，就能使所有的家庭成员，将一切可能利用的时间和精力用在对知识的追求上，就能使每一个人在勤奋好学中不断得到提高。在家风中，勤奋好学一般有两个方面的内容，一是学习文化和科学技术知识，一是学习有关思想道德修养方面的知识。在中国传统道德的家风中，尤其重视道德品德的陶冶，认为必须在子女幼小时，及时地加强思想品德方面的教育，以家长自身的言传身教为示范；在家庭生活的潜移默化中陶冶儿童的性情，塑造儿童良好的道德品质。

　　一个良好的家风的形成，能够为社会培养更多更好的有用人才。一个人在幼小时的教育，对他的影响最深，其效果也最好。儿童就好比是一张白纸，能画最美的图画，能写最好的文字，这主要是由于这时的教育，给他们的印象最深，记忆最久，往往能够终生难忘，受用无穷。我们之所以说教育要从娃娃抓起，也就是这个道理。在中国历史上，有无数多的事例，如孟轲、曾参、陶渊明等著名的思想家、文学家，都是在良好的家风中培养的。同时，一种家风只有它的内容能够适应时代的需要，有利于社会进步，能够促进社会风气的改善，能够陶冶和培育新时期所要求的人才，才能有强大的生命力，才能不断地得到发展。

　　能不能形成良好的家风，家长起着关键的作用。在建设良好的家风中，必须对家长提出更高的要求。我们的家长要自觉地担负起以身作则和言传身教的责任，要努力培养新的家风所需要的氛围，把建设良好的家风同培养子女成才和改善社会风气紧密联系起来。

应当提倡孝敬父母的美德[*]

孝敬父母是中华民族的优良传统道德，也是社会主义道德中家庭美德的一个重要组成部分，在加强社会主义道德建设中，大力提倡孝敬父母的美德，对于培养"四有"新人、提倡尊老敬贤、协调人际关系和建设社会主义的"五好"家庭，都有重要的意义。

中华民族是一个非常重视孝的民族，尽管在长期的封建社会中，孝曾经受到过扭曲，甚至发展到愚孝，但就其原本意义来说，所谓孝就是"善事父母"，其中的积极意义是很明显的，在今天仍然应当继承和发扬。《论语》中说："君子务本，本立而道生。孝弟也者，其为人之本与！"强调孝是一切道德的根本，认为孝在维护人伦关系中具有极其重要的作用。孔子说："今之孝者，是为能养。至于犬马，皆能有养。不敬，何以别乎？"这就是说，如果只能给父母吃饱穿暖，不能对父母敬，那与饲养狗和马又有什么区别呢？中国古代的传统道德认为，对父母不但要养体，而且要养心，认为敬是一种对父母的诚挚的爱，它的最高层次就是发自内心的永远不变的婉容和愉色。孔子的学生子夏问怎样才算是孝，孔子回答说"色难"。这就是说，在孝敬父母方面，经常能够对父母保持一种发自内心的婉容和愉色是最难的。《礼记·祭义》中说："孝子之有深爱者必有和气，有和气者必有愉色，有愉色者必有婉容。"

---

[*] 写于1999年，原载《罗国杰文集》下卷，1221~1225页。

把愉色和婉容看作一个人对父母行孝的最高要求。

新中国建立之后，在一段时期内，由于受"左"的思想的干扰，一些人不加分析地把孝视为封建思想而加以彻底否定；改革开放以来，由于资产阶级腐朽思想的影响，特别是个人主义、拜金主义和享乐主义的泛滥，一些人只顾自己赚钱和吃喝玩乐，而不知道孝敬父母，这种情况，同建设社会主义精神文明和建立新型人际关系是背道而驰的。

一、全社会要大力提倡孝敬父母

我们要充分认识孝敬父母在社会生活中的意义和作用。孝敬父母，从一定意义上看，可以说是一切道德的出发点。一个人从小能养成孝敬父母的品德，就能更好地接受父母的教育，在学校就能尊敬老师、遵守纪律，长大了在社会上就能够忠于职守、尊敬长者，容易处理好人际关系中的各种矛盾。从小知道爱父母、爱家庭，长大了就能够懂得爱学校、爱集体、爱祖国的重要。由于我国近几十年来的特殊情况，孝敬父母的教育没有得到应有的重视。当前社会上所出现的一些情况，值得我们忧虑。有些人经济上有能力而不赡养已丧失劳动力的父母，一些人遗弃自己的父母，更有甚者竟然虐待殴打自己的父母。最近还出现为了经济或其他原因杀死母亲和祖母的恶性事件。这些事例虽然是个别的，却非常值得我们重视。这种事情之所以发生，原因当然是多方面的，但也不能说同当前的不重视孝敬父母的不良风气无关。因此，为改变和扭转社会风气，我们应当在全社会进行教育，大力提倡孝敬父母的道德风尚。从全社会来说，我们希望大众传媒和社会舆论，能形成一个强大的舆论力量，以孝敬父母为荣，以不孝敬父母为耻，在全社会形成和树立一种新的孝敬父母的良好社会风气。

二、学校要进行孝敬父母的教育

在我们的中小学以至大学的教育中，要切实增加有关孝敬父母的教育。一般来说，在当前，确实存在着重智育轻德育的偏向，而在加强和改进中小学的德育教育中，更应当注意加强如何做人的教育，而在如何做人的教育中，如何对待自己的父母，也就是如何孝敬父母的教育，更应当特别加以重视。孝敬父母的教育应同爱学校、爱集体、爱祖国的教育紧密地结合起来，使其能够收到更好的效果。同时，要把孝敬父母的教育同报答父母的养育之恩，同将来长大以后如何报效祖国结合起来。值得指出的是，我国现在大多数的家庭都属于独生子女的家庭，一些独生子女在家庭中娇生惯养，只知道要父母关心自己，从来不知道去关心父母，更不知道关心他人。子女生病了，父母不但关心备至，甚至想以自身来代替；可是当父母生病时，有些子女却毫不关心。因此，要加强孝敬父母的教育，同时，也应加强关心他人的教育，教育中小学生学会为人处世，学会关心集体和关心社会。

三、在家庭中要树立尊敬老人、孝敬父母的良好家风

江泽民同志在同中国妇女八大代表座谈时，要求努力树立和保持良好的家风。他说，如果每一个家庭都能使老人们受到充分的敬重，使子女们得到全面的培育，家家家风好，就一定会促进全社会的风气好。他又说，良好的家庭教育，对人的进步的影响是终生难忘的。而母亲对子女的影响尤为重大，往往可以影响他们的一生。

确实，把家风建设好，对于我们整个社会风气的改善，对社会的稳定与发展以及对子女的教育等等，都有重大的关系。在培养家风、陶冶家风和树立良好的家风中，尊敬老人和孝敬父母的家风是应当特别强调的。为了培养这样的家风，我们现在一代的青年人和中年人，特别是那些有年轻子女的中年人，更应当以身作则，首先要孝敬自己的父母，给小孩做出榜样，真正做到言传身教。如果一个人不能孝敬自己的父母，那么他也就绝不可能培养出孝敬自己的儿女来。

在全社会提倡孝敬父母的美德，树立起良好的尊敬老人和孝敬父母的家风，是一个需要各方面共同努力的系统工程，只要我们能从社会、家庭和学校三个方面一起努力，我们就一定能够取得好的效果。

婚外情感遭遇中的道德抉择*

近年来，我国社会生活各个方面都发生了深刻的变化。这一深刻的变化也反映在婚姻家庭领域。一方面，在婚姻生活中讲求质量，注重婚姻的道德基础，强调双方当事人的自主选择，这些都是婚姻家庭领域出现的可喜现象；另一方面，重婚、变相纳妾甚至卖淫嫖娼等社会丑恶现象在我国死灰复燃，而且有愈演愈烈之势，严重侵蚀和破坏了一夫一妻制，使得一些家庭支离破碎，形成了众多的社会不安定因素。与此同时，婚外恋也成为我们婚姻家庭中一个重要而突出的问题，它正在不断地腐蚀着人们的思想，影响着家庭的和谐和社会的道德风尚，值得我们从根本上加以反思。据统计，近十年来，我国的离婚数字稳中有升，从1990年的每年80万对上升到2000年的每年121万对。下面这对男女主人公所遭遇的事情，对于我们已经不再陌生，它每天都在我们的生活中出现。当一些人还讲着别人的故事，为外遇中主人公的情感遭遇感慨沉思的时候，也许自己一不小心就成了下一个外遇故事的主角。

幸福的家庭是相似的，不幸的家庭各有各的不幸。当男女双方缔结婚姻的时候，他们不会也不愿意想到，有朝一日会亲手打碎自己辛辛苦苦营造的家庭。就像贾明和叶红两个人，他们的婚前感情基础不可谓不深厚，婚后的家庭生活也不可谓不幸福，可是，婚外情仍是不期而至，

---

* 原载《以德治国与公民道德建设》，282~285页。

几年苦心经营的家庭不能承受外遇的轻轻撞击，顷刻间分崩离析。究竟是什么原因使他们的婚姻亮起红灯？这其中的原因当然很复杂。但就这件事情分析，贾明及其外遇者缺乏必要的道德责任和社会责任，是显而易见的。一个有妇之夫，喜新厌旧，是不道德的，超过了一定的限度，更是违法的；一个明知他人有妻子和美好的家庭，仍然去追求他人的人，是对他人家庭的破坏，也是不道德的。在我国目前的社会中，这样一些不违法而不道德的行为，正需要我们从道德上加以劝导和说服，进行教育和感化，通过提高人们的道德品质来解决我们通过法律所无法解决也不可能解决的问题。江泽民同志最近提出"以德治国"，强调要加强道德教育，这对于我们在婚姻家庭中所遇到的一些问题，也有很强的针对性和很重要的现实意义。

摆在贾明和叶红两个人面前的，无非是两种选择：突出围城，分道扬镳；或者修复感情，继续携手人生。

这种选择是痛苦的。突出围城，在目前的中国，离婚成本相对较高；修复感情呢，对于他们来说，爱情的完满性和神圣性已经不复存在，感情裂痕的弥补将是一个漫长而痛苦的过程。两害相权取其轻。综合各方面的考虑，重新复合的成本将是较小的。当然，对于贾明来说，这是一个重新找到良知的心路历程，对于这个外遇风波的肇事者，我们期待他的良心能够失而复得；对于叶红来说，宽恕远比放弃是一种美德。但这种宽恕并不是没有原则的无所作为，放任自流，而是以博大的胸襟包容贾明的过错，以真挚的热情感化他的心灵，以耐心的劝导唤醒他的内疚，通过提高他的道德责任和社会责任，使他重新回到家庭生活中来。

这个故事给我们的启发是很多的。在感情生活中，爱情如同一个精美的花瓶，需要双方的细心呵护。与其打碎了之后再去寻找补救的办法，不如防患于未然。法律只能在事发之后进行惩戒，你抓到了打碎花瓶的人，可你剩下的只是一堆破裂的花瓶碎片。而道德教育注重的是事前的工作，如堵塞漏洞、消除不安全的隐患等等。在这个问题上，法律治标，而道德治本。从这个角度来看，他们的故事给我们以许多道德的思考。

首先，在家庭生活中，我们不仅要考虑婚姻的合法性，而且要考虑婚姻的合道德性。恩格斯说过，如果说只有以爱情为基础的婚姻是合乎道德的，那么也只有保持这种爱情的婚姻才是合乎道德的。家庭生活是稳固的，但爱情应该常新。只有不断地为爱情注入新的内容，同时婚姻双方当事人不断地提高自身的道德修养，爱情之树才是常青的，家庭也才是稳固的。社会主义婚姻家庭的道德基础是爱情和义务的统一。没有爱情，婚姻是没有灵魂的；没有义务，婚姻是不稳固的。二者缺一不可。爱情具有至上性，但我们必须反对一些人借爱情之名朝秦暮楚，喜新厌旧。在婚姻生活中必须要讲义务，讲责任。在当前，加强道德教育，树立夫妻之间所应担负的责任，强化父母对子女、对社会的责任，是我们婚姻家庭道德中一个重要的方面。人们常说夫妻要恩爱，这是有道理的。在家庭生活中不仅仅要讲爱，也要讲恩，讲给予，讲回报，讲患难与共、相濡以沫。只有这样的婚姻才是合道德性的婚姻，只有合道德性的婚姻才是稳固的、可持续性的婚姻。

其次，婚姻是个人的私事，但又不仅仅是当事人个人的私事。中国古人就认为，夫妇乃教化之端。它是一个涉及个人和社会利益的大事。每个人都是社会生活中的人，都不能离开他人而存在。人的一切活动都会打上社会的烙印，婚姻家庭生活也不例外。在这个意义上，人永远是不自由的，也不可能是自由的，唯其如此，人才成之为人，才有道德的光辉，才不至于降低到动物的水平。因此，在婚姻生活中我们既要强调当事人的自由权利，也要强调对家庭中的另一方、对孩子、对社会的责任。尤其是有了孩子之后，婚姻就更不仅仅是个人的事情了。社会学和犯罪心理学的研究表明，良好的家庭道德氛围是孩子从小养成良好的道德人格的重要条件。现实生活中的无数事例都说明，单亲家庭中的子女所受到的影响，对他们的成长是很不利的。被婚外情困扰的人们，当你们进行自己的人生选择时，对此不可不慎。

再次，要以德治家，建设夫妻平等相爱的道德关系。这次《婚姻法》的修正案在禁止重婚的同时，还明确禁止有配偶者与他人同居，进一步体现了社会主义法律的道德精神。除了法律的制裁，还要通过家庭的道德教育、社会舆论等多种渠道加以遏制。社会主义婚姻家庭的道德建设包括很多方面的内容，建立夫妻平等相爱的道德关系是其中重要的方面。夫妻双方不仅要在生活上互相关心，互相扶持，而且要在道德上互相提携，共同进步。社会生活是光怪陆离的，每时每刻充满着各种诱惑，能否抵御住各种诱惑就是每个人道德水准的试金石。夫妻双方在共同生活中，都要相互提醒，相互帮助。加强夫妻双方的道德修养，提高道德境界，分清真善美和假恶丑，磨砺分辨是非和抵御诱惑的能力，将个人的道德旨趣指向崇高的人生追求，这应该是我们每个人都要重视的。

最后，我们还必须大声呼吁大众传媒，希望我们的报刊、书籍、电影等，要充分意识到自己所担负的崇高的社会责任，在婚外恋和婚外情的问题上，要注意运用道德的劝导力和说服力，坚持社会主义婚姻家庭道德的原则，以达到提高人民群众道德水平的目的，千万不要宣扬那些猎艳追色、喜新厌旧、对社会对家庭不负责任的腐朽思想和荒唐行为，努力营造一种有利于家庭和谐、有利于子女教育、有利于社会稳定的文化氛围。

建设家庭文化，重视素质培养[*]

在加强社会主义精神文明建设中，如何更好地建设健康、文明、和睦、向上的家庭文化，重视人的素质的教育和培养，在当前来说，是一个不可忽视的重要问题。

什么是家庭文化？尽管人们对它可能有种种不同的认识和理解，但是，一般都承认，家庭文化是由社会和家庭共同营造的一种文化氛围，在这种氛围中，民族的传统、历史的经验、文学艺术的传承、道德的弘扬、为人处世的态度等，使家庭的所有成员，都受到一定的文化熏陶和教育，养成良好的文化素养、审美观念和思想品德。

家庭文化能够使整个家庭在一种浓厚的文化氛围中团结和睦、增长知识、陶冶情操、提高素质，是形成良好家风的一个重要条件。

家庭是社会的细胞，它是以血缘关系来维系的社会最基础的生活单位。在我国社会主义初级阶段的长时期内，家庭不但要担负着养育和教育子女、赡养老人的功能，而且更重要的是，它还要担负着建设家庭文化、培育良好家风、对子女进行素质教育的重要任务。

家庭对青少年的素质教育有重要的作用。家庭是进行素质教育的最好、最有利的园地和场所。在很长的历史时期内，人类主要是靠家庭来进行子女教育和文化传承的。在出现了学校以后，尽管教育的主要任

---

[*] 原载《以德治国与公民道德建设》，294～298 页。

务,已经由学校承担,但人们也仍然重视家庭在教育子女中的作用。一个有着浓厚文化氛围的家庭,就等于一所无与伦比的学校,在这种文化氛围中,不但能培育青少年的知识、技术、能力的素质,而且更重要的是,它能更好地承担着培育青少年的思想品德的任务,能更好地陶冶青少年的道德情感和道德情操。

在中国古代的传统教育中,家庭教育占有重要的地位。家庭文化的熏陶及其对青少年的教育,更受到古人的重视。古人认为,欲使一个人在长大时能有"修身、齐家、治国、平天下"的能力,必须从小进行培养,注意在家庭中形成浓厚的家庭文化氛围,注意历史、文化、知识的传播,注意诗词歌赋的背诵,运用名言警句的启迪,强调优良道德传统的陶冶和道德楷模的学习,从而达到培育高尚情操的目的。我国古代许多著名的思想家、教育家、历史学家,都是在很好的家庭文化氛围中成长起来的。

家庭作为社会一个基础的生活单位,它同社会有着密切的联系。社会的文化氛围,对家庭有着重要的影响,在一个健康、文明、向上的社会文化氛围中,能够较好地建立起相应的家庭文化;同样,在每个家庭都能建立起较好的文化氛围和家风的情况下,又能反过来促进社会文化氛围的健康发展。

社会主义社会的家庭文化,是社会主义新文化的一个重要方面。因此,在家庭文化的建设中,必须要注意社会主义的价值导向,弘扬爱国主义、集体主义和社会主义的主旋律,贯彻社会主义道德建设的要求,这不仅有利于形成家庭美德,而且有利于社会公德和职业道德的培养。家庭文化建设应当成为当前全社会精神文明建设的一个重要方面。

改革开放以来,在我国经济建设取得举世瞩目成绩的同时,家庭文化建设,也取得了可喜的进步,特别是由于现代科学技术的发展,报纸、杂志的增加,广播、电视和信息技术的推广,戏剧、音乐的普及,使家庭的文化生活不断地得到丰富。这一切,都为我们进一步建设我国的家庭文化,打下了良好的基础。

同时,我们也应当看到,随着改革开放和社会主义市场经济的建立和发展,经济成分、利益主体和社会生活方式日趋多样化,给人们的思想观念和人与人之间的关系不可避免地会带来这样那样的一些影响,包括一些消极的影响。历史上产生并遗留下来的一些腐朽落后的东西,在

建设家庭文化，重视素质培养

今天的社会生活中依然有某些存在的条件，这些必然要反映到人们的道德关系中来。个人主义、享乐主义和拜金主义的思想，也在我国的社会生活中传播和蔓延，尤其是"一切向钱看"的思想，愈来愈严重地侵蚀着一些人的灵魂，在社会上腐烂发臭。这种腐朽的思想，同时也严重地影响着一些家庭的情趣和格调，这种情况值得我们注意。

经济的发展和物质财富的增加，无疑使家庭的收入也随之不断增加。家庭的生活水平提高了，生活改善了，有利于建立一个幸福、和睦的家庭，也有利于子女的教育和对老人的赡养。但是，有一些家庭，却只注意追求物质生活的享受，而不注意文化生活的提高。在一些发家致富的家庭中，我们所看到的，主要是豪华的住宅、漂亮的家具、高级的奢侈品等，而不注意文化条件的改善。我们可以说，在一些富裕起来的家庭中，特别是一些所谓"大款"的家庭中，最缺乏的就是文化，如报刊、书籍等。走进这样的家庭，犹如走进了文化沙漠。

由于家庭是以血缘关系为纽带建立起来的一个共同体，这一共同体中的夫妻、子女以及兄弟的亲属关系，又往往有特殊的共同利益。在这种关系中，每个家庭成员的个人利益和整个家庭的利益，是家庭成员所共同关心的。在关心家庭的利益时，要顾全国家的利益。但是，一些家庭成员，往往利用这种血缘关系，毫无掩饰地进行个人私利和家庭利益的谋划，宣扬自私自利的思想，散布为了个人或家庭可以牺牲他人和集体利益等腐朽思想；对家庭成员中的错误思想和行为，不但不加以批评和教育，反而进行包庇。有的人，在社会公共场所和工作岗位上，还能够以国家的利益为重，但是，一回到家庭中，似乎是走进了另一个世界，在这里，他们可以"饱食终日，言不及义"，可以赤裸裸地宣扬享乐主义和拜金主义的人生观和价值观，甚至让利己主义和"一切向钱看"的思想，占据了家庭谈话的主要内容。这种情况，不仅容易使个人的思想道德水平下降，更为严重的是，它将会对年轻一代的素质教育产生极其有害的后果。

对青年的素质教育，向我们提出了家庭文化和家风建设的重要意义。现实生活的许多事例，都已经有力地说明，家庭是青少年素质教育的第一个和最重要的园地。青少年的良好的道德品质，大都同所属家庭长期以来所营造的良好的家庭文化氛围有关。很多品德优秀的青少年，都是在浓厚的家庭文化氛围和良好的家风中成长的。相反，一些犯罪的青少年，尽管还有着复杂的社会原因，但其中有一些，确实同不良的家庭文化氛围有着一定的关系。

家庭文化作为一种文化形态，作为家庭的一种氛围，在当前的中国必然要受到整个社会文化思潮的影响，必然存在着两种思想的斗争。因此，在家庭文化的建设中，必须注意正确的价值导向，反对和抵制种种错误的思想影响。从家庭文化这个侧面来反思我们现在的家庭教育，应当承认，相当长的一段时间，社会上的一些低级趣味和庸俗习气，曾经以各种方式，散布种种错误思想，不同程度上影响着我们的家庭，对于这种情况，我们没有足够重视。

实行改革开放和发展社会主义市场经济以来，随着西方现代科学技术的传播，西方的资产阶级腐朽思想在我国也不断泛滥，再加上国际反动势力对我国的西化和分化的图谋，社会上的黄、毒、赌和暴力现象，也日益严重地影响和诱惑着我国的青年。一些人利用现代化的社会传媒，极力鼓吹金钱至上、"人都是自私的"等等。因此，怎样对待个人同集体、个人同国家的关系，怎样看待个人利益同整体利益的关系，怎样看待个人主义的和集体主义的价值观念，确实已成为我们培养"四有"新人的一个重要问题。在家庭文化中要引导家庭成员抵制资产阶级的个人中心、自私自利、损人利己和拜金主义思想，对社会上流行的种种时尚、思潮和观念，要根据情况进行正确的引导，以有利于培养有社会主义觉悟的人才。对社会生活中的积极因素，如向英雄人物学习、参加社会公益事业、发扬爱国主义精神等要积极响应，对西方一切不利于社会主义的价值观念和腐朽意识及黄色文化，应当坚决抵制，使家庭文化既受社会主义的制约，又能相对独立地朝着正确的方向发展。

家庭是培养爱国主义和集体主义的重要基础。在家庭中，要教育子女尊敬长辈、孝敬父母，要使他们从小就养成爱护家庭、爱护集体，并使这种对家庭和家庭成员的感情，转化成对学校、对国家的关心和爱护。在家庭文化中，要注意培养热爱集体、热爱学校、热爱祖国、热爱社会主义的观念。

在建设家庭文化中，要充分认识家庭文化的独特效应。正确的家庭文化的教育和陶冶的功能，是学校和社会所永远也不能代替的。我们要寓思想性于家庭文化之中，寓教育于家庭的各种谈心、关怀和娱乐活动之中，从而通过潜移默化、陶冶诱导，以达到"防患于未然"、"起教于微眇",使青少年在一种精神的愉悦和满足中受到教育,在活跃上进、积极乐观的情绪中得到正确的引导。因此,对于家庭文化的种种活动方式,力求从家庭成员所面临的实际问题入手,循循善诱,以理服人,以情动人,以有利于形成良好的家风,有利于提高青少年的道德情操。当前,正是大力发展家庭文化的大好时机,在正确的思想指导下,应当积极开展家庭文化建设,从各个方面鼓励人们建设家庭文化的主动性和创造性,从而使我们的家庭能够成为提高人的素质、培养社会主义"四有"新人、改善社会风气的重要园地。

图书在版编目（CIP）数据

社会主义道德体系研究/罗国杰著．—北京：中国人民大学出版社，2018.3
（罗国杰文集）
ISBN 978-7-300-25355-8

Ⅰ．①社… Ⅱ．①罗… Ⅲ．①道德建设-中国-文集 Ⅳ．①D648

中国版本图书馆 CIP 数据核字（2018）第 002603 号

罗国杰文集
社会主义道德体系研究
罗国杰　著
Shehuizhuyi Daode Tixi Yanjiu

出版发行	中国人民大学出版社		
社　　址	北京中关村大街 31 号	邮政编码	100080
电　　话	010-62511242（总编室）	010-62511770（质管部）	
	010-82501766（邮购部）	010-62514148（门市部）	
	010-62515195（发行公司）	010-62515275（盗版举报）	
网　　址	http://www.crup.com.cn		
	http://www.ttrnet.com（人大教研网）		
经　　销	新华书店		
印　　刷	涿州市星河印刷有限公司		
规　　格	160 mm×235 mm　16 开本	版　次	2018 年 3 月第 1 版
印　　张	25.25 插页 2	印　次	2018 年 3 月第 1 次印刷
字　　数	377 000	定　价	78.00 元

版权所有　　侵权必究　　印装差错　　负责调换